北京密云水库浮游生物图鉴

张清靖 刘 青 等 编著

科学出版社

北 京

内 容 简 介

　　密云水库是北京最重要的地表饮用水源地和水资源战略储备基地。本书收录了近 10 年（2011～2020 年）在密云水库采集到的 161 属 367 种（含变种和变型）浮游生物。其中，浮游植物 98 属 262 种，包括蓝藻门 17 属 43 种、硅藻门 23 属 71 种、金藻门 4 属 7 种、黄藻门 3 属 3 种、隐藻门 3 属 4 种、甲藻门 5 属 9 种、裸藻门 4 属 14 种、绿藻门 39 属 111 种；浮游动物 63 属 105 种，包括原生动物 18 属 28 种、轮虫 23 属 44 种、枝角类 14 属 23 种、桡足类 8 属 10 种。全书对所有物种的分类地位、形态特征及其在密云水库的生境分布进行了描述，并附有外部形态鉴定特征的光学显微图片。

　　本书可供在密云水库开展水环境、水生态和水资源研究、管理及相关工作人员使用，也可供相关淡水河湖及水库的研究学者、生产技术人员和经营管理者参考，还可作为高等院校和科研院所从事植物学、动物学、藻类学、生态学和环境科学教学和科研人员的参考用书。

图书在版编目（CIP）数据

北京密云水库浮游生物图鉴 / 张清靖等编著. —北京：科学出版社，2022.3
ISBN 978-7-03-070770-3

Ⅰ. ①北… Ⅱ. ①张… Ⅲ. ①水库-浮游生物-密云区-图集
Ⅳ. ① Q179.7-64

中国版本图书馆 CIP 数据核字（2021）第 249394 号

责任编辑：李秀伟　王　好 / 责任校对：郑金红
责任印制：肖　兴 / 封面设计：金舵手世纪

科 学 出 版 社 出版

北京东黄城根北街16号
邮政编码：100717
http://www.sciencep.com

北京汇瑞嘉合文化发展有限公司　印刷
科学出版社发行　各地新华书店经销

*

2022 年 3 月第 一 版　开本：720×1000　1/16
2022 年 3 月第一次印刷　印张：24 1/2
字数：489 000

定价：398.00 元
（如有印装质量问题，我社负责调换）

《北京密云水库浮游生物图鉴》
编著者名单

张清靖	刘　青	朱　华	曲疆奇	李毅超
邵旭东	贾成霞	张　颖	高梦禅	胡庆杰
李永刚	赵　萌	李文通	刘　盼	张　楠
崔延超	宗海明	李春伶	杨浩辰	刘　毅
崔宇翔	吴彦飞	杨　慕	王　健	汪　炎
辛支明	李宏伟	李　治	赵昱东	张　默
于国欣	张子媛	曾平平		

序

　　水是生命之源，是人类赖以生存的必要条件。北京作为中国的政治文化中心，人均水资源量约为150 m^3，远低于国际人均水资源量500 m^3的极度缺水线。地下水位已由2000年的15 m下降到2014年的26 m，水资源缺口较大，水资源紧缺已成为制约北京乃至京津冀经济社会发展的重要瓶颈。随着人口的增长，城市规模的扩张，北京面临的水资源供应压力更加严峻。

　　为有效缓解北京用水短缺问题，南水北调中线工程自2014年12月起向北京输水，至2020年12月的6年间已向北京输水60亿m^3，北京地下水位回升至22 m，平均每年恢复0.6 m。这一特大型水利工程对北京的社会经济效益和生态环境影响发挥了至关重要的作用。密云水库作为北京最重要的地表饮用水源地，自2015年9月南水北调工程开始调水入库后，长期低水位运行状况得到了显著改善，已成为北京水资源战略储备基地，有力保障了首都人民饮用水安全，今后也必将发挥更加重要的作用。

　　为保护密云水库水资源安全和水生态健康，北京市农林科学院渔业生态与环保研究团队长期在密云水库开展水生态研究工作。浮游生物作为水库水生态系统的重要组成部分，一方面浮游植物作为初级生产者能够利用水体中氮、磷等污染物，通过光合作用，制造有机物并释放出氧气，是水体中鱼类和其他动物的直接或间接的饵料基础，在决定水域的生产性能上具有重要意义；另一方面浮游动物作为水生生物食物链中的重要一环，是对水生态系统中的能量和物质循环起调控作用的关键功能群，在水质改善上起着"水质净化器"的作用。因此，作者把近10年来监测到的浮游生物进行整理、拍照、分类，汇编成该图鉴，是一项非常有意义的工作，不仅方便了密云水库管理人员、研究人员及其相关技术人员参考使用，对其他河湖、水库从事相关工作的同志也很有参考价值。

　　该书具有内容全、范围广、理论新、专业性强等鲜明特点，主要体现在以下4个方面：①时间跨度较长，收集了从2011年至2020年持续开展研究所采集到的相关浮游生物种类；②系统研究了南水北调中线工程从丹江口水库调水入密云水库这种超长距离跨流域调水入库对受水区浮游生物群落的影响；③详细比较了调水前的长期低水位运行与调水过程中水位抬升对浮游生物种群的影响；④不仅对每个种的分类地位和形态特征进行了详细描述，还分别从时间维度和空间维度系统研究了浮游生物在密云水库的时空分布特征。因此，该图鉴是开展类似工作难得的参考书。

建设生态文明是中华民族永续发展的千年大计。绿水青山不仅是金山银山，也是人民群众健康的重要保障。南水北调工程是世界上最大的水利工程之一，该工程调水进入密云水库调蓄在水库水量的稳定和水生态的恢复、增强特大城市用水安全、改善生态环境方面发挥了重要作用。因此，开展好密云水库水生态研究和保护工作，坚持生态优先、绿色发展，通过研究成果健全生态补偿机制，对有效守护好首都人民的生命之水，推动首都城乡安全供水、城市平稳运行、市民安居乐业和经济社会可持续发展将起到积极的促进作用。

值此祝贺该书出版。

李百炼

普利高津金奖获得者

美国人类生态研究院院士

俄罗斯科学院外籍院士

2021 年 9 月

前言

　　密云水库位于北京市密云城北山区（40°19′~41°31′N，115°25′~117°33′E），是华北地区最大的水库，也是亚洲最大的人工湖，最大库容量为43.75亿m³，最大水面面积为188 km²。密云水库是首都重要的地表饮用水源地和水资源战略储备基地。为守护好密云水库，做好密云水库"渔业净水、生物保水"工作，北京市农林科学院渔业生态与环保研究团队系统开展了密云水库水生态研究，为水库每年的鱼类增殖放流工作提供了坚实的技术支撑。在此基础上，对近10年（2011~2020年）在密云水库采集到的浮游生物进行了鉴定与分析整理，编著成《北京密云水库浮游生物图鉴》一书。

　　《北京密云水库浮游生物图鉴》根据《中国淡水藻志》《中国淡水藻类——系统、分类及生态》《原生动物学》《中国淡水轮虫志》《中国动物志》等文献资料分类系统进行分类，共鉴定收录浮游生物161属367种（含变种和变型）。其中，浮游植物98属262种，浮游动物63属105种。对每个物种的分类地位、形态特征及其在密云水库的生境分布进行了描述，并附有外部形态鉴定特征的光学显微镜图。该图鉴是截至目前唯一、全面、系统、翔实地介绍密云水库浮游生物及其生境分布的书籍。

　　密云水库水生态研究时间跨度长、范围大、涉及面广，得到了来自各方的大力支持和帮助。感谢北京市科学技术委员会、北京市自然科学基金委员会、中共北京市委组织部和北京市财政局等机构给予研究项目资金支持；感谢北京市密云区人民政府、北京市农业农村局畜牧渔业处（原水产处）和北京市农业综合执法总队（原北京市渔政监督管理站）相关同志的业务指导和帮助；感谢北京市密云区农业服务中心、北京市密云区密云水库综合执法大队、北京市密云水库管理处和北京市密云区农业农村局对北京市农林科学院渔业生态与环保研究团队在密云水库开展水生态调查研究过程中给予采样用船及其相关作业条件的支持与密切配合；感谢北京市农林科学院领导对研究团队在密云水库长期开展水生态研究的全力支持。特别要感谢长期参与密云水库水生态研究的北京市农林科学院水产科学研究所、北京市密云区农业服务中心和大连海洋大学的相关老师，以及兢兢业业工作的同学们。上海师范大学王全喜教授和温州大学李仁辉教授在密云水库藻类的分类鉴定过程中给予了帮助与支持，在此表示诚挚的谢意！

由于时间仓促，加之作者水平有限，书中不足之处在所难免，恳请读者提出宝贵意见。

张清靖

北京市农林科学院研究员

2021年8月于北京

目 录

第三部分　浮游动物篇

第 1 部分
Chapter

1

总 论 篇

1 密云水库概况

1.1 密云水库自然地理

1.1.1 地理位置

密云水库位于京郊密云城北山区,地处40°19′~41°31′N,115°25′~117°33′E,横跨潮河、白河主河道上,距北京中心城区约100 km,是华北地区最大的水库,也是亚洲最大的人工湖。该水库设计是以城市供水、流域防洪、农业灌溉、发电等功能为主的综合型水库,最大库容量为43.75亿m³,最大水面面积为188 km²。水库东南侧靠燕山西端,南侧为军都山,西屏大马群山,北接坝上高原。水库上游所控制流域面积的2/3在河北省承德市、张家口市,涉及沽源、赤城、崇礼、怀来、宣化、丰宁、滦平、兴隆、承德等县(区);1/3在北京市,包括密云、怀柔、延庆等区。

1.1.2 地形地貌

密云水库集水区位于燕山山脉中段,三面环山,山区面积占总面积的90.3%。由于地壳运动加之长期风雨侵蚀等外力作用,使集水区内地表形成了山峦起伏、断裂纵横的侵蚀构造地貌景观。东西两侧高,自北向南倾斜,平均高程约1500 m。水库的东、西、北部为山区,西北部以海拔1000~2290 m的中山为主,山高坡陡,峰峦叠起,沟谷狭窄,遇暴雨容易形成灾害,水土流失较为严重,区内著名的山峰有雾灵山(2118 m)、云雾山(2047 m)、东猴顶山(2293 m)、海陀山(2241 m)等;东南部多为低山、丘陵和平原,水库四周及库南海拔200~350 m为丘陵区,区域内最高山峰为云蒙山,海拔为1414 m。丘陵山地坡度为20°~35°,潮河、白河河岸坡度为70°~90°。河流发育呈树枝状格局,与山脉的走向基本一致。

1.1.3 地质

密云水库周边岩石边坡一般较缓,库盆及周边岩石的风化深度一般为数米到十余米，岩石渗透性较小，属微弱透水岩石，断层带多为挤压破碎带，胶结良好，渗透性更小。水库及周边地带第四系覆盖层多为砂质黏土，减少了水库渗漏，水库周围无喀斯特地貌。密云水库周边地区的新构造运动以大面积缓慢升降运动为主，垂直变形幅度相对较小。库区周围基岩裸露，主要是块状坚硬岩石。库区地质环境良好，山间盆地及南部山前平原为第四系沉积物，厚度一般小于50 m，岩土体地壳稳定性相对较好，地表植被覆盖较好，地面基本处于稳定状态。密云水库库区主要为太古代变质岩系及震旦纪中下部地层分布，均由分布范围较广的变质岩组成，个别间有石灰岩层，其中变质岩以片麻岩为主，夹有麻粒岩、混合岩；阳坡地带岩性以花岗岩、片麻岩、石英岩为主。

1.1.4　土壤

密云水库集水区内土壤主要为褐土、棕壤、草甸土和栗钙土。其中，以褐土分布最广，主要分布在150～600 m的低山、丘陵地带，面积约8957.3 km^2，占流域内土壤总面积的60.23%；棕壤主要分布在600～700 m的低山阴坡，直到2293 m的中低山均有分布，面积约5114 km^2，占34.4%；草甸土主要分布在河谷地带，占1.9%；栗钙土主要分布在北部坝根一带，占2.2%。山地丘陵多为壤土，块状结构，通透性差，易板结。土壤垂直分布规律自高而低分别为山地草土、山地棕壤、粗骨性棕壤、淋溶褐土、粗骨性淋溶褐土。高山区土层较厚，土壤肥沃、湿润；而低山丘陵区多为风化岩残屑混合物，土层较薄。土壤pH 5.9～8.5，大多呈中性或微碱性。土壤养分总趋势为氮、磷缺乏，钾较充分，有机质含量山地较平原高。

1.1.5　河流和水系

密云水库河流水系中，主要支流有潮河、白河、清水河、安达木河、牤牛河、白马关河、蛇鱼川河、对家河等。其中，潮河位于北京东北，源于河北省丰宁县槽碾沟南山，经滦平县到古北口入北京市密云区境内。密云水库建成后，潮河分为密云水库上游和下游两段，在密云区境内上游长24.2 km，流域面积232.53 km^2，为山地；下游长23.4 km，流域面积217 km^2，为平原。白河源于河北省沽源县境内，上游长25 km，流域面积203 km^2；下游长13.2 km，流域面积117 km^2。潮河和白河在密云城区交汇形成一条河——潮白河。另有一条京密饮水渠自密云水库白河出口往北京城区通水，途经怀柔水库直达玉渊潭。

1.1.6   气候特征

密云水库流域属暖温带半湿润季风型大陆性气候，无霜期约150天，日照充足，雨热同期。春季干旱多风，夏季湿热多雨，秋季天高气爽，冬季干燥寒冷。流域气候以马营、独石口为界大致可划分为两个气候带，即北部为中湿半干旱森林草原气候带，南部为暖湿半湿润山地气候带。密云水库年均温约10.5℃，昼夜温差大于12℃，春季日较差最大，夏季最小。流域内地形复杂，山峦起伏，沟谷纵横，气候垂直分布明显。海拔700 m以下的山地属暖温半湿润气候，≥10℃年积温在3500℃以上；海拔700~1000 m的山地属中温半湿润气候，≥10℃年积温为1700~3500℃；海拔1000~1900 m的山地属寒温半湿润气候，≥10℃年积温小于1700℃；超过1900 m的亚高山草甸地区属冷温半湿润气候。

1.1.7   水文

密云水库集水区主要为海河流域潮白河水系，潮白两河纵贯南北汇合于密云城区西南30 km处，集水区内河网密度约0.3 km/km²。水库净蓄水量与流域内径流量呈正相关。潮白河属季节性河流，其水量变化与降水存在明显的关系，降水的时空分布决定了径流在年际、年内及时段上的分配特征。汛期降雨所形成的地表径流是潮白河的主要补给形式，枯水期则主要靠地下水补给，全年径流量的70%集中在6~9月汛期。丰水年与枯水年变化频繁，交替发生，水量变化较大，偏枯水年及枯水年约占41%，偏丰水年及丰水年占35%，平水年占24%。丰水年连续一般不超过2年。以汛期径流量为例，多年平均为6.55亿m³，而最大年份（1973年）为19.05亿m³，最小年份（2000年）为0.738亿m³，相差24.8倍。

水库流域内土壤侵蚀严重。水库上游为土石山区，表面土壤层薄，侵蚀物质多为大颗粒卵石、砾石，以推移质形式运动，并在沟道、河道内淤积，水库来水量的含沙量低，且多形成于6~9月暴雨。潮河平均含沙量约3.3 kg/m³，白河约2.95 kg/m³，年平均输沙量共计约270万kg/m³。

1.1.8   降水与蒸发

密云水库流域内降水量的分布主要受气候和地理环境因素的影响，降水分布一般是从东南向西北递减，年均降水量为300~700 mm。其中，赤城县最小，一般不足400 mm；潮河和白河流域较多，为600~700 mm。降水年内分配极不均匀,流域山脊地形成为东南气流运行的天然屏障,从而形成山前(迎风坡)多雨带,常形成暴雨中心,全年降水量80%以上集中在汛期(6~9月)。暴雨历时短,强度大,夏季雨量多集中在几场降雨之中,有时一次暴雨降水量可占全年降水量的60%~70%。暴雨中心多出现在九松山(密云)、溪翁庄(密云)、枣树林(怀柔)、千家店(延庆)一带。流域内大气的相对湿度年均值约70%。密云水库蒸发量年内分配不均匀,蒸发随气温、湿度、风速等发生变化。多年平均蒸发量为1192.6 mm,全年最小蒸发量一般出现在1月或12月,占全年蒸发量的5%左右;全年最大蒸发量一般出现在5月或6月,占全年蒸发量的30%左右。

1.2 密云水库历史沿革及其功能

潮白河是流经北京市境内的主要河流之一,在滋润京津大地的同时也给两岸人民带来了严重的灾难。据历史记载,近500年来,潮白河的洪水曾5次灌北京,8次淹天津,总计冲垮房屋2.2万间,38万人受灾,造成了严重的经济损失。中华人民共和国成立后,为了尽快消除潮白河水患,解决京津地区水荒问题,党和国家决定启动密云水库修建工程。密云水库修建始于1958年9月,当时国家经济仍处于困难时期,京津冀20多万建设大军采用"民办公助"的形式参与到水库的建设中。1959年8月,白河和潮河两座主坝及其他5座副坝先后达到或超过拦洪高程,成功实现拦洪。1960年9月,密云水库建成并正式投入使用,实现了一年拦洪、两年建成的宏伟计划。密云水库工程量包括2座主坝、5座副坝、3条隧洞、2条导流廊道、3条溢洪道、2座电站和1个调节池,是当时已拦洪水库中工程量最大的综合水库。这座靠人力一手一脚、一铲一锹、一砖一瓦建设出来的水库,工期之短、工效之高、质量之好堪称新中国成立之后水利建设的楷模。密云水库建设期间,毛泽东、朱德、周恩来、董必武、陈毅等党和国家领导人高度重视,多次亲临水库工地视察,周恩来总理曾先后七次视察指导工作。2009年,密云水库被评为"新中国成立六十周年百项经典暨精品工程";2012年,被评为"百年百项杰出土木工程"。

密云水库的建设不仅解决了潮河、白河的水患,保护了京津冀千万人口的安全,而且在供水、灌溉、气候调节等方面发挥了巨大作用。水库建成后拦蓄流量大于1000 m³/s的洪峰30余次,减淹土地累计近200万 hm²。1949年前,北京市区的地表供给水源仅有西郊的玉泉山,年平均供水量仅为3000万 m³,随着首都经济发展和人口的快速增长，水源供给远不能满足需求，水库建成后年平均供水量5.4亿m³，为北京地区提供约2/3的生活用水（王建平等，2006）。

　　20世纪末，北京市降水和入库水供给资源连年不断减少。20世纪50年代水库大坝处年均入库径流量为15.5亿m³；60、70年代水库年均入库径流量降低，分别为12.1亿m³和13.2亿m³；80年代后入库水量急剧减少，1980～2000年年均入库径流量仅为7.6亿m³。相应地，水库年均供水量从20世纪80、90年代的6.3亿m³，降低到2004～2009年的2.9亿m³，密云水库的供水功能逐年衰减（李万智等，2013）。1999～2015年，密云水库最大蓄水量减少了49%（图1-1）。为了满足人们日益增长的生活与生产用水需求，深层地下水超采问题日益突出，华北地区地下水开采量占全国开采总量的54.78%（王道波等，2005）。

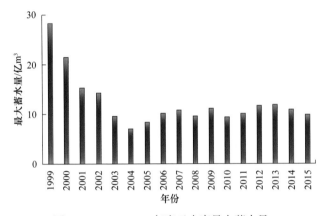

图1-1　　1999～2015年密云水库最大蓄水量

　　2015年9月，南水北调来水调入密云水库调蓄工程竣工通水，江水千里驰援，有效缓解了首都水资源供需矛盾，也使得密云水库蓄水量持续增加，首都水资源保障能力进一步增强。按照工程规划，北京平均每年接受调水约10.5亿m³，最高调水量约16亿m³，最低调水量约8亿m³。调水期间蓄水量逐年提升，库区水位不断升高，由2015年调水前的136m升高至2020年的148m。库区蓄水量由调水前2015年9月底的8.76亿m³增加到2020年12月的24.8亿m³（图1-2），年平均水位由2015年的133.7m升高至2020年的147.2m（图1-3）。南水北调工程有效缓解了北京市水资源短缺的局面，形成了南水北调来水、本地地表和地下水资源联合的多水源供水局面，大幅提高了水资源供给的保障程度，增加了北京市当地水资源的战略储备。

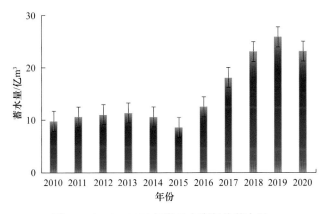

图1-2 2010～2020年密云水库年均蓄水量

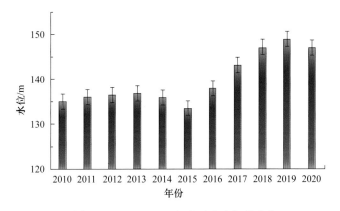

图1-3 2010～2020年密云水库年均水位

密云水库的建成，为北京北部构筑了安全屏障，确保了潮白河防洪排涝安全；形成了首都多源互济的水资源保障体系，为首都供水安全奠定了稳固基础；通过水库上游潮白河流域水源涵养区生态屏障的构建，促进了首都生态文明的建设。水库建成后，邓小平、江泽民、胡锦涛等国家领导人先后亲临密云水库视察工作，并对密云水库保护做出相关指示，特别是习近平总书记在密云水库建库60周年之际，给建设和守护密云水库的乡亲们的回信中强调："当年修建密云水库是为了防洪防涝，现在它作为北京重要的地表饮用水源地、水资源战略储备基地，已成为无价之宝。"因此，密云水库的保护工作任重道远，亟须全市上下认真贯彻落实习近平总书记关于生态文明的思想，认真践行"绿水青山就是金山银山"的生态环保理论，坚持不懈地开展治水保水工作，有效保障密云水库水生态健康和首都人民饮用水安全。

2 研 究 方 法

2.1 采样时间

2011～2020年，在密云水库每月一次（冰封期除外）对浮游生物样品进行采集和测定。

2015年9月，南水北调工程开始调水进入密云水库调蓄，在此之前称为调水前，在此之后称为调水后。

2.2 采样点位设置

根据密云水库水域形状、河流入口、大坝位置、库湾、敞水区、南水北调水入库位置、水深等多种因素确定10个采样点位，分别是白河坝（BHB）、白河口（BHK）、潮河坝（CHB）、潮河口（CHK）、水库中心（KZX）、金沟（JG）、燕落（YL）、围堰（WY）、董各庄（DGZ）和南水北调水入库进水口（JSK）。其中，白河坝、潮河坝采样点位分别为白河大坝、潮河大坝附近水域；白河口、潮河口采样点位分别为白河、潮河的河流入库区水域；金沟采样点位为潮河库区与白河库区连通水域；燕落、围堰和董各庄的采样点位为库北浅水区水域；水库中心采样点位为密云水库潮河区中心水域；以及进水口采样点位为南水北调水入库进水口水域。上述采样点位水域中，白河坝、潮河坝和水库中心采样点位为深水区域，分表、中、底三层分别采集水样，其中，表层水样为离水体表面0.5 m处采集，中层水样为水深中间处采集，底层水样为离库底0.5～1 m处采集。其他点位均采集水柱混合样。

2.3 浮游植物采集与鉴定分析方法

2.3.1 采集方法

浮游植物定性样品的采集用25号浮游生物网（孔径64 μm）在确定的采样点位水域进行垂直拖网，于水面以20～30 cm/s的速度做"∞"形反复拖曳，然后采集装瓶,多次重复进行,直至有足够的样品为止。浮游植物定量样品的采集为每个采样点位采集水样1000 ml装瓶,现场用鲁哥氏液固定,带回实验室待沉淀与浓缩。水样采集时,样品瓶必须贴上标明采集时间、地点、水样体积等的标签,其他内容应另行做好详细记录,以备检查核对,避免错误。具体方法依据《水库渔业资源调查规范》(SL 167—2014)和《内陆水域渔业自然资源调查手册》进行。

2.3.2　定性分析方法

浮游植物定性样品用于种类鉴定。样品定性分析取样时,用胶头滴管吸取置于载玻片上,加盖盖玻片,置于光学显微镜下从低倍镜转至高倍镜依次进行观察,同时做好记录,对主要种类大小进行测定,并绘制草图以便复查。对于硅藻的鉴定,由于硅藻壳面(上壳和下壳)和带面形状各有差异,观察鉴定时可用解剖针轻轻敲击盖玻片,再观察其特性。浮游植物种类主要参考《中国淡水藻类——系统、分类及生态》《中国淡水藻志》《中国淡水生物图谱》等进行鉴定。

2.3.3　定量分析方法

(1)沉淀与浓缩

将采集的水样放置在实验台上沉淀24～48 h,用自制虹吸管(将细针固定于直径2 mm的医用导尿管或输液管)小心抽出上层不含藻类的上清液。剩下沉淀物摇动后转入定量杯中,再用上述虹吸出来的上清液少许,冲洗样品瓶3次,冲洗液转入定量杯中再沉淀,静置24 h以上,再吸去定量杯中多余的上清液,直至浮游植物沉淀物体积约20 ml,转入带有刻度的标本瓶中,并用少许上清液冲洗定量杯2～3次,冲洗液一并转入标本瓶中定容至30～50 ml待测。

(2)计数

浮游植物计数的主要仪器是光学显微镜和计数框。计数前先核准一下浓缩沉淀后定量瓶中水样的实际体积。最好加入纯净水使其成整数量,如30 ml、50 ml、100 ml等。然后将水样充分摇匀,并立即用刻度吸管准确吸取0.1 ml,注入相同体积计数框内,小心盖上盖玻片,在盖盖玻片时,要求计数框内无气泡,且样品不溢出计数框。然后在100～400倍光学显微镜下计数。每瓶标本计数两片取其平均值,每片计算50～100个视野,但视野数可按浮游植物的多少而酌情增减,如每个视野平均不超过2个时要观察200个视野以上,如果每个视野平均有5～6个时要观察100个视野,如果每个视野平均有十几个时观察50个视野即可。

同一样品的两片计算结果与平均数之差如不大于其均数的±15%，其均数视为有效结果，否则继续取样计数，直至其平均数与相近两数之差不超过均数的±15%为止，这两个相近值的平均数，即可视为计算结果。计算种类一般鉴别到种，无法鉴定到种的，则至少鉴定到属。

（3）细胞密度计算

浮游植物细胞密度（每升水中浮游植物数量，N）用下列公式计算：

$$N=\frac{C_s}{F_sF_n}\times\frac{V}{v}\times P_n$$

式中，C_s 为计数框面积（mm^2），一般为 400 mm^2；F_s 为显微镜视野面积（mm^2），用台微尺测出视野半径 r，按 $F_s=\pi r^2$ 计算出视野面积；F_n 为计数过的视野数；V 为 1 L 水样经沉淀浓缩后的体积（ml）；v 为计数框容积（ml），一般为 0.1 ml；P_n 为在 F_n 个视野中，所计数到的浮游植物个体数。

如果所用计数框、光学显微镜固定不变，浓缩后的水样体积和观察的视野数也不变，公式中的 $\left(\frac{C_s}{F_sF_n}\times\frac{V}{v}\right)$ 项便可视为常数（k）。上述公式可简化为 $N=k\times P_n$。

将各种浮游植物结果相加即得浮游植物的总密度。

（4）优势种计算

通过对浮游植物的定量分析，用以下公式计算优势度，进而做出判定：

$$Y=\frac{n_i}{N}\times f_i$$

式中，Y 为浮游植物的优势度；n_i 为第 i 种浮游植物的细胞总数；N 为浮游植物细胞总数；f_i 为第 i 种浮游植物在各个采样点位出现的频率。

当优势度 $Y>0.02$ 时，该种即在采样点位为优势种。

（5）长期保存

观察完成的样品，需加入2%～4%体积分数的甲醛固定液（福尔马林）进行固定，拧紧瓶盖进行长期保存。

2.4　浮游动物采集与鉴定分析方法

2.4.1　采集方法

浮游动物定性样品的采集同浮游植物。浮游动物定量样品的采集为每个采样点位用5 L的不锈钢采水器采集水样20 L，再用13号浮游生物网（孔径112 μm）过滤浓缩，过滤物放入采样瓶中，并洗过滤网3次，所得过滤物也放入上述瓶中。采集到的浮游动物水样现场加入水样体积的4%的甲醛溶液固定，带回实验室后沉淀与浓缩。其他注意事项详见浮游植物采样方法。具体方法依据《水库渔业资源调查规范》（SL 167—2014）和《内陆水域渔业自然资源调查手册》进行。

2.4.2 定性分析方法

浮游动物包括原生动物、轮虫、枝角类和桡足类。原生动物和某些轮虫，加入固定液后形态结构很容易发生改变而难以辨认，种类鉴定时先观察活体，再观察固定样品。观察活体时，为防止浮游动物快速运动而观察不清，可加入适当量的麻醉剂。轮虫的种类鉴定，多数需要仔细观察咀嚼器，一般用大头针在光学显微镜下轻压盖玻片，使咀嚼器从虫体中游离出来。枝角类、桡足类的种类鉴定时，将其置于凹面载玻片或培养皿中，在解剖镜下进行解剖，进而压片进行鉴定观察。浮游动物种类主要参考《原生动物学》《中国淡水轮虫志》《中国动物志 节肢动物门 甲壳纲 淡水枝角类》《中国动物志 节肢动物门 甲壳纲 淡水桡足类》《中国淡水生物图谱》等进行鉴定。

2.4.3 定量分析方法

（1）沉淀与浓缩

浮游动物的沉淀与浓缩方法同浮游植物。即在实验台沉淀后，吸取上层清液，把沉淀浓缩样品放入标本瓶中待测。

（2）计数

浮游动物计数的主要仪器是光学显微镜、解剖镜和计数框。原生动物、轮虫和无节幼体定量用浮游植物定量样品进行分析。计数原生动物用0.1 ml计数框，计数轮虫和无节幼体用1 ml 计数框。原生动物、轮虫和无节幼体计数时，沉淀样品要充分摇匀后，用定量吸管吸0.1 ml注入0.1 ml 计数框内，在10×20的放大倍数下全片计数原生动物；吸取 1 ml 注入1 ml 计数框内，在10×10的放大倍数下全片计数轮虫和无节幼体。枝角类和桡足类如果数量不多，可在解剖镜下全部计数；如果数量很多，可把样品充分摇匀后，再取其中一部分计数，计数若干片取其平均值。大型浮游动物沉淀极快，操作必须快速、敏捷，否则误差很大。

同一样品的两片计算结果与平均数之差如不大于其均数的±15%，其均数视为有效结果，否则还需继续取样计数，直至其平均数与相近两数之差不超过均数的±15%为止，这两个相近值的平均数，即可视为计算结果。计算种类一般鉴别到种，无法鉴定到种的，则至少鉴定到属。观察完成后，拧紧样品瓶盖进行长期保存。

（3）种群密度计算

浮游动物种群密度（每升水中浮游动物数量，N）可用下列公式计算：

$$N = V_s \times n / (V \times V_a)$$

式中，N为1 L水中浮游动物个体数（个/L）；V为采样体积（L）；V_s为沉淀体积（ml）；V_a为取样计数体积（ml）；n为计数所获得的个体数。

将各种浮游动物计数结果相加即得浮游动物的种群密度。原生动物、轮虫、枝角类和桡足类分别进行统计。

（4）优势种

通过对浮游动物的定量分析，用以下公式计算优势度，进而做出判定：

$$Y = \frac{n_i}{N} \times f_i$$

式中，Y为浮游动物的优势度；n_i为第i种浮游动物的个体总数；N为浮游动物个体总数；f_i为第i种浮游动物在各个采样点位出现的频率。

当优势度$Y > 0.02$时，该种即在采样点位为优势种。

附　　图

密云水库部分采样人员合照

样品采集时现场记录

浮游生物定性采集

浮游生物定量采集

浮游生物样品沉淀

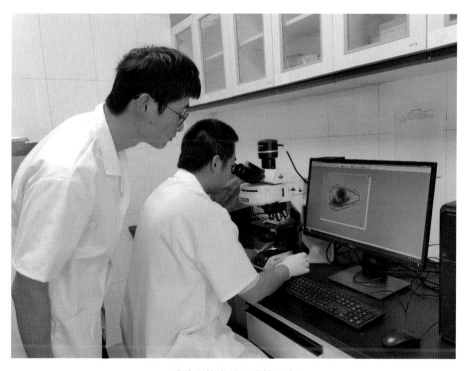

浮游生物光学显微镜观察

浮游植物篇

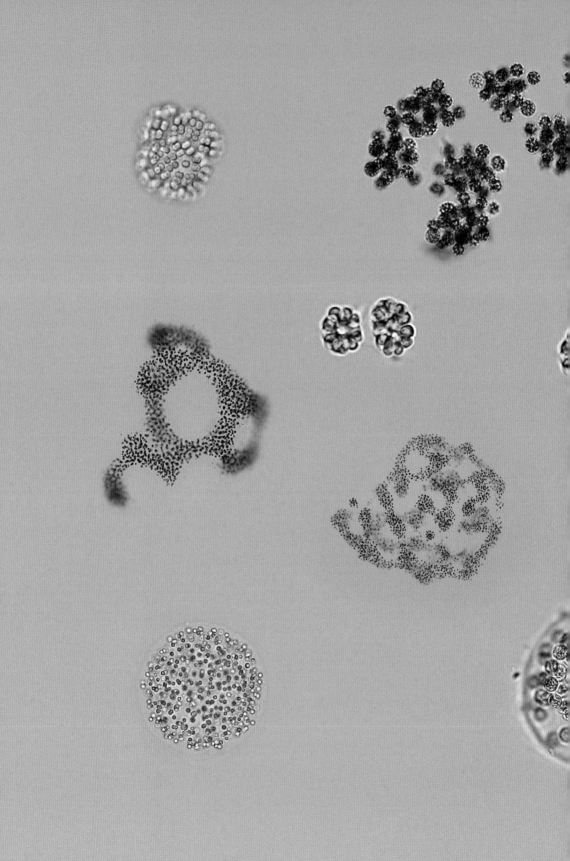

蓝 藻 门

Cyanophyta

蓝藻（blue-green algae）是最原始、最古老的藻类。结构简单，无典型的细胞核，故又称为蓝细菌（Cyanobacteria）。但蓝藻可以进行光合作用，并放出氧气，这是蓝藻与其他低等植物的重要区别。蓝藻通常形成群体或丝状体，以单细胞单独生活的种类较少。群体的形态多种多样，有球形、卵形、椭圆形、不规则形、网孔状等。丝状体为分枝丝状体（真分枝或假分枝）或不分枝丝状体，或由丝状体交织在一起形成各种群体。不论丝状体或群体，植物体外面常具有一定厚度的胶质，这是蓝藻的一个特点。群体外面的胶质称为胶被（gelatinous envelope），丝状体外面的胶质称为胶鞘（gelatinous sheath）。

蓝藻门植物细胞形态比较简单，无鞭毛，常见的有球形、圆球形、椭圆形、卵形、柱形、桶形、棒形、镰刀形和纤维形等。单细胞或形成片状、球形、不规则形、团块状、丝状等群体，没有多细胞体。

蓝藻在自然界中分布很广，淡水、海水、湿地、沙漠、岩石、树干及在工业循环用冷却水管内都可见到。但是，大多生活在水体中，特别是有机物丰富的碱性水体中。蓝藻多喜欢较高的温度、强光和静水。主要生活在淡水中，成为淡水中重要的浮游植物，在夏秋时节大量繁殖形成强烈水华。在我国南方几乎一年四季都可以见到由蓝藻形成的"水华"。在水体中的垂直分布一般是表层多于底层，有假空泡的更是如此。

密云水库中监测到蓝藻门有52种，本图鉴收录43种，根据《中国淡水藻志》《中国淡水藻类——系统、分类及生态》分类系统的体系，隶属1纲3目7科17属。南水北调水开始入库调蓄后，蓝藻门的种类和数量有所增加，如尖头藻 *Raphidiopsis* sp. 调水后的细胞密度显著大于调水前，在2020年8月其细胞密度曾高达1700万～2700万个/L，几乎遍及整个水域。

棒胶藻属 *Rhabdogloea*

蓝藻门 Cyanophyta　蓝藻纲 Cyanophyceae
色球藻目 Chroococcales　聚球藻科 Synechococcaceae

形态特征　植物体微小；漂浮，或者混杂于其他浮游藻类中。群体胶被不明显，无色。细胞细长，圆柱形，两端狭而长；直出，或多或少作螺旋状绕转，"S"形，或不规则弯曲。单细胞或由少数以至多数细胞聚合于柔软而透明的群体胶被中。细胞的原生质体均匀，淡蓝绿色至亮蓝绿色。细胞分裂为与纵轴垂直的横裂。

史氏棒胶藻（针晶蓝纤维藻/针晶拟指球藻）
Rhabdogloea smithii (R. et F. Choda) Komarek

形态特征　植物体由少数细胞组成，自由漂浮。胶被无色透明，质地均匀。细胞形态变化较多，棱形、"S"形、半圆形，直或弯曲；末端狭小而尖锐。细胞宽1.2～3 μm，长14～25 μm。原生质体均匀，蓝绿色。

生境分布　密云水库常见种类。在大部分采样点位长期监测到该种类，细胞密度一般小于4万个/L，2016年4月在YL、CHK等水域形成优势种。最大细胞密度为65万个/L，出现在CHK水域。

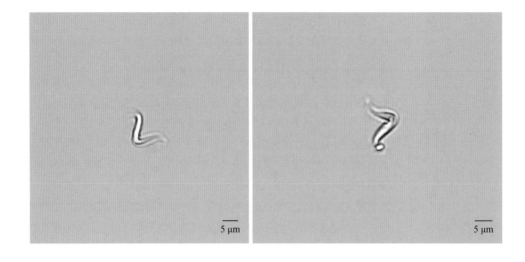

色球藻属 *Chroococcus*

蓝藻门 Cyanophyta　蓝藻纲 Cyanophyceae
色球藻目 Chroococcales　色球藻科 Chroococcaceae

形态特征　植物体少数为单细胞，多数为2～6个或更多个（很少超过64个或128个）细胞组成的群体。群体胶被较厚，均匀或分层；透明或黄褐色、红色、紫蓝色。细胞球形或半球形，个体胶被均匀或分层。原生质体均匀或具有颗粒；灰色、淡蓝绿色、亮蓝绿色、橄榄绿色、黄色或褐色；气囊有或无。细胞有3个分裂面。

小型色球藻 *Chroococcus minor* (Kütz.) Näg.

形态特征　植物体是由无数小群体组成的黏滑胶质体，污蓝绿色。细胞很小，直径为3～4（～7）μm，包括胶被直径为10～12.5 μm。通常由2～4个细胞组成小群体。胶被无色透明而多少溶化。原生质体均匀，蓝绿色或橄榄绿色。

生境分布　密云水库常见种类。在大部分采样点位长期监测到该种类，细胞密度变化大，多数小于15万个/L。2015年、2016年、2017年的细胞密度显著高于其他年份，且在2015年7月的JG，2017年8月的YL和KZX、9月和10月的JSK水域形成优势种。最大细胞密度出现在2017年10月的JSK水域，细胞密度达263万个/L。2018年后出现频率和细胞密度都显著降低。

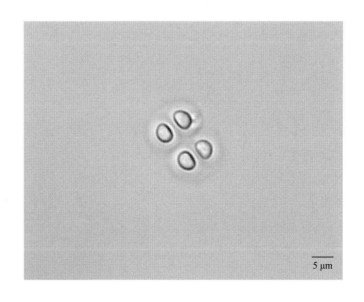

5 μm

微小色球藻 *Chroococcus minutus* (Kütz.) Näg.

形态特征　群体是由2～4个细胞组成的圆球形或长圆形胶质体。胶被透明无色，不分层。群体中部多收缢。细胞球形、亚球形；直径（3～）7～10 μm，包括胶被直径为7～15 μm。原生质体均匀或具少数颗粒。

生境分布　密云水库常见种类。在大部分采样点位长期监测到该种类，细胞密度变化大，多数小于20万个/L。2012～2017年每年的7～10月在YL、JG、CHK、BHK、JSK等水域多次形成优势种。最大细胞密度出现在2017年10月的JSK水域，细胞密度达到249万个/L。2018年后出现频率和细胞密度都显著降低。

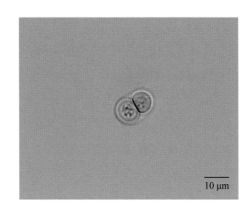

10 μm

膨胀色球藻 *Chroococcus turgidus* (Kütz.) Näg.

形态特征　植物体是由2个、4个、8个或16个细胞组成的群体；群体的大小视细胞多少而定，通常2～4个细胞的群体直径为40（～80）μm。细胞球形、半球形、卵形，或互相挤压而呈不规则形；细胞接触面处扁平；细胞直径为11～26 μm，包括胶被直径为17～42.5 μm。胶被无色透明，具2～3层层理；生长在水中的胶被常膨胀而无明显的层理。原生质体橄榄绿色、黄色，具颗粒。

生境分布　密云水库常见种类。在部分采样点位长期监测到该种类。细胞密度一般小于6万个/L，大量集中出现在2013年、2018年、2019年、2020年的各采样点位。细胞密度较大水域为2013年6月的BHB和BHK，细胞密度为56万～61万个/L。

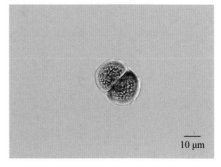

10 μm

隐球藻属 *Aphanocapsa*

蓝藻门 Cyanophyta　蓝藻纲 Cyanophyceae
色球藻目 Chroococcales　平裂藻科 Merismopediaceae

形态特征　植物体是由2个至多个细胞组成的群体。群体呈球形、卵形、椭圆形或不规则形；小的仅在光学显微镜下才能见到，大的可达几厘米，肉眼可见。群体胶被厚而柔软；无色、黄色、棕色或蓝绿色。细胞球形；常2个或4个细胞一组分布于群体中，每组间有一定距离。个体胶被不明显，或仅有痕迹。原生质体均匀，无假空胞；浅蓝色、亮蓝色或灰蓝色。细胞有3个分裂面。

隐球藻属未定种 *Aphanocapsa* sp.

形态特征　植物体是由2个至多个细胞组成的群体。群体呈球形、卵形、椭圆形或不规则形；小的仅在光学显微镜下才能见到，大的可达几厘米，肉眼可见。群体胶被厚而柔软；蓝绿色。细胞球形；常2个或4个细胞一组分布于群体中，每组间有一定距离。个体胶被不明显。原生质体均匀，无假空胞；浅蓝色、亮蓝色或灰蓝色。细胞有3个分裂面。

生境分布　密云水库常见种类。绝大多数采样点位监测到该种类，细胞密度变化大，且在2013~2017年所有采样点位均多次形成优势种，主要出现在CHB、BHB、JG、YL等水域。2016年10月的CHK及2017年8月的JG、9月的JSK水域细胞密度均较大，细胞密度分别达到420万个/L及336万个/L、336万个/L。

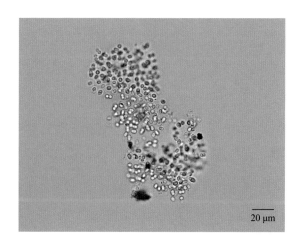

20 μm

平裂藻属（裂面藻属）*Merismopedia*

蓝藻门 Cyanophyta　蓝藻纲 Cyanophyceae
色球藻目 Chroococcales　平裂藻科 Merismopediaceae

形态特征　植物体由一层细胞组成平板状群体。群体胶被无色、透明、柔软。群体中细胞排列整齐；通常2个细胞为1对，2对为1组，4个小组为一群，许多小群集合成大群体；群体中的细胞数目不定，小群体细胞多为32～64个，大群体细胞多可达数百个以至数千个。细胞浅蓝绿色、亮绿色，少数为玫瑰红色至紫蓝色。原生质体均匀。细胞有2个相互垂直的分裂面，群体以细胞分裂和群体断裂的方式繁殖。本属多为浮游性藻类，零散地分布于水中，不形成优势种。

优美平裂藻 *Merismopedia elegans* A. Braun

形态特征　植物体有大有小，小的仅由16个细胞组成，大的由数百个以至数千个（4500个）以上的细胞组成，宽达数厘米。细胞椭圆形，排列紧密；宽4～7 μm，长7～9 μm。原生质体均匀，呈鲜艳的蓝绿色。

生境分布　密云水库较常见种类。主要出现在2012年、2013年、2015年、2016年、2017年的YL、JG、KZX、BHK、JSK等水域，出现频次不高，但细胞密度普遍在5万～10万个/L。最大细胞密度出现在2017年9月的JSK水域，细胞密度为42万个/L。

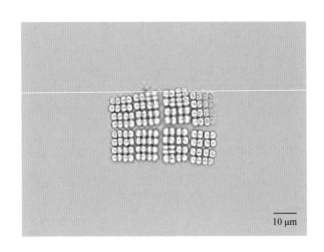

10 μm

银灰平裂藻 *Merismopedia glauca* (Ehr.) Näg.

形态特征　群体微小，一般由16～128个细胞组成，呈四方形或长方形。细胞排列紧密而整齐。细胞球形、半球形；直径3.0～6.0 μm。胶被均匀不明显。原生质体均匀；有或无颗粒，有时具大颗粒；蓝绿色或灰青蓝色。

生境分布　密云水库较常见种类。主要出现在2013年、2016年、2017年的7～9月的YL、JG、BHK、KZX、BHB等水域，出现频率不高，但细胞密度普遍较大，通常为5万～30万个/L，且多次在YL、BHK等水域形成优势种。最大细胞密度出现在2017年9月的YL水域，细胞密度达421万个/L。

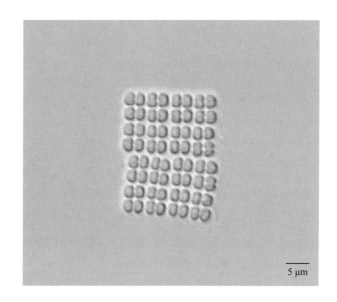

5 μm

点形平裂藻 *Merismopedia punctata* Meyen Wiegm

形态特征　群体微小，一般由8个、16个、32个、64个细胞组成。细胞密贴或稀松，但都排列成十分整齐的行列。细胞球形、宽卵形或半球形，直径2.3～3.5 μm。原生质体均匀，淡蓝绿色或亮蓝绿色。

生境分布　密云水库较常见种类。主要集中出现在2013年、2015年、2016年、2017年部分月份的YL、JG、BHB、KZX等水域，细胞密度变化较大，且调水后的细胞密度显著大于调水前。2015～2017年每年的7～9月在YL、JG、DGZ等水域多次形成优势种，最大细胞密度达到1494万个/L，出现在2016年7月的JG水域。2018年后细胞密度显著减少，且多以定性监测到该种类。

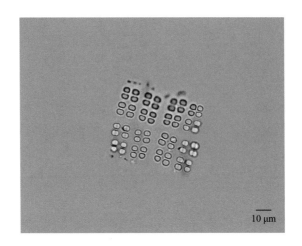

10 μm

微小平裂藻 *Merismopedia tenuissima* Lemm.

形态特征　群体微小，呈正方形；由16个、32个、64个、128个或更多一些细胞组成，群体中的细胞常4个成1组。群体胶被薄。细胞球形、半球形，外具较明显或完全溶化的胶被；细胞直径1.3～2.5 μm。原生质体均匀，蓝绿色。

生境分布　密云水库较常见种类。主要集中出现在2014年、2015年、2017年的7～9月的BHK、CHK、JG、YL、KZX等水域。细胞密度普遍都比较高，一般在10万～100万个/L，多数时间在YL、BHK、CHK、JG等水域形成优势种。最大细胞密度甚至达到1578万个/L，出现在2015年7月的CHK水域。2018年后细胞密度显著减少，且多以定性监测到该种类。

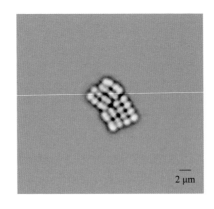

2 μm

细小平裂藻 *Merismopedia minima* G. Beck

形态特征　群体由4个至多个细胞组成。细胞小，互相密贴；球形、半球形；直径0.8～1.2 μm，高1.5～1.8 μm。原生质体均匀，蓝绿色。

生境分布　密云水库偶见种类。仅在2019年8月定性监测到该种类。

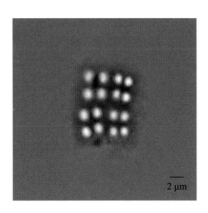

2 μm

旋折平裂藻 *Merismopedia convoluta* Breb. Kutzing

形态特征　群体较大，有时肉眼可见；呈板状或叶片状。幼年期群体平整，以后因细胞不断分裂而逐渐增大面积，其群体可弯曲甚至边缘部卷折。细胞球形、半球形或长圆形；直径（4～）4.2～5（～5.2）μm，高（4～）8～9 μm。原生质体均匀，蓝绿色。

生境分布　密云水库偶见种类。仅在2019年8月定性监测到该种类。

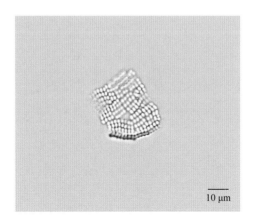

10 μm

铜绿平裂藻 *Merismopedia aeruginea* Breb. Kutzing

形态特征　群体由4～64个细胞组成，宽35～68 μm。群体近无色。细胞球形，直径5 μm，排列紧密。原生质体蓝绿色。

生境分布　密云水库偶见种类。仅在2019年8月定性监测到该种类。

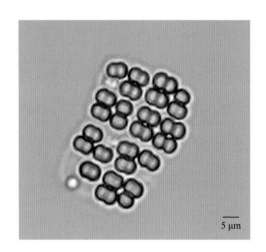

5 μm

束球藻属（楔形藻属/索球藻属）*Gomphosphaeria*

蓝藻门 Cyanophyta　蓝藻纲 Cyanophyceae
色球藻目 Chroococcales　平裂藻科 Merismopediaceae

形态特征　群体球形或不规则，常由小群体组成；有时具不明显的、水合性的胶被，自由漂浮；中央具辐射状的胶柄系统，有时在群体中部与群体胶被融合，柄宽度常比细胞窄。细胞位于柄的末端，具窄的个体胶被；细胞长形、倒卵形或棒状；细胞分裂后平行排列，形成特征性的心形形态。有时彼此略呈辐射状排列。细胞在群体表面为互相垂直的2个面连续分裂。

圆胞束球藻　*Gomphosphaeria aponina* Kütz.

形态特征　群体球形或近球形，直径30～85 μm。细胞梨形或倒卵形，或具圆头的倒卵形，分裂时为心形；细胞直径（3～）4～10 μm，长（5～）8～16 μm，常以其较狭的一端朝向群体内方；具双叉式柄系统。个体胶被不明显或缺；群体胶被无色透明，柔软，不分层。原生质体均匀或具微小颗粒；蓝绿色或橄榄绿色，老年时呈黄绿色。

生境分布　密云水库偶见种类。仅在2017年7月定性监测到该种类。

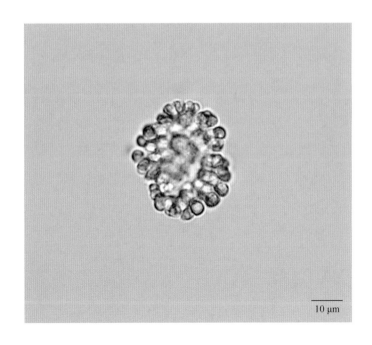

10 μm

束球藻属未定种 *Gomphosphaeria* sp.

形态特征　群体球形或不规则，常由小群体组成；有时具不明显的、水合性的胶被，自由漂浮；中央具辐射状的胶柄系统，柄宽度常比细胞窄。细胞位于柄的末端，具窄的个体胶被；细胞长形、倒卵形或棒状；细胞分裂后平行排列，形成特征性的心形，细胞有时彼此略呈辐射状排列。细胞在群体表面为互相垂直的2个面连续分裂。

生境分布　密云水库非常见种类。主要出现在2019年6～9月的JG、YL、CHK、CHB、KZX等水域，细胞密度极低，均以定性监测到该种类。

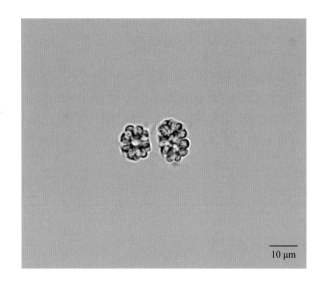

腔球藻属 *Coelosphaerium*

蓝藻门 Cyanophyta　蓝藻纲 Cyanophyceae
色球藻目 Chroococcales　平裂藻科 Merismopediaceae

形态特征　群体微小，略为圆球形或卵形；有时由子群体组成，老群体罕见不规则形，常为自由漂浮。胶被薄，无色，常无明显界线；胶质仅在细胞周边层周围或围绕边沿形成胶质层。细胞1层，位于群体周边；圆形，分裂后为半球形；常彼此分离，有或无气囊；群体中央无胶质柄。细胞分裂为2个彼此垂直面连续分裂。以群体解聚进行繁殖。

不定腔球藻 *Coelosphaerium dubium* Grunow

形态特征　群体为球形至不规则形，或由2～4个子群体贴靠而成复合群体。群体直径为100～150 μm，复合群体直径达300 μm。群体胶被厚而坚实，厚达8 μm，无色透明、无层理。细胞球形，直径为5～7 μm；在群体胶被的表面下密集成单层。原生质体具假空泡。

生境分布　密云水库较常见种类。主要集中出现在2013年、2015年、2016年、2017年部分月份的BHB、CHK、JG、YL、WY、KZX等水域，细胞密度变化较大，一般在1万～50万个/L。最大细胞密度出现在2017年9月的WY水域，细胞密度达168万个/L。

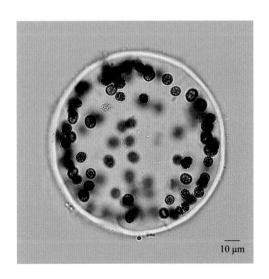

10 μm

居氏腔球藻 *Coelosphaerium kützingianum* Nag.

形态特征　群体为球形或近球形；直径为20～90 μm，有时达120 μm，肉眼可见。群体胶被无色透明、均匀、薄而柔软。细胞球形或近球形；直径2.5～4.5 μm；单一或成对；在群体胶被的表面下排成单层。原生质体均匀，无气囊。

生境分布　密云水库偶见种类。仅在2019年8月定性监测到该种类。

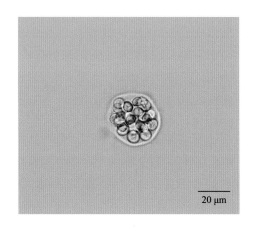

20 μm

铜绿腔球藻 *Coelosphaerium aerugineum* Lemmermann

形态特征　群体为球形、长圆形或椭圆形；直径为148～153 μm。群体胶被坚实；厚4～5 μm；无色；无明显层理。细胞球形或近球形，直径为3～4 μm；在群体胶被表面之下不规则地排列成单层。原生质体具假空泡。

生境分布　密云水库偶见种类。仅在2019年8月定性监测到该种类。

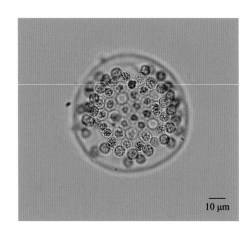

10 μm

腔球藻属未定种 *Coelosphaerium* sp.

形态特征　群体微小，略为圆球形或卵形，老群体罕见不规则形，常为自由漂浮。胶被薄，无色，常无明显界线；胶质仅在细胞周边层周围或围绕边沿形成胶质层。细胞1层，位于群体周边；圆形，分裂后为半球形；常彼此分离，有或无气囊。群体中央无胶质柄。细胞分裂为2个彼此垂直面连续分裂。以群体解聚进行繁殖。

生境分布　密云水库偶见种类。2019年10月在KZX水域定量监测到该种类，细胞密度为33万个/L。在2019年YL、CHB和CHK等水域定性监测到该种类。

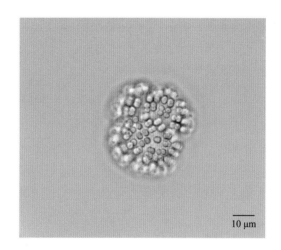

10 μm

粘球藻属 *Gloeocapsa*

蓝藻门 Cyanophyta　蓝藻纲 Cyanophyceae
色球藻目 Chroococcales　微囊藻科 Microcystaceae

形态特征　植物团块球形或不定形，是由2～8个以至数百个细胞组成的群体。群体胶被均匀，透明或有明显层理；有无色、黄色、褐色等各种色彩。细胞球形；个体胶被一般融合在群体胶被中，有时也能看到其痕迹，或新旧胶被互相形成不规则层次。原生质体均匀，或含有颗粒；色彩多样，常因种的不同而有差别，有灰蓝绿色、蓝青色、橄榄绿色、黄色、橘黄色、紫色、红色等。细胞有2个或3个面分裂。

点形粘球藻 *Gloeocapsa punctata* Näg.

形态特征　植物团块胶质，亮蓝绿色，为2个、4个、8个细胞组成的小群体。群体直径可达70 μm。群体胶被无色；具明显或不明显的层理。细胞球形或在分裂前略呈长圆形；直径为0.8～1.5（～2.5）μm，包括胶被直径为3～7 μm。原生质体均匀，无颗粒；蓝绿色。

生境分布　密云水库常见种类。在大部分采样点位长期监测到该种类。不同时间在不同水域细胞密度变化大，调水前的细胞密度普遍大于调水后。2013～2017年在YL、BHK、BHB、CHB、JG等水域多次形成优势种。最大细胞密度达2280万个/L，出现在2014年7月的BHB水域。2018年后细胞密度显著减少，且较少监测到该种类。

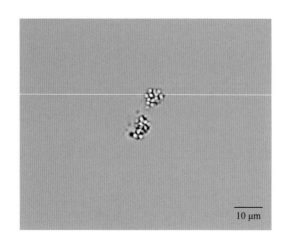

10 μm

小粘球藻 *Gloeocapsa minutula* Gardner

形态特征　植物团块为许多小群体集合成的胶质体；通常由2～4个细胞组成；长11.5 μm，宽度可达9.5 μm。群体胶被均匀、透明、无色，许多群体胶被互相融合而形成厚为1～2 mm的层状体。细胞球形，直径为1.65～2.5（～3）μm（不包括胶被）。原生质体均匀。

生境分布　密云水库偶见种类。仅在2017年7月定性监测到该种类。

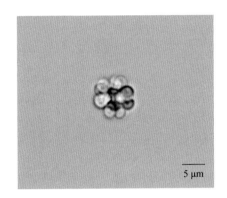

5 μm

微囊藻属 *Microcystis*

蓝藻门 Cyanophyta　蓝藻纲 Cyanophyceae
色球藻目 Chroococcales　微囊藻科 Microcystaceae

形态特征　植物团块由许多小群体联合组成，显微镜下或肉眼可见；自由漂浮于水中或附生于水中其他基物上。群体球形、椭圆形或不规则形；有时在群体上有穿孔，形成网状或窗格状团块。群体胶被无色、透明，少数种类具有颜色。细胞球形或椭圆形；群体中细胞数目极多，排列紧密而有规则。原生质体浅蓝绿色、亮蓝绿色、橄榄绿色；营漂浮生活种类的细胞中常含有气囊；非漂浮种类，细胞内原生质体大都均匀，无假空泡。以细胞分裂进行繁殖，有3个分裂面。在本属中仅水华微囊藻（*Microcystis flos-aquae*）产生微孢子。

水华微囊藻 *Microcystis flos-aquae* (Wittr.) Kirchner

形态特征　植物团块黑绿色或碧绿色；由许多小群体集合而成，肉眼可见，是各种水体中常见的浮游性蓝藻。群体球形、椭圆形或不规则形；成熟的群体不穿孔，不开裂。群体胶被均匀，但不十分明显。细胞球形，直径3～7 μm，密集。原生质体蓝绿色，有或无气囊。

生境分布　密云水库常见种类。在大部分采样点位长期监测到该种类。细胞密度普遍较低，多以定性监测到该种类。但在2015年10月的CHB、2016年4月的YL和2017年10月的JSK等水域细胞密度较大，且形成优势种。最大细胞密度出现在2017年10月的JSK水域，细胞密度为505万个/L。

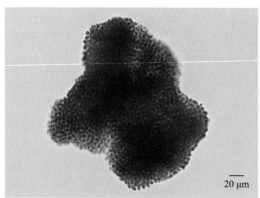
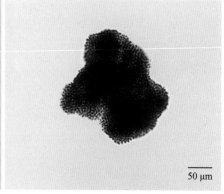

放射微囊藻 *Microcystis botrys* Teiling

形态特征　群体球形或近球形；自由漂浮；直径一般为50～200 μm。群体之间通过胶被连接，堆积成更大的球体或不规则的群体，不形成穿孔或树枝状。胶被无色或黄绿色；胶被明显但边界模糊，无折光，易溶解。胶被不紧贴细胞，距离2 μm以上。胶被内细胞排列较紧密，呈放射状排列，外层有少数细胞独立且稍远离群体。细胞球形；直径为4.3～6.5 μm，平均为（5.4±0.5）μm，其大小介于水华微囊藻与铜绿微囊藻之间。原生质体蓝绿色或浅棕黄色；有气囊。

生境分布　密云水库偶见种类。仅在2017年7月定性监测到该种类。

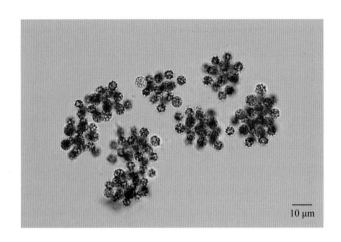

10 μm

挪氏微囊藻 *Microcystis novacekii* (Komárek) Compère

形态特征　群体球形或不规则球形；自由漂浮；团块较小，直径一般为50～300 μm。群体之间通过胶被连接，堆积成更大的球体或不规则的群体；一般为3～5个小群体连接成环状，但群体内不形成穿孔或树枝状。胶被无色或微黄绿色，明显但边界模糊，易溶，无折光。胶被离细胞边缘远，距离5 μm以上。胶被内细胞排列不十分紧密，外层细胞呈放射状排列，少数细胞散离群体。细胞球形，直径为3.9～7.0 μm，平均为（5.6±0.54）μm，其大小介于水华微囊藻与铜绿微囊藻之

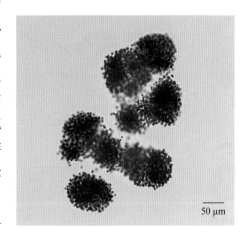

50 μm

间。原生质体黄绿色；有气囊。

生境分布　密云水库非常见种类。主要集中出现在2015年、2016年部分月份的BHB、KZX、JG、YL、BHK、CHB、CHK等水域，细胞密度普遍较低，多以定性监测到该种类。最大细胞密度出现在2015年9月的BHB水域，细胞密度为18万个/L。

惠氏微囊藻 *Microcystis wesenbergii* (Komárek) Komárek

形态特征　群体形态变化最多，有球形、椭圆形、卵形、肾形、圆筒状、瓣状或不规则形；自由漂浮。群体之间常通过胶被串联成树枝状或网状，集合成更大的群体，肉眼可见。群体胶被明显，边界明确，无色透亮，坚固不易溶解，分层且有明显折光。胶被离细胞边缘远，距离5～10 μm。群体内细胞较少，细胞一般沿胶被单层随机排列，形成中空的群体。细胞较少密集排列，但有时排列很整齐、有规律，有时也充满整个胶被。细胞较大，球形或近球形；直径为4.8～9.1 μm，平均为（6.7±0.66）μm。原生质体深蓝绿色或深褐色，有气囊。

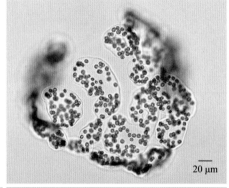

20 μm

生境分布　密云水库非常见种类。主要集中出现在2016年、2017年的CHB、JSK等水域，细胞密度变化较大，最大细胞密度出现在2017年10月的JSK水域，细胞密度为94万个/L。

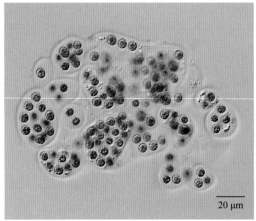

20 μm

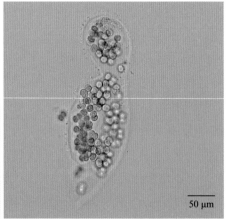

50 μm

假丝微囊藻 *Microcystis pseudofilamentosa* Crow.

形态特征　植物体蓝绿色或茶青色；漂浮于水面；群体细长呈假丝状体，其大小差别较大，长150～300 μm及以上，有时可达500 μm，宽17～35 μm。藻丝体每隔相当的距离有一收缢，使整个藻丝体成一串分节的串联体。群体胶被明显或不十分明显。细胞球形，直径2.5～6.5 μm。原生质体淡蓝绿色或亮蓝绿色；有气囊。

生境分布　密云水库常见种类。在部分采样点位长期监测到该种类。调水后的细胞密度显著低于调水前。2011～2015年的部分月份在CHK、CHB、YL、BHB、JG、KZX等水域形成优势种。最大细胞密度出现在2013年4月的YL水域，细胞密度达475万个/L。

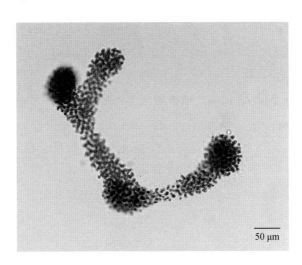

50 μm

史密斯微囊藻 *Microcystis smithii* Komárek et Anagnostidis

形态特征　群体较小，球形或近球形，不形成穿孔或树枝状；自由漂浮；直径一般在30 μm以上，有的可以超过1000 μm。胶被无色或微黄绿色，易见但边界模糊，无折光，易溶解。胶被离细胞边缘远，距离5 μm以上。胶被内细胞围绕胶被稀疏而有规则地排列，细胞单个或成对出现。细胞间隙较大，一般远大于细胞直径。细胞球形，较小，直径为2.5～6.0 μm，平均为（4.3±0.73）μm；其大小介于水华微囊藻与铜绿微囊藻之间，大于坚实微囊藻。原生质体蓝绿色或茶青色，有气囊。

生境分布　密云水库偶见种类。仅在2020年7月定性监测到该种类。

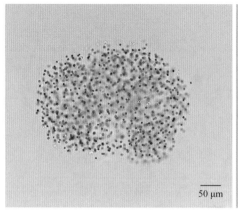
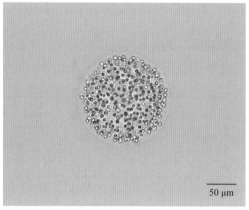

50 μm

50 μm

铜绿微囊藻 *Microcystis aeruginosa* Kützing

形态特征 植物体团块大型，肉眼可见；橄榄绿色或污绿色，幼时球形、椭圆形，中实；成熟后为中空的囊状体，随着群体的不断增长，胶被的某些区域破裂或穿孔，使群体呈窗格状的囊状体或不规则的裂片状的网状体；群体最后破裂成不规则、大小不一的裂片；此裂片又可成为一个窗格状群体。群体胶被质地均匀，无层理，透明无色，明显，但边缘部高度水化。细胞球形、近球形，直径为3～7 μm；群体中细胞分布均匀又密贴。原生质体灰绿色、蓝绿色、亮绿色、灰褐色，多数有气囊。

生境分布 密云水库常见种类。大部分采样点位监测到该种类。主要集中出现在2014年、2016年的JG、YL、BHK、BHB、KZX、CHK等水域，多以定性监测到该种类。最大细胞密度出现在2014年8月的BHB水域，细胞密度为94万个/L。

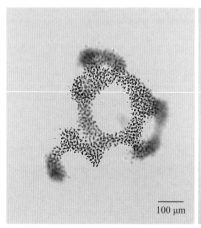
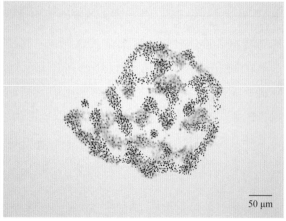

100 μm

50 μm

鱼害微囊藻 *Microcystis ichthyoblabe* Kützing

形态特征　群体薄，内含多数小群体，蓝绿色；小群体球形。群体胶被黏质，大群体胶被明显，小群体胶被常与大群体胶被融合。细胞球形，直径为2～3 μm；细胞在小群体中排列密集。原生质体蓝绿色，有气囊。

生境分布　密云水库偶见种类。仅在2018年11月定性监测到该种类。

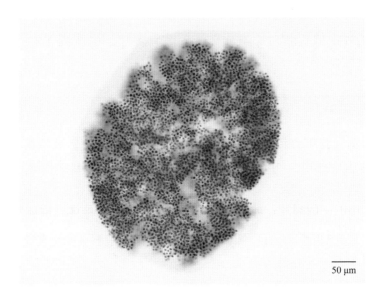

50 μm

颤藻属 *Oscillatoria*

蓝藻门 Cyanophyta　蓝藻纲 Cyanophyceae
颤藻目 Oscillatoriales　颤藻科 Oscillatoriaceae

形态特征　植物体为单条藻丝或由许多藻丝组成的皮壳状或块状的漂浮群体，无鞘或罕见极薄的鞘。藻丝不分枝，直或扭曲；能颤动，匍匐式或旋转式运动；横壁收缢或不收缢；顶端细胞形态多样，末端增厚或具帽状结构。细胞短柱形或盘状。原生质体均匀或具颗粒，少数具气囊。以形成藻殖段进行繁殖。

小颤藻（弱细颤藻）*Oscillatoria tenuis* Ag.

形态特征　藻丝胶质薄片状，蓝绿色或橄榄绿色。藻丝直，顶端弯曲，不渐尖细。顶端细胞半球形，外壁略增厚，横壁略收缢，两侧具多数颗粒。细胞长2.5～5 μm，宽4～11 μm。

生境分布　密云水库常见种类。在部分采样点位长期监测到该种类。细胞密度较低，一般小于3万个/L，且多以定性监测到。最大细胞密度出现在2016年9月DGZ水域，细胞密度为64万个/L。

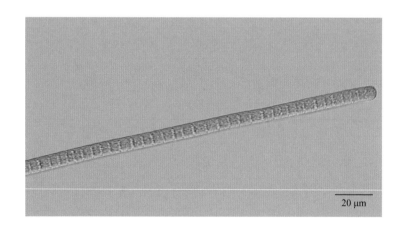

20 μm

巨颤藻 *Oscillatoria princeps* Vauch. ex Gom.

形态特征　藻丝单条或多数，聚积成橄榄绿色、蓝绿色、淡褐色、紫色或淡红色胶块。藻丝多数直，鲜绿色或暗绿色，末端略细而弯曲；横壁不收缢，两侧不具颗粒；末端细胞扁圆形，略呈头状，外壁不增厚或略增厚。细胞长 3.5～7 μm，长为宽的 0.09～0.25 倍。

生境分布 密云水库非常见种类。南水北调水入库后水库新监测到的种类。主要集中出现在 2019 年 6～11 月的 CHK、CHB、JG、YL、BHB、BHK、KZX 等水域，且均以定性监测到该种类。

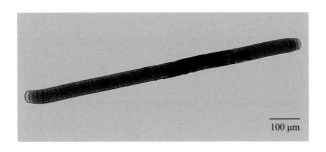

泥泞颤藻 *Oscillatoria limosa* Agardh

形态特征 植物体为深蓝色或棕黄色（老时）的膜状物。藻丝很少单独存在，稀少时亦彼此绕成松散的团块。藻丝直，末端不明显地变细；顶细胞圆锥形，外有

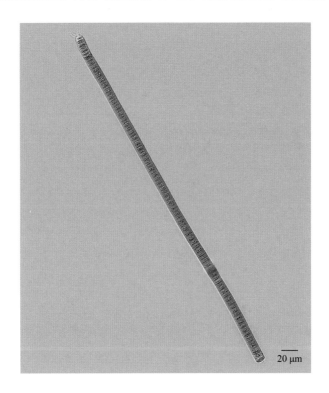

1个加厚的膜，但无明显的帽状体。细胞长2～5 μm，宽11～20 μm。细胞横壁不收缢，两侧具颗粒。

生境分布　密云水库非常见种类。南水北调水入库后水库新监测到的种类。主要集中出现在2016年、2017年9～11月的JG、JSK、WY、YL、BHK等水域，多以定性监测到该种类。最大细胞密度出现在2016年9月的JSK水域，细胞密度为71万个/L。

绿色颤藻 *Oscillatoria chlorina* **Kütz. ex Gom.**

形态特征　植物体黄绿色。藻丝直或略弯曲，末端钝圆；末端细胞不具帽状结构；细胞横壁不收缢或略收缢。细胞长4～8 μm，宽3.5～6 μm。

生境分布　密云水库偶见种类。仅在2017年11月定性监测到该种类。

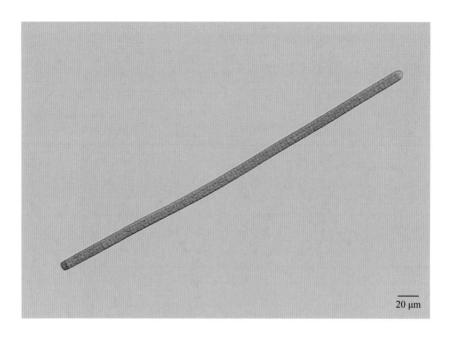

20 μm

歪头颤藻 *Oscillatoria curviceps* **Ag. ex Goment**

形态特征　植物体鲜蓝绿色或黑蓝绿色，干燥后为铜绿色。藻丝直，末端弯曲或螺旋形，或微尖细；横壁不收缢，宽10～17 μm。细胞长2～5 μm，长为宽的1/6～1/3。细胞横壁不具颗粒；末端细胞短圆形，不具帽状结构；顶端微增厚。

生境分布　密云水库偶见种类。仅在2019年10月定性监测到该种类。

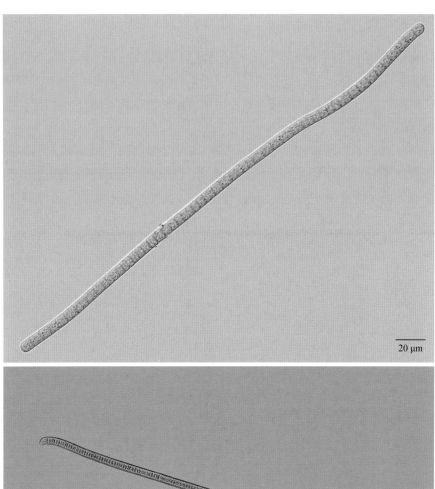

20 μm

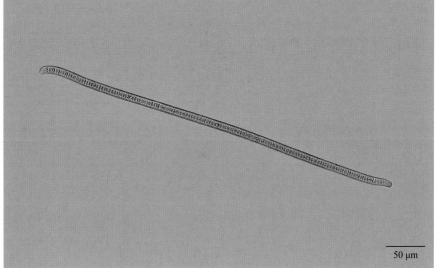

50 μm

颤藻属未定种 *Oscillatoria* sp.

形态特征　植物体为单条藻丝，无鞘或罕见极薄的鞘。藻丝不分枝，直；能颤动，匍匐式或旋转式运动；细胞横壁收缢或不收缢；顶端细胞形态多样，末端增厚或具帽状结构。细胞短柱形或盘状。原生质体均匀或具颗粒，少数具气囊。以形成藻殖段进行繁殖。

生境分布　密云水库较常见种类。主要集中出现在2013年、2019年、2020年不同月份的YL、CHB、CHK、KZX、BHK等水域，细胞密度通常较低，多以定性监测到该种类。最大细胞密度出现在2013年6月的YL水域，细胞密度为34万个/L。

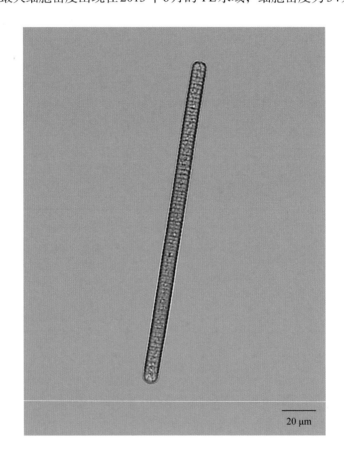

20 μm

节旋藻属 *Arthrospira*

蓝藻门 Cyanophyta   蓝藻纲 Cyanophyceae
颤藻目 Oscillatoriales   颤藻科 Oscillatoriaceae

形态特征   藻丝多细胞，圆柱形，无鞘，松弛而规律地卷曲，通常具相对大的直径和大的螺旋；顶端略不尖细；顶端细胞钝圆，具或不具帽状结构。细胞横壁明显，常收缢。

强氏节旋藻（简氏节旋藻）*Arthrospira jenneri* Stizenberger ex Gomont

形态特征   藻体漂浮或着生，亮蓝绿色；规则螺旋卷曲；末端不尖细；末端细胞宽圆形；螺旋宽 9~15 μm，螺距长 21~31 μm。细胞几乎为方形或者长小于宽，长 4~5 μm，宽 5~8 μm。横壁仅略收缢，两侧有时具细颗粒。

生境分布   密云水库非常见种类。主要集中出现在 2015 年、2019 年部分月份的 BHK、YL、KZX 等水域，细胞密度较低，通常小于 0.6 万个/L，且多以定性监测到该种类。

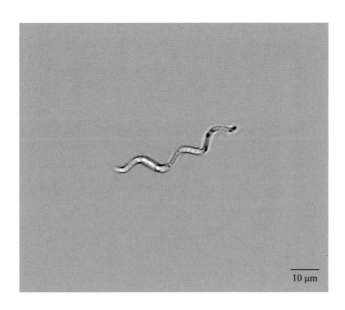

10 μm

螺旋藻属 *Spirulina*

蓝藻门 Cyanophyta　蓝藻纲 Cyanophyceae
颤藻目 Oscillatoriales　颤藻科 Oscillatoriaceae

形态特征　藻丝粗细一致，两端不渐尖细；顶部多宽圆，无顶冠；藻丝外无胶鞘，有规则地或螺旋状弯曲；藻丝内不能清晰见到是否有横壁，或是并不存在横壁而全体只是1个细胞。

螺旋藻属未定种 *Spirulina* sp.

形态特征　藻丝粗细一致，两端不渐尖细；顶部多宽圆，无顶冠；藻丝外无胶鞘，螺旋状弯曲；藻丝内不能清晰见到是否有横壁。

生境分布　密云水库非常见种类。主要集中出现在2019年6～11月和2020年8～10月的BHB、KZX、YL、JG、CHK、BHK等水域，多以定性监测到该种类。2020年10月在多数采样点位定量监测到该种类，细胞密度为5万～12万个/L。

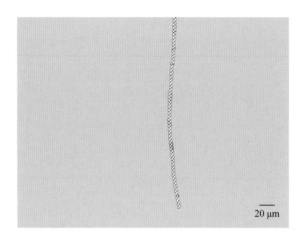

20 μm

鞘丝藻属 *Lyngbya*

蓝藻门 Cyanophyta　蓝藻纲 Cyanophyceae
颤藻目 Oscillatoriales　颤藻科 Oscillatoriaceae

形态特征　藻丝体罕见单生，常为密集的、大的、似革状的层状；丝体罕见伪分枝，波状。藻丝具鞘，鞘有时分层；藻丝由盘状细胞组成。

栏鞘丝藻 *Lyngbya putealis* Mont. ex Gomont.

形态特征　藻丝体暗蓝绿色，干燥时为紫色；流苏状；长达1 cm。鞘薄，无色。丝体弯曲或接近直，在基部相互纠缠，但上部多少平行。藻丝末端不渐细；顶端细胞圆形，不呈头状。细胞长3～10 μm，宽7.5～14 μm。横壁处明显收缢，两侧有时具颗粒。原生质体蓝绿色。

生境分布　密云水库非常见种类。主要集中出现在2013年、2017年、2018年、2019年8～11月BHK、BHB、YL、JG、CHB等水域，多以定性监测到该种类。仅2013年8月在BHB、BHK水域定量监测到该种类，细胞密度为4万～53万个/L。

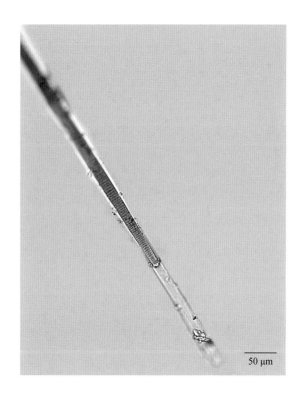

50 μm

泽丝藻属 *Limnothrix*

蓝藻门 Cyanophyta　蓝藻纲 Cyanophyceae
颤藻目 Oscillatoriales　伪鱼腥藻科 Pseudanabaenaceae

形态特征　藻丝漂浮；无鞘；顶端钝圆，不渐尖细；由多数长形、圆柱形细胞组成。横壁处不收缢或略收缢，细胞宽1～6 μm。气囊位于细胞顶部或中央。以藻丝断裂成小片段的不动的藻殖囊进行繁殖，无死细胞。

泽丝藻属未定种 *Limnothrix* sp.

形态特征　藻丝漂浮；无鞘；顶端钝圆，不渐尖细；由多数长形、圆柱形细胞组成。横壁处不收缢或略收缢，细胞宽1～6 μm。气囊位于细胞顶部或中央。

生境分布　密云水库常见种类。在多数采样点位长期监测到该种类，且不同年份细胞密度差异较大，2020年的细胞密度显著高于其他年份，8月、9月、10月的BHB、BHK、JG、YL、CHK、KZX等水域均形成优势种，最大细胞密度达101万个/L，位于10月的CHK水域。

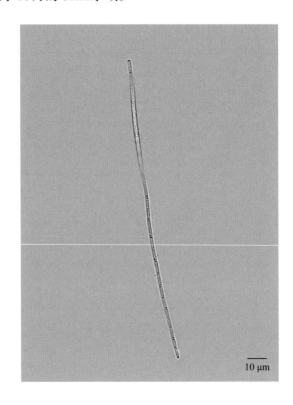

10 μm

鱼腥藻属 *Anabaena*

蓝藻门 Cyanophyta 蓝藻纲 Cyanophyceae
念珠藻目 Nostocales 念珠藻科 Nostocaceae

形态特征 植物体为单一丝体或不定形胶质块，或呈柔软膜状。藻丝等宽或末端尖细，直或不规则地螺旋状弯曲。细胞圆球形、桶形。异形胞常间生。孢子1个或几个成串，紧靠异形胞或位于异形胞之间。

类颤藻鱼腥藻 *Anabaena oscillarioides* Bory

形态特征 植物体胶质块状，黑绿色。藻丝宽4~6 μm；末端细胞圆形。细胞桶形，长宽相等或长比宽略长或略短。异形胞长6~10 μm，宽6~9 μm，球形或卵形。孢子初为卵形后为圆柱形；单生或2~3个成串；长20~40 μm，宽8~10 μm；位于异形胞两侧；外壁光滑；灰褐色。

生境分布 密云水库非常见种类。南水北调水入库后水库新监测到的种类。主要集中出现在2015年、2017年、2019年7~11月CHB、KZX、BHB和YL等水域，细胞密度变化大，细胞密度较大水域为2015年7月的CHK、YL、BHB等，细胞密度为60万~68万个/L。

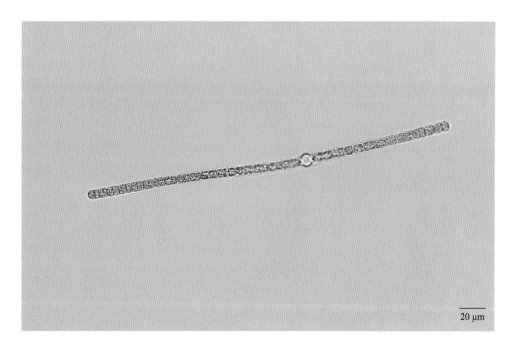

20 μm

鱼腥藻属未定种 *Anabaena* sp.

形态特征　藻丝等宽或末端尖细；直或不规则地螺旋状弯曲。细胞圆球形、桶形。异形胞常间生。孢子1个或几个成串，紧靠异形胞或位于异形胞之间。

生境分布　密云水库非常见种类。主要出现在2019年、2020年不同月份的YL、BHB、KZX、JG、BHK、CHK等水域，多以定性监测到该种类。仅在2019年7月的BHK和KZX水域定量监测到该种类，细胞密度分别为29万个/L和69万个/L。

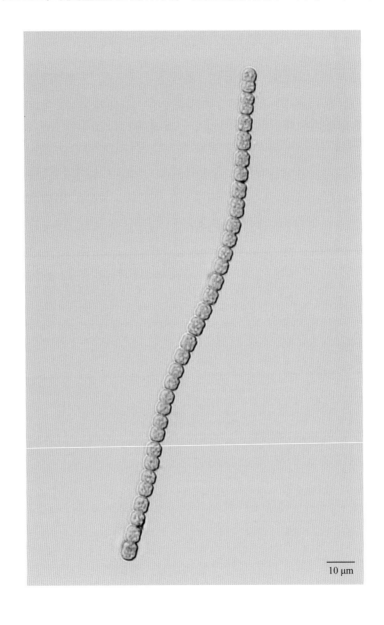

10 μm

金孢藻属 *Chrysosporum*

蓝藻门 Cyanophyta　蓝藻纲 Cyanophyceae
念珠藻目 Nostocales　念珠藻科 Nostocaceae

形态特征　藻丝单生；浮游性；呈棕黄色或淡黄褐色；直，从中部至末端渐窄。横壁收缢较明显。末端细胞较其他营养细胞窄，延长，原生质体少，呈透明状。厚壁孢子金黄色或黄褐色；大而圆，或呈卵圆形；具油滴。异形胞小而透明，圆形至椭圆形。厚壁孢子与异形胞可相邻而生，每藻丝通常出现1～2个，极少数可见6个。少数个体异形胞和厚壁孢子的外侧有胶被包裹。

伯氏金孢藻 *Chrysosporum bergii* (Ostenfeld) Zapomelová et al.

形态特征　藻丝单生；呈棕黄色或淡黄褐色；直；从中部至末端渐窄。横壁收缢较明显。细胞近方形；末端细胞较其他细胞窄，延长，原生质体少，呈透明状。厚壁孢子金黄色或黄褐色；大而圆，或呈卵圆形；具油滴。异形胞小而透明，圆形至椭圆形。厚壁孢子通常远离异形胞，每藻丝通常出现1～2个，极少数可见6个。少数个体异形胞和厚壁孢子的外侧有胶被包裹。细胞长3.5～12.5 μm，宽3.0～6.0 μm；异形胞长4.0～7.5 μm，宽4.0～5.5 μm；厚壁孢子长8.5～16.5 μm，宽8.5～15.5 μm。

生境分布　密云水库非常见种类。主要集中出现在2018年、2019年、2020年部分月份的YL、DGZ、JG、BHK等水域，细胞密度极低，均通过定性检测到该种类。

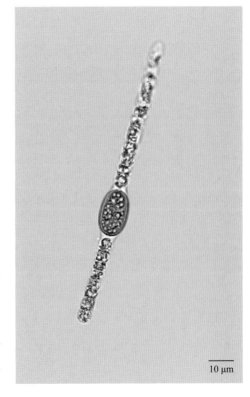

10 μm

束丝藻属 *Aphanizomenon*

蓝藻门 Cyanophyta　蓝藻纲 Cyanophyceae
念珠藻目 Nostocales　念珠藻科 Nostocaceae

形态特征　藻丝多数直立，少数略弯曲，常多数集合形成盘状或纺锤状群体；无鞘，顶端尖细。异形胞间生。厚壁孢子远离异形胞。

水华束丝藻 *Aphanizomenon flos-aquae* (L.) Ralfs

形态特征　藻丝集合成束，少数单生；或直或略弯曲。细胞长5～15 μm，宽5～6 μm；圆柱形；具气囊。异形胞圆柱形；长7～20 μm，宽5～7 μm。厚壁孢子圆柱形，长可达80 μm，宽6～8 μm。

生境分布　密云水库偶见种类。仅在2016年10月和2019年10月的JG水域定性监测到该种类。

20 μm

尖头藻属 *Raphidiopsis*

蓝藻门 Cyanophyta　蓝藻纲 Cyanophyceae
念珠藻目 Nostocales　念珠藻科 Nostocaceae

形态特征　细胞列短而弯曲；无鞘；两端尖细或一端尖细。细胞圆柱形；有或无气囊。无异形胞。具厚壁孢子，单生或成对，位于藻丝中间。

尖头藻属未定种 *Raphidiopsis* sp.

形态特征　细胞列短而弯曲；无鞘；两端尖细或一端尖细。细胞圆柱形。无异形胞。具厚壁孢子，单生，位于藻丝前端。

生境分布　密云水库常见种类。大部分采样点位长期监测到该种类，细胞密度变化较大，调水后的细胞密度显著大于调水前，主要集中出现在BHB、KZX、YL等水域。特别是2020年8月细胞密度极大，在BHB、KZX、CHB、BHK、JG、YL和JSK水域的细胞密度为1700万～2700万个/L。

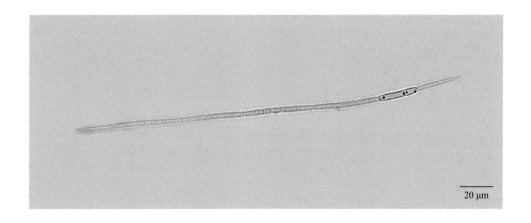

20 μm

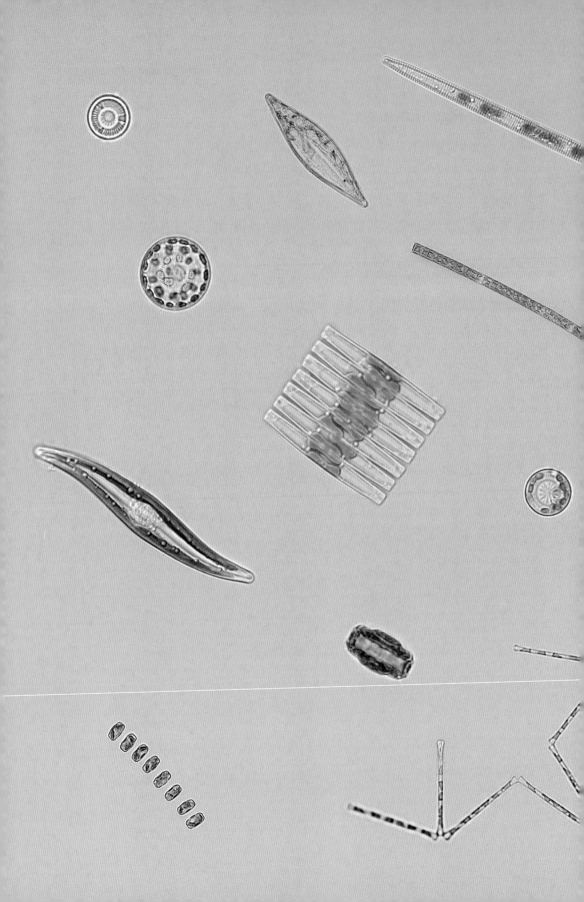

硅 藻 门

Bacillariophyta

硅藻门植物细胞壁富含硅质，硅质壁上具有排列规则的花纹。外层为硅质，内层为果胶质，细胞壁无色、透明。底栖种类的细胞壁较厚，浮游种类的细胞壁较薄。细胞壁的构造像一个盒子，套在外面的较大，为上壳，相当于盒盖；套在里面的较小，为下壳，相当于盒底。即硅藻上、下壳并非紧密连在一起，而仅仅是相互套合。

上壳和下壳都不是整块，皆由壳面（valve）和相连带（connecting band）两部分组成。壳面平或略呈凹凸状，壳面边缘略有倾斜的部分称为壳套（valve mantle），与壳套相连且与壳面垂直的部分称为相连带。硅藻细胞有3个轴，即纵轴、横轴和贯壳轴；3个面，即壳面、长轴带面和短轴带面。纵轴AA（apical axis）为壳面中央的纵线，又称为顶轴、长轴；横轴TT（transapical axis）为壳面中央的横线，又称为切顶轴、短轴；贯壳轴PP（pervalvar axis）为上、下壳面中心点的相连线，又称为壳环轴。由纵轴和横轴形成上、下壳面；由纵轴、贯壳轴形成长轴带面；由横轴、贯壳轴形成短轴带面。一般鉴定硅藻标本时，经常见到的是壳面和长轴带面。从壳面看，称为壳面观；从带面看，称为带面观（壳环面观或侧面观）。硅藻细胞壁上都具排列规则的花纹，主要有点纹、线纹、孔纹和肋纹。

硅藻的光合作用色素主要有叶绿素a、叶绿素c_1、叶绿素c_2及β胡萝卜素、岩藻黄素、硅藻黄素等。色素体呈黄绿色或黄褐色，形状有粒状、片状、叶状、分枝状或星状等。一般色素体数目多其形状小，数目少其形状大。储存物质主要是油滴。细胞核1个。

硅藻广泛分布于淡水、海水和半咸水中，几乎所有的水体，如海洋、湖泊、水库、池塘甚至其他藻类难以繁生的河流中都有许多硅藻种类。鱼池清塘排水后，往往最先繁殖的常是菱形藻、小环藻等硅藻。这类既能浮游又能底栖（附生）的兼性浮游植物的大量发生可能与水浅、光照好及清塘后水中硅酸盐含量丰富有关。硅藻一年四季都能形成优势种群，而以春季和秋季最盛。冬季常成为冰下生物增氧的重要组成成分。

密云水库中监测到硅藻门有89种，本图鉴收录71种，根据《中国淡水藻志》《中国淡水藻类——系统、分类及生态》分类系统的体系，隶属2纲6目9科23属。尖针杆藻 Synedra acus、克罗顿脆杆藻 Fragilaria crotonensis 和美丽星杆藻 Asterionella formosa 等在南水北调前后均为硅藻门的优势种，调水后种类和数量有一定变化，尖针杆藻2017年4月在金沟、潮河口、潮河坝等水域，细胞密度一度达360万～400万个/L。

直链藻属 *Melosira*

硅藻门 Bacillariophyta　中心纲 Centricae
圆筛藻目 Coscinodiscales　圆筛藻科 Coscinodiscaceae

形态特征　植物体由细胞的壳面互相连成链状群体，多为浮游。细胞圆柱形，极少数圆盘形、椭圆形或球形。壳面圆形，很少数为椭圆形；平或凸起，有或无纹饰，有的带面常有1条线形的环状缢缩，称为环沟（sulcus），环沟间平滑，其余部分平滑或具纹饰，有2条环沟时，2条环沟间的部分称为颈部。细胞间有沟状的缢入部，称为假环沟，壳面常有棘或刺。色素体小圆盘状，多数。

颗粒直链藻 *Melosira granulata* (Ehrenberg) Ralfs

形态特征　群体长链状，细胞以壳盘缘刺彼此紧密连成。细胞圆柱形；直径4.5～21 μm，高5～24 μm。壳盘面平，具散生的圆点纹；壳盘缘除两端细胞具不规则的长刺外，其他细胞具小短刺；点纹形状不规则，常呈方形或圆形。端细胞为纵向平行排列，其他细胞均为斜向螺旋状排列，点纹多型，为粗点纹、粗细点纹、细点纹。壳套面发达，壳壁厚，环沟和假环沟呈"V"形。点纹10 μm内8～15条，每条具8～12个点纹。

生境分布　密云水库常见种类。在所有采样点位均长期监测到该种类。细胞密度一般小于7万个/L。细胞密度较大的水域为2016年的KZX、CHK、WY、DGZ等，细胞密度为20万～30万个/L。但随着调水的持续进行，该种类细胞密度越来越小，特别是2018年后多以定性监测到该种类。

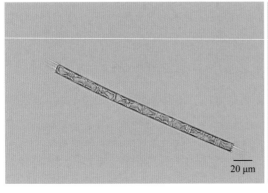
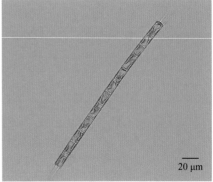

颗粒直链藻极狭变种 *Melosira granulata* var. *angustissima* O. Müller

形态特征　此变种与原变种的不同为链状群体细长，壳体高度大于直径的几倍到 10倍；点纹10 μm内10～14条；细胞直径3～4.5 μm，高11.5～17 μm。

生境分布　密云水库非常见种类。南水北调水入库后水库新监测到的种类。在 大部分采样点位监测到该种类，细胞密度一般小于10万个/L。在2017年5月的 YL、KZX和10月的CHK等水域形成优势种，细胞密度为40万～50万个/L。

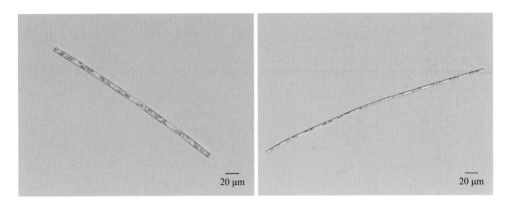

颗粒直链藻极狭变种螺旋变型 *Melosira granulata* var. *angustissima* f. *spiralis* Hustedt

形态特征　此变型与变种的不同为链状群体弯曲形成螺旋形；点纹10 μm内约16 条；细胞直径2.5～5.5 μm，高7.5～19.5 μm。

生境分布　密云水库偶见种类，仅在2016年10月的JG和YL，11月的CHB、YL 和KZX，2019年8月和9月的JG等水域定性监测到该种类。

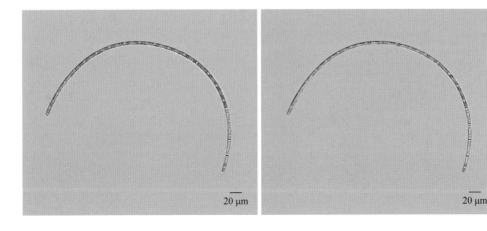

变异直链藻 *Melosira varians* Agardh

形态特征   群体链状，细胞彼此紧密连成。细胞圆柱形；直径7～35 μm，高
4.5～14（～27）μm。壳盘面平；盘缘向下弯曲，具极细的齿；壳套面环状，壳
壁略薄而均匀；假环沟狭窄，无环沟和颈部；内外壳套线平行；仅在分辨率高的
光学显微镜下能够观察到外壁具极细的点纹。

生境分布   密云水库常见种类。南水北调水入库后水库新监测到的种类。在所有
采样点位中均长期监测到该种类，细胞密度一般小于30万个/L。2017年不同月份
在YL、JG、DGZ、CHK等水域形成优势种。最大细胞密度出现在2017年10月的
YL水域，细胞密度达到147万个/L。

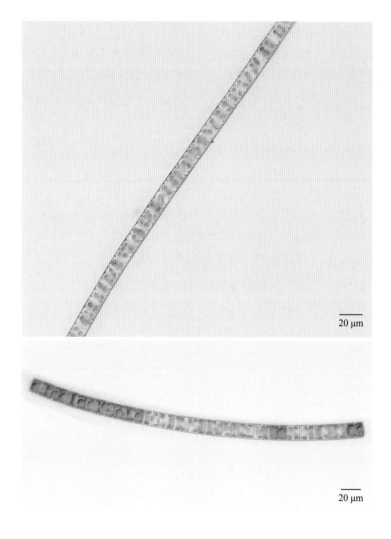

岛直链藻 *Melosira islandica* O. Müller

形态特征　群体链状，细胞彼此紧密连成。细胞圆柱形；直径8～16 μm，高10～17 μm。壳盘面平坦，具细点纹，点纹在近壳缘处较大；壳盘缘略弯曲，具小短刺；壳套面发达，壁厚，假环沟小，环沟略平，具深入的环状体；颈部短；壳套线直，点纹细，纵向平行排列，偶尔呈斜向或弯曲不规则。点纹10 μm内具8～16条，每条具12～18个点纹。

生境分布　密云水库非常见种类。南水北调水入库后水库新监测到的种类，细胞密度很低，均以定性监测到该种类，主要集中出现在2019年的YL、JG、CHB、KZX等水域。

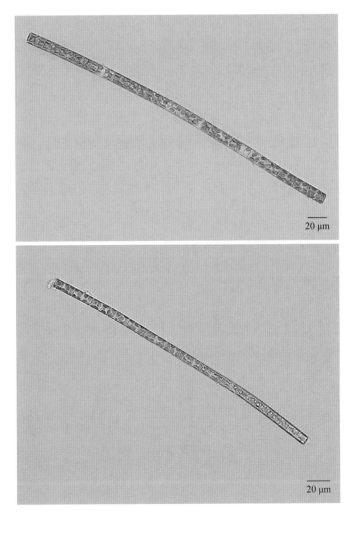

小环藻属 *Cyclotella*

硅藻门 Bacillariophyta　中心纲 Centricae
圆筛藻目 Coscinodiscales　圆筛藻科 Coscinodiscaceae

形态特征　植物体为单细胞或由胶质或小棘连接成疏松的链状群体，多为浮游。细胞鼓形。壳面圆形，绝少为椭圆形，呈同心圆皱褶的同心波曲，或与切线平行皱褶的切向波曲，绝少平直；纹饰具边缘区和中央区之分，边缘区具辐射状线纹或肋纹，中央区平滑或具点纹、斑纹，部分种类壳缘具小棘；少数种类带面具间生带。色素体小盘状，多数。

具星小环藻 *Cyclotella stelligera* (Cleve & Grunow) Van Heurck

形态特征　单细胞，圆盘形。直径5.5～24.5 μm。壳面圆形，呈同心波曲；边缘区较狭，具辐射状排列的粗线纹，在10 μm内12～16条；中央区具星状排列的短线纹，中心具1个单独的点纹。

生境分布　密云水库常见种类。在所有采样点位均长期监测到该种类，细胞密度一般小于5万个/L。2020年所有采样点位的细胞密度明显增加，最大细胞密度出现在8月的BHK、CHK、JSK等水域，细胞密度均为14万个/L。

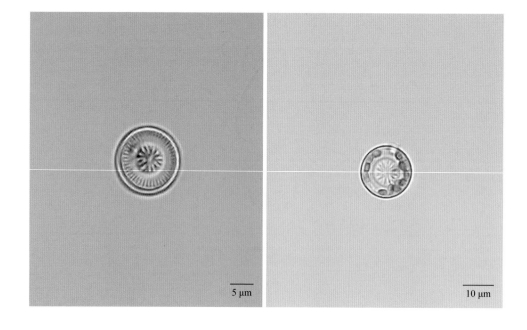

5 μm　　10 μm

梅尼小环藻 *Cyclotella meneghiniana* Kützing

形态特征　单细胞，鼓形。细胞直径7～30 μm。壳面圆形，呈切向波曲；边缘区宽度约为半径的1/2，具辐射状排列的粗而平滑的楔形肋纹，在10 μm内5～9条（绝少到12条）；中央区平滑或具细小的辐射状点线纹，绝少具1～2个粗点。

生境分布　密云水库常见种类。该种类主要集中出现在调水后各采样点位，细胞密度一般小于7万个/L。2016年和2017年细胞密度明显高于其他年份，最大细胞密度出现在2016年11月的BHK水域，细胞密度为47万个/L。

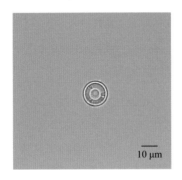

星肋小环藻 *Cyclotella asterocostata* Xie, Lin et Cai

形态特征　细胞单生，圆盘形。直径20～33.5 μm。壳面圆形，呈同心波曲；边缘区线纹辐射状排列，在10 μm内有12～16条；近壳缘处具瘤突，在10 μm内有4～6个；边缘区与中央区具排列整齐的辐射状肋纹，在10 μm内有6～9条；其中心部分平滑或具散生的点纹。

生境分布　密云水库非常见种类。主要集中出现在2016年、2017年不同月份的CHB、JG、YL、KZX、BHK等水域，细胞密度一般小于3万个/L。最大细胞密度出现在2017年7月的CHK水域，细胞密度为18万个/L。

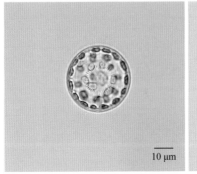 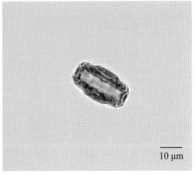

海链藻属 *Thalassiosira*

硅藻门 Bacillariophyta　中心纲 Centricae
圆筛藻目 Coscinodiscales　圆筛藻科 Coscinodiscaceae

形态特征　植物体由胶质丝连成链或包被于原生质分泌的胶质块中而形成不定形群体，极少为单细胞。壳体鼓形到圆柱形，带面常见领状的间生带。壳面圆形，表面凸起、平坦或凹入，其上的网孔六角形或多角形，呈直线状、辐射状、束状、辐射螺旋状或不规则排列，孔纹内层有具小穴的筛板。色素体小盘状或小片状，多数。

海链藻属未定种 *Thalassiosira* sp.

形态特征　植物体由胶质丝连成链或包被于原生质分泌的胶质块中而形成不定形群体，极少为单细胞。壳体鼓形。壳面圆形，表面凸起、平坦或凹入，呈直线状、辐射状、束状、辐射螺旋状或不规则排列，孔纹内层有具小穴的筛板。色素体小盘状或小片状，多数。

生境分布　密云水库偶见种类。南水北调水入库后水库新监测到的种类，细胞密度很低，主要在2017年BHB、DGZ、WY采样水域定性监测到。

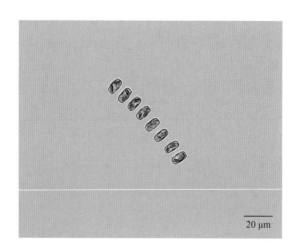

20 μm

冠盘藻属 *Stephanodiscus*

硅藻门 Bacillariophyta　中心纲 Centricae
圆筛藻目 Coscinodiscales　圆筛藻科 Coscinodiscaceae

形态特征　植物体为单细胞或连成链状群体，浮游。细胞圆盘形，少数为鼓形、柱形。壳面圆形，平坦或呈同心波曲；壳面纹饰为成束辐射状排列的网孔，电子显微镜下可见，称为室孔（areola）；其内壳面具有筛膜，壳面边缘处每束网孔为2～5列，向中部成为单列，在中央排列不规则或形成玫瑰纹区，网孔束之间具辐射无纹区（或称为肋纹），每条辐射无纹区或相隔数条辐射无纹区在壳套处的末端具1短刺，电子显微镜下可见刺的下方有支持突，有时壳面上也有支持突，壳面支持突的数目超过1个时，排为规则或不规则的一轮；唇形突1个或数个。带面平滑具少数间生带色素体小盘状，数个；较大而呈不规则形状的仅1～2个。

冠盘藻 *Stephanodiscus hantzschii* Grunow

形态特征　细胞单生或连成链状群体。壳体腰鼓形，直径6～13.5 μm。壳面圆形，近平坦，辐射网孔成束，每束网孔在壳面边缘，网孔2列，很少为3列，向中部为单列，至壳面中央分散成无行列或形成玫瑰纹区，在10 μm内有8～16条网孔束和25～40个网孔。束间辐射无纹区在壳面与壳套交界处以1刺结束。刺大且基部加厚，长1.5 μm。

生境分布　密云水库较常见种类。主要集中出现在2013年9月、2014年7月和2019年11月的YL和CHB等水域，一般细胞密度小于2.5万个/L。

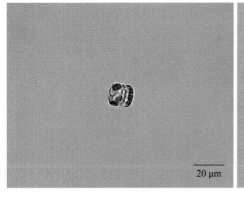
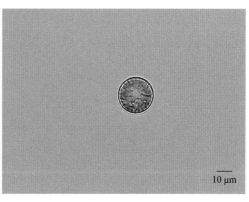

20 μm　　10 μm

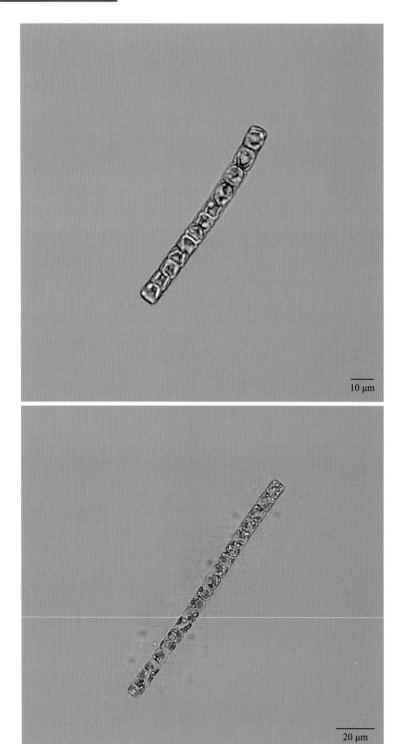

10 μm

20 μm

根管藻属 *Rhizosolenia*

硅藻门 Bacillariophyta　中心纲 Centricae
根管藻目 Rhizosoleniales　管形藻科 Solenicaceae

形态特征　植物体为单细胞或由几个细胞连成直的、弯的或螺旋状的链状群体，浮游。细胞长棒形、长圆柱形，直的、略弯；细胞壁很薄，具规则排列的细点纹，在光学显微镜下不能分辨。带面常具多数呈鳞片状、环状、领状的间生带。壳面圆形或椭圆形，具帽状或圆锥状突起，突起末端延长成或长或短的刚硬的棘刺。色素体小颗粒状或小圆盘状，多数，少数种类为较大的盘状或片状。

伊林根管藻 *Rhizosolenia eriensis* H. L. Smith

形态特征　藻体单生或连接成链状群体。贯壳轴高32～172 μm，直径4～27 μm。带面具发达的半环状间生带。壳面狭椭圆形，具弯圆锥形突起；末端具1条粗短刚硬的棘刺，刺长大多数短于细胞的长度，长10～88 μm。每个母细胞内产生1个休眠孢子。

生境分布　密云水库较常见种类。主要集中出现在2013年、2014年、2019年、2020年的CHK、JG、KZX、YL、BHK、CHB等水域，细胞密度普遍较低，除2013年和2014年在CHK水域定量监测到该种类外，其余均通过定性监测到。

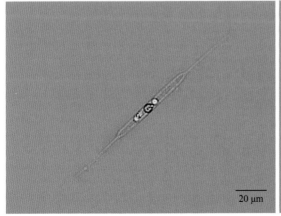

20 μm

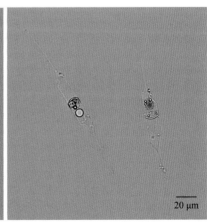

20 μm

星杆藻属 *Asterionella*

硅藻门 Bacillariophyta　羽纹纲 Pennatae
无壳缝目 Araphidiales　脆杆藻科 Fragilariaceae

形态特征　壳体长形，常形成（组成）星状群体；壳体在壳面或壳环面观都有大小不等的末端。没有出现隔片和间生带。壳面观一端比另一端大，头状。其他一端可能是头状或有所变异。壳面长轴对称。假壳缝窄，不明显。横线纹清晰。

　　本属以其壳体的群体形态，缺少隔片和间生带，无论壳面或是壳环在横轴向都是不对称的特点与其他属相区别。

美丽星杆藻（华丽星杆藻）*Asterionella formosa* Hassall

形态特征　壳体组成（形成）星状群体；壳体彼此附着的两端比群体其他部分宽大。壳面线形，壳面末端逐渐变得较窄。末端头状，一端呈较为粗壮的头状，另一端呈较小头状或不明显的头状。壳面长 40～130 μm，宽 1～3 μm。假壳缝很窄，常不明显。横线纹清楚，在 10 μm 内有 24～28 条。

生境分布　密云水库常见种类。在所有采样点位均长期监测到该种类，细胞密度差异较大，一般小于 30 万个 /L。2013 年、2014 年和 2017 年不同月份在 CHB、DGZ、BHB、JG、KZX、WY、CHK 等水域形成优势种。最大细胞密度出现在 2017 年 4 月的 CHB、DGZ 水域，细胞密度达 132 万个 /L。

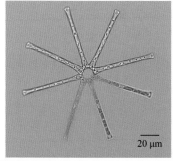

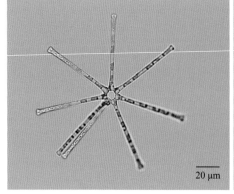

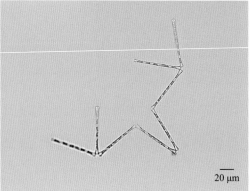

针杆藻属 *Synedra*

硅藻门 Bacillariophyta　羽纹纲 Pennatae
无壳缝目 Araphidiales　脆杆藻科 Fragilariaceae

形态特征　植物体为单细胞，或丛生呈扇形或以每个细胞的一端相连成放射状群体，罕见形成短带状，但不形成长的带状群体。壳面线形或长披针形，从中部向两端逐渐狭窄，末端钝圆或呈小头状。假壳缝狭、线形，其两侧具横线纹或点纹，壳面中部常无花纹。带面长方形，末端截形，具明显的线纹带。无间插带和隔膜。壳面末端有或无黏液孔（胶质孔）。色素体带状，位于细胞的两侧、片状，2个，每个色素体常具3到多个蛋白核。

尖针杆藻 *Synedra acus* Kützing

形态特征　壳面披针形，中部宽，从中部向两端逐渐狭窄，末端圆形或近头状。假壳缝狭窄，线形。中央区长方形。横向纹细，平行排列，在10 μm内10～18条。带面细线形。细胞长62～300 μm，宽3～6 μm。

生境分布　密云水库常见种类。在所有采样点位均长期监测到该种类，细胞密度差异较大。不同年份在CHB、DGZ、BHB、JG、KZX、WY、CHK、YL、BHK等水域形成绝对优势种，细胞密度超过100万个/L的样品达到28个。细胞密度较大的水域为2017年4月的CHK、CHB、JG、KZX等，细胞密度为360万～400万个/L。

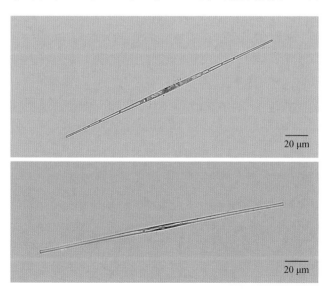

20 μm

20 μm

两头针杆藻 *Synedra amphicephala* **Küetzing**

形态特征　壳面线形到线形披针形，从中部向两端逐渐尖细，末端明显呈头状。假壳缝狭窄线形。中央区通常无。横线纹细，在 10 μm 内 11～18 条，通常 10 μm 内 15～16 条。带面长方形，向两端逐渐狭窄。细胞长 9～75 μm，宽 2～4 μm。

生境分布　密云水库非常见种类。南水北调水入库后水库新监测到的种类。主要集中出现在 2016 年 9 月的 JSK、KZX、CHB 等水域，细胞密度一般小于 0.5 万个 /L。

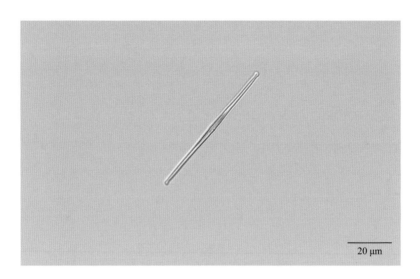

20 μm

肘状针杆藻 *Synedra ulna* (Nitzsch.) **Ehrenberg**

形态特征　壳面线形到线形披针形，末端略呈宽钝圆形，有时呈喙状，末端宽，两端孔区各具 1 个唇形突和 1～2 个刺。假壳缝狭窄，线形。中央区横长方形或无，有时在中央区边缘具很短的线纹。横线纹较粗，由点纹组成，平行排列，两端横线纹偶见放射排列，在 10 μm 内 8～14 条。带面线形。细胞长 50～389 μm，宽 3～9 μm。

生境分布　密云水库常见种类。在所有采样点位均长期监测到该种类，细胞密度一般小于 20 万个 /L，垂直分布明显，通常表层大于中层和底层。2017 年 4 月在 CHB、DGZ、BHB、WY、JG、KZX 等水域形成优势种。细胞密度较大的水域为 2017 年 4 月的 CHB 水域和 10 月的 BHK，细胞密度为 81 万～85 万个 /L。

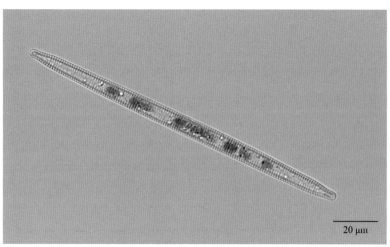

20 μm

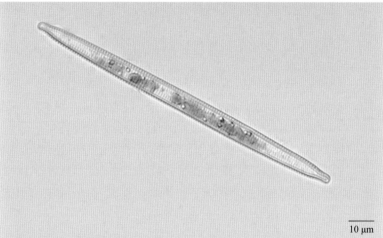

10 μm

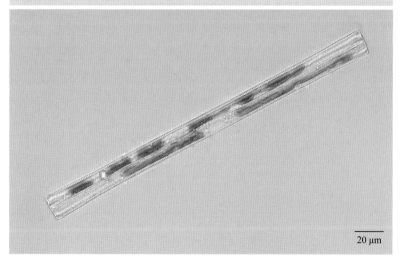

20 μm

肘状针杆藻二头变种 *Synedra ulna* var. *biceps* (Küetzing) Schönfeldt

形态特征 此变种与原变种的不同为壳面宽长线形，末端圆头状，无中央区；靠近末端中部具1个明显的黏液孔；横线纹明显，平行排列，在10 μm内8～12条。细胞长127～242 μm，宽4～7 μm。

生境分布 密云水库偶见种类。仅在2017年10月定性监测到该种类。

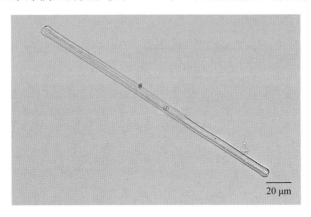

柔嫩针杆藻 *Synedra tenera* Wm. Smith

形态特征 壳面很窄，线形，末端微微膨大略呈圆形，有时近端略微缢缩，末端呈喙头形。假壳缝窄线形，不显著。无中心区。壳面长21～126 μm，壳面宽2～2.5 μm。据 Patrick 和 Reimer（1966）记述壳面长30～162 μm，宽1.5～5 μm。横线纹明显，平行排列，在10 μm内有18～24条。

生境分布 密云水库非常见种类。主要集中出现在2016年、2019年不同月份的BHK、YL、JG等水域，细胞密度极低，均以定性监测到该种类。

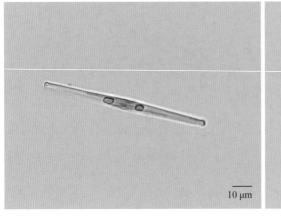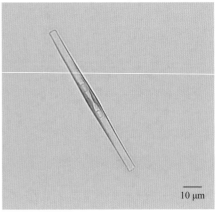

脆杆藻属 *Fragilaria*

硅藻门 Bacillariophyta　羽纹纲 Pennatae
无壳缝目 Araphidiales　脆杆藻科 Fragilariaceae

形态特征　细胞互相连成带状群体，或以每个细胞的一端相连成"Z"状群体。壳面细长线形、长披针形、披针形到椭圆形，两侧对称，中部缘边略膨大或缢缩，两侧逐渐狭窄，末端钝圆、小头状、喙状。上下壳的假壳缝狭线形或宽披针形，其两侧具横点状线纹。带面长方形，无间生带和隔膜，但某些海生和咸水种类具间生带。色素体小盘状，多数，或片状，1～4个，具1个蛋白核。

钝脆杆藻 *Fragilaria capucina* Desmaziéres

形态特征　细胞常互相连成带状群体。壳面长线形，近两端逐渐略狭窄；末端略膨大，钝圆形。假壳缝线形。横线纹细，在10 μm内8～17条。中心区矩形，无线纹。细胞长25～220 μm，宽2～7 μm。

生境分布　密云水库较常见种类。主要集中出现在2013年、2016年、2017年和2019年的YL、KZX、BHB、CHK等水域，细胞密度差异较大，通常小于10万个/L。但最大细胞密度达136万个/L，出现在2017年10月的JSK水域。

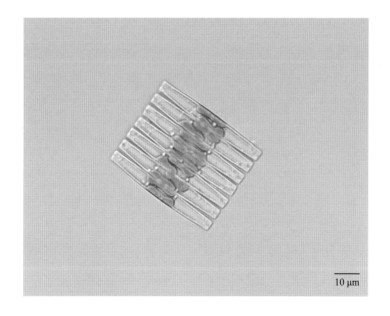

10 μm

克罗顿脆杆藻 *Fragilaria crotonensis* Kitt

形态特征　细胞以壳面连成带状群体。带面观中部及两端贯壳轴加宽，因而群体中细胞相连仅在中部或两端，而相连的中部到两端之间形成一个披针形区域。壳面线形，中部较宽，末端略头状。壳面长34~89 μm，宽2~4 μm。横线纹平行排列，在10 μm内有12~18条。壳面中部有1个长方形中央区。

生境分布　密云水库常见种类。在所有采样点位均长期监测到该种类，细胞密度一般小于20万个/L。2014年、2016年和2017年在BHK、WY、KZX、CHB、JG、BHK、YL等水域形成优势种。最大细胞密度出现在2014年5月的BHK水域，细胞密度为109万个/L。

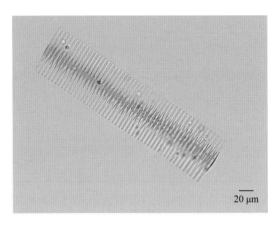

连结脆杆藻 *Fragilaria construens* (Ehrenberg) Grunow

形态特征　细胞常互相连成带状群体。壳面菱形，中部明显地向两侧凸出，两端狭窄，末端钝圆。假壳缝线形到线形披针形，中部较宽。横线纹略呈放射状排列，在10 μm内12~18条。细胞长7~25 μm，宽3.5~12 μm。

生境分布　密云水库偶见种类。仅出现在2017年5月和9月的KZX水域，细胞密度约0.9万个/L。

羽纹脆杆藻矛形变种 *Fragilaria pinnata* var. *lancettula* (Schumann) Hustedt

形态特征　细胞常互相连成带状群体。壳面宽披针形到菱形，末端逐渐狭窄。假壳缝线形。线纹在 10 μm 内 8～14 条。细胞长 4～19 μm，宽 3～6 μm。

生境分布　密云水库偶见种类。仅在 2018 年 7 月定性监测到该种类。

狭辐节脆杆藻 *Fragilaria leptostauron* (Ehrenberg) Hustedt

形态特征　细胞常互相连成带状或"之"字形群体。壳面两侧中部显著凸出，向两端逐渐变狭，呈十字形，末端圆形。假壳缝披针形。无中心区。横线纹很粗，在 10 μm 内 6～10 条。带面长方形，角圆。细胞长 11.5～30 μm，宽 8～16 μm。

生境分布　密云水库偶见种类。仅在 2019 年 10 月定性监测到该种类。

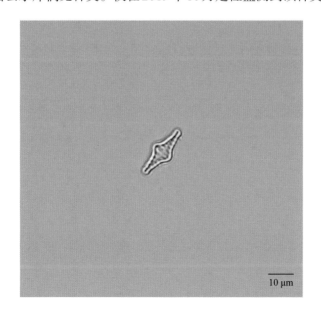

脆杆藻属未定种　*Fragilaria* sp.

形态特征　细胞互相连成带状群体。壳面细长线形、长披针形、披针形到椭圆形，两侧对称，中部缘边略膨大或缢缩，两侧逐渐狭窄，末端钝圆、小头状、喙状。上下壳的假壳缝狭线形或宽披针形，其两侧具横点状线纹。带面长方形，无间生带和隔膜。色素体小盘状，多数，或片状，1～4个，具1个蛋白核。

生境分布　密云水库常见种类。在大部分采样点位长期监测到该种类，细胞密度一般小于10万个/L。2015年在JG、YL、BHB等水域形成优势种，最大细胞密度出现在2015年10月的JG水域，细胞密度为263万个/L。

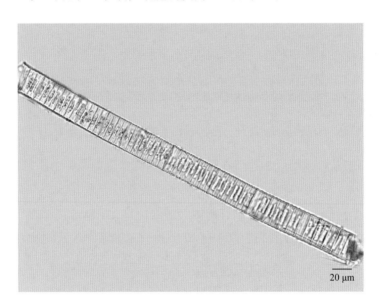

等片藻属 *Diatoma*

硅藻门 Bacillariophyta　羽纹纲 Pennatae

无壳缝目 Araphidiales　脆杆藻科 Fragilariaceae

形态特征　细胞连成带状、"Z"形或星形的群体。壳面线形到椭圆形、椭圆披针形或披针形，有的种类两端略膨大。假壳缝狭窄，两侧具细横线纹和肋纹。带面长方形，具1到多数间生带、无隔膜。色素体椭圆形，多数。

普通等片藻 *Diatoma vulgare* Bory

形态特征　细胞连成"Z"形群体。壳面线形披针形到椭圆披针形，中部略凸，逐渐向两端狭窄、顶端喙状，壳面一端具1个唇形突。假壳缝线形，很狭窄，两侧具横肋纹和肋纹间具横线纹。线纹在10 μm内20～25条，肋纹在10 μm内6～10条。带面长方形，角圆，间生带数目少。细胞长30～60 μm，宽10～15 μm。

生境分布　密云水库较常见种类。主要集中出现在2013年、2014年、2016年、2017年的JG、BHK、BHB、DGZ、CHK、WY、YL等水域，一般细胞密度小于5万个/L。最大细胞密度出现在2013年6月的CHK水域，细胞密度为14万个/L。

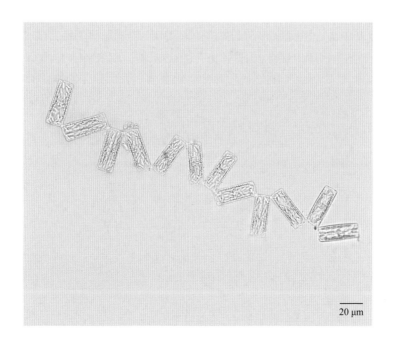

20 μm

曲壳藻属 *Achnanthes*

硅藻门 Bacillariophyta　羽纹纲 Pennatae
单壳缝目 Monoraphidales　曲壳藻科 Achnanthaceae

形态特征　单细胞或以壳面互相连接形成带状或树状群体，以胶柄着生于基质上。壳面线形披针形、线形椭圆形、椭圆形、菱形披针形；上壳面凸出或略凸出，具假壳缝；下壳面凹入或略凹入，具典型的壳缝；中央节明显，极节不明显。壳缝和假壳缝两侧的横线纹或点纹相似，或一壳面横线纹平行，另一壳面呈放射状。带面纵长弯曲，呈膝曲状或弧形。色素体片状，1～2个，或小盘状，多数。

披针形曲壳藻 *Achnanthes lanceolata* (Bréb.) Grunow

形态特征　细胞常连接成带状群体。壳面长椭圆形到披针形，末端宽、钝圆；具假壳缝的壳面，假壳缝明显、线形到线形披针形，在中部的一侧具1个马蹄形的无纹区，横线纹略呈放射状斜向中央区；具壳缝的壳面，壳缝线形，中央区横向放宽呈横矩形，横线纹略呈放射状斜向中央区，在10 μm内10～14条。细胞长8～40 μm，宽3～10 μm。

生境分布　密云水库常见种类。在大部分采样点位长期监测到该种类，细胞密度一般小于25万个/L。2013年和2020年在JG、BHK、CHB、CHK、YL等水域形成优势种，最大细胞密度出现在2013年10月的JG水域，细胞密度为103万个/L。

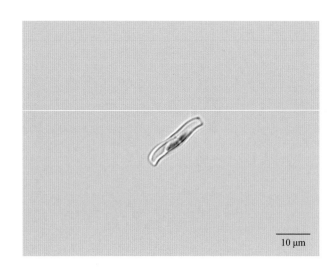

10 μm

曲壳藻属未定种 *Achnanthes* sp.

形态特征　单细胞。壳面线形披针形、线形椭圆形、椭圆形、菱形披针形；上壳面凸出或略凸出，具假壳缝；下壳面凹入或略凹入，具典型的壳缝；中央节明显，极节不明显。壳缝和假壳缝两侧的横线纹或点纹相似，或一壳面横线纹平行，另一壳面呈放射状。带面纵长弯曲，呈膝曲状或弧形。色素体片状，1~2个，或小盘状，多数。

生境分布　密云水库偶见种类。仅2013年8月在JG水域监测到该种类，细胞密度为1.5万个/L。

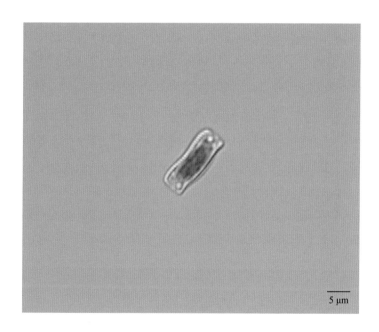

5 μm

舟形藻属 *Navicula*

硅藻门 Bacillariophyta　羽纹纲 Pennatae
双壳缝目 Biraphidinales　舟形藻科 Naviculaceae

形态特征　植物体为单细胞，浮游。壳面线形、披针形、菱形、椭圆形，两侧对称，末端钝圆、近头状或喙状；中轴区狭窄、线形或披针形；壳缝线形；具中央节和极节，中央节圆形或椭圆形，有的种类极节扁圆形；壳缝两侧具点纹组成的横线纹，或布纹、肋纹、窝孔纹，一般壳面中间部分的线纹数比两端的线纹数略为稀疏，在种类的描述中，在 10 μm 内的线纹数是指壳面中间部分的线纹数。带面长方形，平滑，无间生带，无真的隔片。色素体片状或带状，多为 2 个，罕为 1 个、4 个、8 个。

放射舟形藻（辐射舟形藻）*Navicula radiosa* Kützing

形态特征　壳面线形披针形，两端逐渐狭窄，末端狭、钝圆；中轴区狭窄，中央区小、菱形，中轴区和中央节比壳面其他区域的硅质较厚些，壳缝两侧绝大部分的横线纹略呈放射状斜向中央区，两端略斜向极节，在 10 μm 内 8～12 条。细胞长 36.5～120 μm，宽 5～19 μm。

生境分布　密云水库非常见种类。主要集中出现在 2013 年 6 月的 CHK 和 2017 年 8 月的 CHB 水域，细胞密度较小，一般为 0.8 万～3 万个 /L。

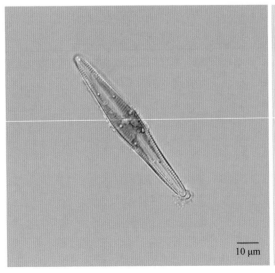
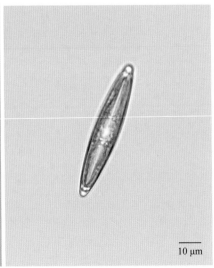

双球舟形藻 *Navicula amphibola* Cleve

形态特征　壳面椭圆披针形到线形披针形，近两端明显变狭并延长，末端呈喙状，顶端平截圆形；中轴区狭窄，中央区大、横矩形；壳缝两侧具点纹组成的横线纹，略呈放射状斜向中央区，在中央区两侧具长短不一的横线纹，在10 μm内6～10条，点纹在10 μm内12～16个。细胞长31～80 μm，宽11.5～23 μm。

生境分布　密云水库偶见种类。仅2017年5月在KZX水域监测到该种类，细胞密度较小，约0.9万个/L。

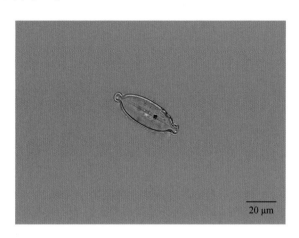

20 μm

尖头舟形藻 *Navicula cuspidata* (Kütz.) Kützing

形态特征　壳面菱形披针形或披针形，向两端逐渐狭窄，末端呈喙状；中轴区狭窄，中央区略放宽；壳缝两侧的横线纹平行排列与纵向平行排列的纵线纹互相呈十字形交叉成布纹，横线纹由点纹组成，在10 μm内11～19条，纵线纹在10 μm内22～28条。细胞长49.5～170 μm，宽14.5～37 μm。

生境分布　密云水库偶见种类。仅2014年7月在BHK水域监测到该种类，细胞密度约2万个/L。

20 μm

喙头舟形藻 *Navicula rhynchocephala* **Kützing**

形态特征 壳面披针形，两端凸出呈喙状到头状；中轴区狭窄，中央区大、圆形，中轴区和中央节硅质的厚度比壳面其他区域的要厚些；壳缝两侧的横线纹呈放射状斜向中央区，两端的近平行或略斜向极节，在10 μm内9～18条。细胞长24～60 μm，宽5～13 μm。

生境分布 密云水库非常见种类。主要集中出现在2016年和2017年的BHB、CHB、JG、BHK、YL等水域，细胞密度通常为1万～5万个/L。

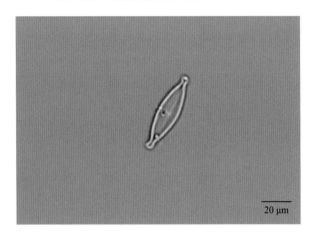

20 μm

隐头舟形藻 *Navicula cryptocephala* **Kützing**

形态特征 壳面披针形，两端延长，末端呈头状到喙状；中轴区狭窄，中央区横向放宽，常呈不规则形；壳缝两侧的横线纹很细，呈放射状斜向中央区，两端近平行或斜向极节，在10 μm内16～24条。细胞长13～45 μm，宽4～9 μm。

生境分布 密云水库非常见种类。主要集中出现在2014年5月的JG、CHK、YL、CHB水域和6月的YL水域，细胞密度较小，通常小于1万个/L。

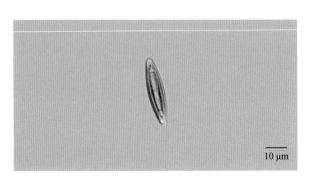

10 μm

舟形藻属未定种 *Navicula* sp.

形态特征　植物体为单细胞，浮游。壳面线形、披针形、菱形、椭圆形，两侧对称，末端钝圆、近头状或喙状；中轴区狭窄，线形或披针形；壳缝线形；具中央节和极节，中央节椭圆形；壳缝两侧具点纹组成的横线纹，或布纹、肋纹、窝孔纹，一般壳面中间部分的线纹数比两端的线纹数略为稀疏。带面长方形，平滑，无间生带，无真的隔片。色素体片状或带状，多为2个，罕为1个、4个、8个。

生境分布　密云水库常见种类。在大部分采样点位长期监测到该种类，细胞密度一般小于15万个/L。细胞密度较大的水域为2020年8月的KZX、CHK、JG等，细胞密度为28万～33万个/L。

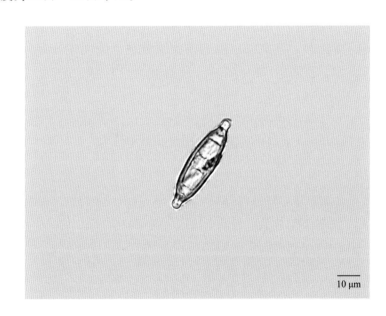

10 μm

羽纹藻属 *Pinnularia*

硅藻门 Bacillariophyta　羽纹纲 Pennatae
双壳缝目 Biraphidinales　舟形藻科 Naviculaceae

形态特征　植物体为单细胞或连成带状群体，上下左右均对称。壳面线形、椭圆形、披针形线形、披针形、椭圆披针形，两侧平行，少数种类两侧中部膨大或呈对称的波状，两端头状、喙状，末端钝圆；中轴区狭线形、宽线形或宽披针形，有些种类超过壳面宽度的1/3，中央区圆形、椭圆形、菱形、横矩形等，具中央节和极节；壳缝发达，直或弯曲，或构造复杂形成复杂壳缝，其两侧具粗或细的横肋纹，每条肋纹是1条管沟，每条管沟内具1～2个纵隔膜，将管沟隔成2～3个小室，有的种类由于肋纹的纵隔膜形成纵线纹，一般壳面中间部分的横肋纹比两端的横肋纹略为稀疏，在种类的描述中，在10 μm内的横肋纹数是指壳面中间部分的横肋纹数。带面长方形，无间生带和隔片。色素体大，片状，2个，各具1个蛋白核。

大羽纹藻 *Pinnularia major* (Kütz.) Rabenhorst

形态特征　壳面线形，中部略膨大，末端广圆形；中轴区宽度为壳面宽度的1/5～1/4，中央区通常比中轴区略加宽、椭圆形，有时不对称；壳缝线形，其两侧的横肋纹粗，在中部呈放射状斜向中央区，两端斜向极节，在10 μm内4.5～5

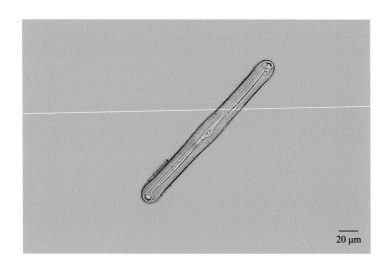

20 μm

条，在壳面两侧各具2条明显的纵线纹与横肋纹近垂直相交。细胞长140～200 μm，宽25～40 μm。

生境分布　密云水库非常见种类。主要集中出现在2011～2014年每年春秋季的CHB、YL、JG等水域，细胞密度很低，一般小于0.6万个/L，且多以定性监测到该种类。

高雅羽纹藻 *Pinnularia gentilis* (Donk.) Cleve

形态特征　壳面线形，中部及两端均略膨大，末端广圆形；中轴区宽，其宽度约为壳面宽度的1/3，中央区大、椭圆形；壳缝构造复杂、呈波状，其两侧的横肋纹在中部呈放射状斜向中央区，近两端斜向极节，在10 μm内6～7条，壳面两侧具2条明显的纵线纹与横肋纹近垂直相交。细胞长140～260 μm，宽22～36 μm。

生境分布　密云水库非常见种类。主要集中出现在2014年、2019年春秋季的YL、BHB等水域，细胞密度较低，一般小于0.5万个/L，且多以定性监测到该种类。

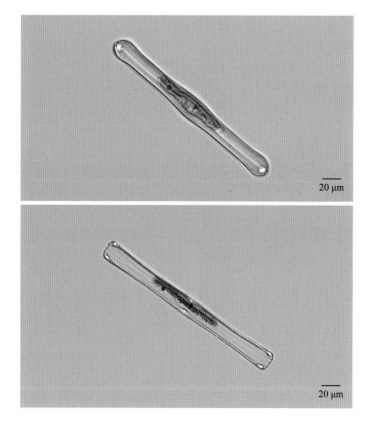

著名羽纹藻 *Pinnularia nobilis* (Ehr.) Ehrenberg

形态特征 壳面线形，两侧中部略膨大，末端广圆形；中轴区宽度为壳面宽度的 1/3～1/4，中央区圆形，有时不对称；壳缝构造复杂、呈波状，其两侧的横肋纹在中部呈放射状斜向中央区，两端斜向极节，在 10 μm 内 4.5～5 条，壳面两侧具 2 条明显的纵线纹与横肋纹近垂直相交。细胞长 200～350 μm，宽 34～50 μm。

生境分布 密云水库偶见种类。仅 2014 年 5 月和 2017 年 11 月在 YL 等水域监测到该种类，细胞密度约 0.7 万个 /L。

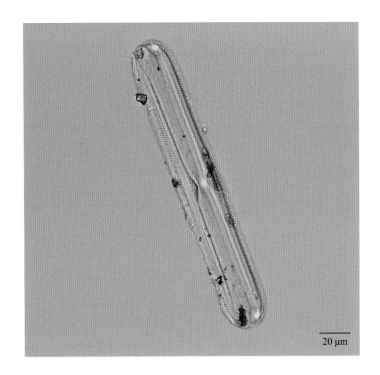

20 μm

布纹藻属 *Gyrosigma*

硅藻门 Bacillariophyta　羽纹纲 Pennatae
双壳缝目 Biraphidinales　舟形藻科 Naviculaceae

形态特征　植物体为单细胞，偶尔在胶质管内。壳面"S"形，从中部向两端逐渐尖细，末端渐尖或钝圆；中轴区狭窄，"S"形到波形，中部中央节处略膨大，具中央节和极节；壳缝"S"形弯曲，壳缝两侧具纵线纹和横线纹十字形交叉构成的布纹。带面呈宽披针形，无间生带。色素体片状，2个，常具几个蛋白核。

尖布纹藻 *Gyrosigma acuminatum* (Kütz.) Rabenhorst

形态特征　壳面披针形，略呈"S"形弯曲，近两端圆锥形，末端钝圆；中央区长椭圆形；壳缝两侧具纵线纹和横线纹十字交叉构成的布纹，纵线纹和横线纹相等粗细，在10 μm内16～22条。细胞长82～200 μm，宽11～20 μm。

生境分布　密云水库较常见种类。主要集中出现在2013～2017年的BHB、CHK、CHB、DGZ、JG、KZX等水域，通常细胞密度小于5万个/L。最大细胞密度出现在2015年7月的JG水域，细胞密度为18万个/L。

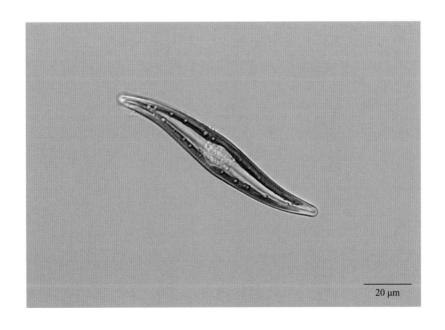

20 μm

美壁藻属 *Caloneis*

硅藻门 Bacillariophyta　羽纹纲 Pennatae

双壳缝目 Biraphidinales　舟形藻科 Naviculaceae

形态特征　植物体为单细胞。壳面线形、狭披针形、线形披针形、椭圆形或提琴形，中部两侧常膨大；壳缝直；具圆形的中央节和极节，壳缝两侧横线纹互相平行，中部略呈放射状，末端有时略斜向极节；壳面侧缘内具1到多条与横线纹垂直交叉的纵线纹。带面长方形，无间生带和隔片。色素体片状，2个，每个具2个蛋白核。

短角美壁藻 *Caloneis silicula* (Ehrenberg) Cleve

形态特征　壳面线形至线状披针形，在中部和靠近末端多少有些扩大（或凸出），边缘多少呈明显的三波状的两缢缩，末端宽圆形；中轴区很宽，但靠近两端突然变窄，中轴区多少呈披针形，中心区略为扩大呈近圆形；壳缝直，从侧面弯向中央节；横线纹在中部平行排列，向两端辐射状排列，在10 μm内有14～27条，靠近边缘有1条纵线纹。细胞长39～89 μm，宽7～16 μm。

生境分布　密云水库偶见种类。仅2014年6月在CHK水域和7月在BHK水域监测到该种类，细胞密度约4万个/L。

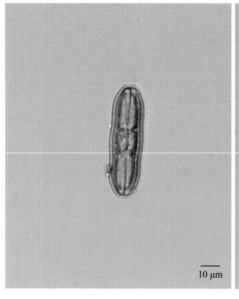

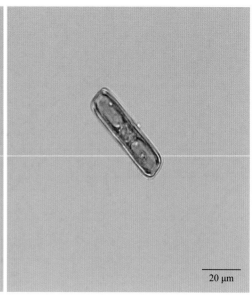

双壁藻属 *Diploneis*

硅藻门 Bacillariophyta   羽纹纲 Pennatae
双壳缝目 Biraphidinales   舟形藻科 Naviculaceae

形态特征   植物体为单细胞。壳面椭圆形、线形到椭圆形、线形、卵圆形，末端钝圆；壳缝直，壳缝两侧具中央节侧缘延长形成的角状突起，其外侧具宽或狭的线形到披针形的纵沟，纵沟外侧具横肋纹或由点纹连成的横线纹。带面长方形，无间生带和隔片。色素体片状，2个，每个具1个蛋白核。

幼小双壁藻（美丽双壁藻）*Diploneis puella* (Schum.) Cleve

形态特征   壳面椭圆形，末端广圆形；中央节中等大小，方形，角状突起明显，两侧纵沟狭窄，线形，中部较宽；横肋纹细，略呈放射状排列，在10 μm内10～22条，肋纹间具小点纹，在10 μm内29～30个。细胞长12～27 μm，宽6～14 μm。

生境分布   密云水库非常见种类。主要集中出现在2013年6月的JG水域，2017年4月的CHB和KZX水域及5月的CHB水域，通常细胞密度小于1万个/L。最大细胞密度出现在2013年6月的JG水域，细胞密度为6万个/L。

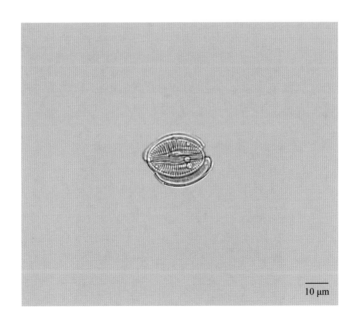

10 μm

卵圆双壁藻　*Diploneis ovalis* (Hilse) Cleve

形态特征　壳面椭圆形到线形椭圆形，两侧缘边略凸出；中央节很大，近圆形，角状突起明显、近平行，两侧纵沟狭窄，在中部略宽并明显弯曲；横肋纹粗，略呈放射状排列，在 10 μm 内 8～14 条，肋纹间具小点纹，在 10 μm 内 14～21 个。细胞长 20～100 μm，宽 9.5～35 μm。

生境分布　密云水库较常见种类。主要集中出现在 2013～2017 年的 BHB、BHK、CHB、DGZ、JG、KZX、WY、YL 等水域，通常细胞密度小于 2 万个 /L。最大细胞密度出现在 2013 年 5 月的 BHB 水域，细胞密度为 8 万个 /L。

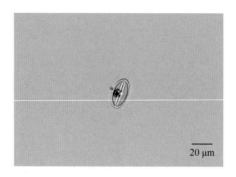

20 μm

卵圆双壁藻长圆变种　*Diploneis ovalis* var. *oblongella* (Näg.) Cleve

形态特征　此变种与原变种的不同为壳面线形椭圆形，两侧平行，末端广圆形；横肋纹在 10 μm 内 7～18 条，肋纹间具小点纹，在 10 μm 内 15～28 个。细胞长 14.5～111 μm，宽 7～44.5 μm。

生境分布　密云水库偶见种类。仅 2013 年 6 月和 2019 年 11 月在 CHK 等水域监测到该种类，细胞密度通常小于 1.5 万个 /L。

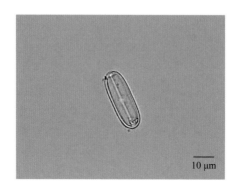

10 μm

辐节藻属 *Stauroneis*

硅藻门 Bacillariophyta　羽纹纲 Pennatae
双壳缝目 Biraphidinales　舟形藻科 Naviculaceae

形态特征　植物体为单细胞，少数连成带状的群体。壳面长椭圆形、狭针形、舟形，末端头状、钝圆形或喙状；中轴区狭，壳缝直，极节很细，中央区增厚并扩展到壳面两侧，增厚的中央区无花纹，称为辐节（stauros）；壳缝两侧具横线纹或点纹，略呈放射状平行排列，辐节和中轴区将壳面花纹分成4个部分。具间生带，但无真的隔片，具或不具假隔片。色素体片状，2个，每个具2～4个蛋白核。

双头辐节藻 *Stauroneis anceps* Ehrenberg

形态特征　壳面椭圆披针形到线形披针形，两端喙状延长，末端呈头状；壳缝直、狭窄，中轴区狭窄，中央区横带状；点纹组成的横线纹略呈放射状排列，在10 μm内12～30条。细胞长21～130 μm，宽5～24 μm。

生境分布　密云水库常见种类。在大部分采样点位长期监测到该种类，BHB、BHK、CHB、CHK、JG、YL等水域出现频率较高，细胞密度一般小于5万个/L。最大细胞密度出现在2016年9月的JSK水域，细胞密度为16万个/L。

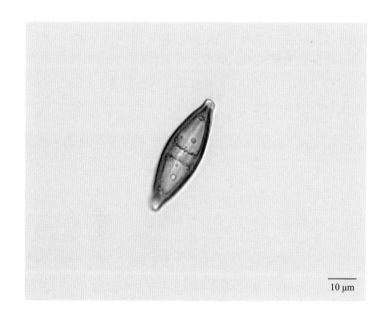

10 μm

桥弯藻属 *Cymbella*

硅藻门 Bacillariophyta　羽纹纲 Pennatae
双壳缝目 Biraphidinales　桥弯藻科 Cymbellaceae

形态特征　植物体为单细胞，或为分枝或不分枝的群体，浮游或着生；着生种类细胞位于短胶质柄的顶端或在分枝或不分枝的胶质管中。壳面两侧不对称，明显有背腹之分，背侧凸出，腹侧平直或中部略凸出或略凹入，新月形、线形、半椭圆形、半披针形、舟形、菱形披针形，末端钝圆或渐尖；中轴区两侧略不对称，具中央节和极节；壳缝略弯曲，少数近直，其两侧具横线纹；一般壳面中间部分的横线纹比近两端的横线纹略为稀疏，在种类的描述中，在 10 μm 内的横线纹数是指壳面中部分的横线纹数。带面长方形，两侧平行，无间生带和隔膜。色素体侧生、片状，1个。

膨胀桥弯藻 *Cymbella tumida* (Bréb. ex Kütz.) Van Heurck

形态特征　壳面新月形，有明显背腹之分，背缘凸出，腹缘近平直，在中部略凸出，两端延长呈喙状，末端宽截形；中轴区狭窄，中央区大、圆形；壳缝略偏于腹侧，弯曲呈弓形，近末端分叉，1条短的突然弯向腹侧，1条长的呈镰刀形弯向腹侧；中央节与腹侧横线纹之间具1个单独的点纹，横线纹由点纹组成，略呈放射状斜向中央区，背侧中部10 μm内8～13条，腹侧中部10 μm内8～14条，点纹在 10 μm 内16～22个。细胞长 37～105 μm，宽15～23 μm。

生境分布　密云水库非常见种类。南水北调水入库后水库新监测到的种类。主要集中出现在 2017 年 4 月的 YL 和 KZX 等水域，细胞密度通常较小，但2017年4月在 YL 水域细胞密度达到8万个/L。

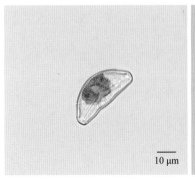
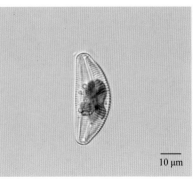

箱形桥弯藻 *Cymbella cistula* (Hempr.) Kirchner

形态特征　壳面新月形，有明显背腹之分，背缘凸出，腹缘凹入，其中部略凸出，末端钝圆到截圆；中轴区狭窄，中央区略扩大，多少呈圆形；壳缝偏于腹侧、弓形，末端呈钩形斜向背缘；腹侧中央区具3～6个单独的点纹，横线纹呈放射状斜向中央区，在中部近平行，背侧中部10 μm内5～12条，腹侧中部10 μm内6～11条，横线纹明显由点纹组成，10 μm内18～20个。细胞长31～180 μm，宽10～36 μm。

生境分布　密云水库常见种类。在大部分采样点位长期监测到该种类，在JG、YL、BHB、CHB、BHK、CHK、KZX等水域出现频率较高，细胞密度一般小于2万个/L。最大细胞密度出现在2013年4月的BHK水域，细胞密度为12万个/L。

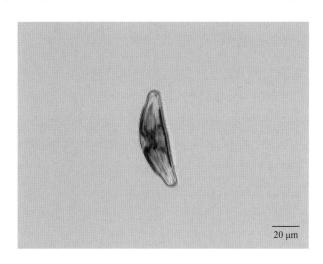

20 μm

披针形桥弯藻 *Cymbella lanceolata* (Ag.) Agardh

形态特征　壳面新月形，有背腹之分，背缘凸出，腹缘除中部凸出外略凹入，末端钝圆；中轴区狭窄，中央区略扩大，近长椭圆形或略不规则；壳缝宽、略弯曲，略偏于腹侧，近末端转向背侧呈小圆钩形；横线纹在中部近平行或略斜向中央区，近两端呈放射状斜向中央区，背侧中部10 μm内7～11条，腹侧中部10 μm内8～12条。细胞长84～234 μm，宽16～40 μm。

生境分布　密云水库偶见种类。仅2014年5月、2017年9月、2019年11月在BHB、YL等水域监测到该种类，细胞密度通常较小，但2017年9月在YL水域细胞密度达到5万个/L。

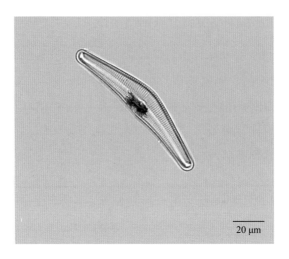

20 μm

普通桥弯藻（近缘/新月形桥弯藻）*Cymbella vulgata* Krammer (*Cymbella affinis*/*Cymbella cymbiformis*)

形态特征　壳面具背腹之分，半披针形，背缘明显地呈弓形弯曲，腹缘近平直或略凹入（在大的标本中，腹缘中部略膨大凸出），两端圆至狭圆形；壳缝略偏于腹侧，近缝端侧翻状，远缝端线形，其端缝弯向背侧；中轴区窄，略弯状，线形，中央区不明显，仅略比轴区宽一些，腹侧中央线纹的端部具0～4个孤点（常为1个）；线纹放射状排列，在10 μm中有7～12条（中）和12～14条（端）。壳面长39～54 μm，宽8～13 μm，长与宽之比为4.2～4.9。

生境分布　密云水库非常见种类。主要集中出现在2017年5月、6月、10月的JG、BHB、KZX、YL等水域，其他时间出现频率较低。细胞密度一般小于2万个/L。

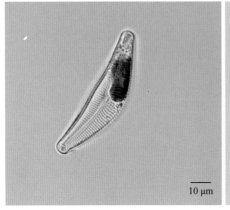

10 μm

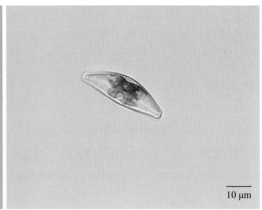

10 μm

粗糙桥弯藻 *Cymbella aspera* (Ehr.) Peragello

形态特征　壳面半披针形，有背腹之分，背缘凸出，腹缘中部略凸出或近平直，末端圆锥形或钝圆形；中轴区宽、线形，中央节略扩大；壳缝偏于腹侧、略弯，近末端分叉，末端弯向背侧呈小圆钩形，斜向背缘；横线纹由点纹组成，在中部略呈放射状斜向中央区，两端近平行排列，在背侧中部10 μm内6～12条，腹侧中部10 μm内7～13条。细胞长108～205 μm，宽25～38 μm。

生境分布　密云水库非常见种类。主要集中出现在2012年、2013年部分月份的CHK、CHB、JG、KZX、BHB等水域，细胞密度一般小于1.5万个/L，且多以定性监测到该种类。

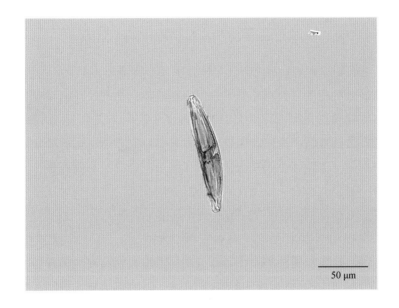

50 μm

内丝藻属 *Encyonema*

硅藻门 Bacillariophyta　羽纹纲 Pennatae
双壳缝目 Biraphidinales　桥弯藻科 Cymbellaceae

形态特征　壳面明显（甚至非常强烈）地具背腹之分，常呈半椭圆形或半披针形。壳缝为"内丝藻属壳缝"类型：近缝端折向背侧，远缝端折向腹侧，中段的外壳缝或多或少地弯向腹侧。线纹单列，由点纹组成；孤点多数缺如，少数有，如有孤点必位于中央区的背侧。顶孔区缺乏。它们常以胶质黏附在水生植物或岩石等基质上，有些种类的不少个体群居在一胶质管内，然后胶质管营附着生活。

西里西亚内丝藻 *Encyonema silesiacum* (Bleisch) Mann

形态特征　壳面明显地具背腹之分，半披针形或半椭圆形（罕为半菱形），背缘呈明显或强烈地弓形弯曲，腹缘几乎平直但中部略拱形凸起（有时呈菱形状凸起）；两端渐狭，端部狭圆形或圆形。壳缝明显地偏于腹侧，线形，中段分叉不明显，几乎直向与腹缘近平行；近缝端壳缝略膨大且略弯向背侧，远缝端壳缝多数靠近壳缘且弯向腹侧。中轴区也偏于腹侧，窄，线形，也几乎与腹缘平行。中央区不明显；常有一明显的孤点，位于背侧中央线纹的端部。线纹放射状排列，但在端部呈汇聚状，在10 μm中有11～14条（中）和14～18条（端），组成线纹的点纹在10 μm中有30～35个。壳面长15～43 μm，宽7～10 μm，长与宽之比为2.1～4.3。

生境分布　密云水库常见种类。在大部分采样点位长期监测到该种类，大多集中出现在2013年、2016年和2017年的JG、BHB、CHB等水域，细胞密度一般小于3万个/L。最大细胞密度出现在2013年4月的BHK水域，细胞密度为7万个/L。

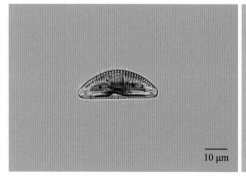

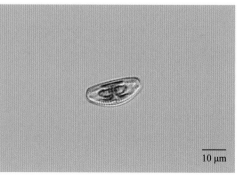

内丝藻属未定种 *Encyonema* sp.

形态特征　壳面背腹区别明显，常呈半椭圆形或半披针形。线纹单列，由点纹组成；孤点多数缺如，少数有，如有孤点必位于中央区的背侧。顶孔区缺乏。个体群居在一胶质管内，然后胶质管营附着生活。

生境分布　密云水库偶见种类。仅在2019年5月定性监测到该种类。

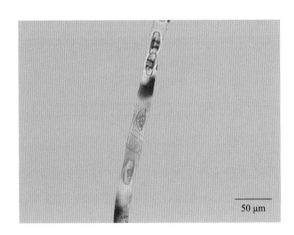

双眉藻属 *Amphora*

硅藻门 Bacillariophyta　羽纹纲 Pennatae

双壳缝目 Biraphidinales　桥弯藻科 Cymbellaceae

形态特征　多数为单细胞，浮游或着生。壳面两侧不对称，明显有背腹之分，新月形、镰刀形，末端钝圆形或两端延长呈头状；中轴区明显偏于腹侧一侧，具中央节和极节；壳缝略弯曲，其两侧具横线纹。带面椭圆形，末端截形；间生带由点连成长线状，无隔膜。色素体侧生、片状，1个、2个或4个。

卵形双眉藻（卵圆双眉藻）*Amphora ovalis* (Kützing) Kützing

形态特征　壳面新月形，背缘凸出，腹缘凹入，末端钝圆形；中轴区狭窄，中央区仅在腹侧明显；壳缝略呈波状；由点纹组成的横线纹在腹侧中部间断，末端斜向极节，在背侧呈放射状排列，在10 μm内9～16条。带面广椭圆形，末端截形，两侧边缘弧形。细胞长21～67 μm，宽6～10 μm。

生境分布　密云水库非常见种类。主要集中出现在2014年5月、2017年5月和9月的BHK、BHB、CHK、YL和JSK等水域，细胞密度一般小于2.5万个/L。最大细胞密度出现在2017年5月的JG水域，细胞密度为13万个/L。

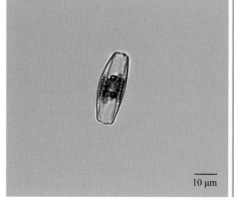

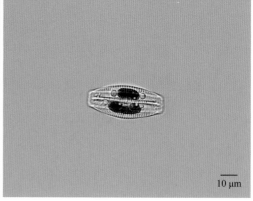

双眉藻属未定种 *Amphora* sp.

形态特征　单细胞，浮游或着生。壳面两侧不对称，明显有背腹之分，新月形，末端钝圆形；中轴区明显偏于腹侧一侧，具中央节和极节；壳缝略弯曲，其两侧具横线纹。带面椭圆形，末端截形；间生带由点连成长线状，无隔膜。色素体侧生、片状，4个。

生境分布　密云水库常见种类。在大部分采样点位长期监测到该种类，主要集中出现在2013年和2017年的JG、BHB、CHB、CHK、YL等水域，细胞密度一般小于5万个/L。2013年10月在CHB、JG水域形成优势种，最大细胞密度为42万个/L。

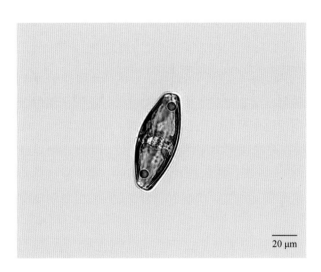

20 μm

异极藻属 *Gomphonema*

硅藻门 Bacillariophyta 羽纹纲 Pennatae
双壳缝目 Biraphidinales 异极藻科 Gomphonemaceae

形态特征 植物体为单细胞，或为不分枝或分枝的树状群体；细胞位于胶质柄的顶端，以胶质柄着生于基质上，有时细胞从胶质柄上脱落成为偶然性的单细胞浮游种类。壳面上下两端不对称，上端宽于下端，左右两侧对称，呈棒形、披针形、楔形；中轴区狭窄、直，中央区略扩大，有些种类在中央区一侧具1个、2个或多个单独的点纹，具中央节和极节；壳缝两侧具由点纹组成的横线纹。带面多呈楔形，末端截形；无间生带；少数种类在上端具横隔膜。色素体侧生、片状，1个。

尖顶异极藻 *Gomphonema augur* Ehrenberg

形态特征 壳面棒形，最宽处位于上端近顶端处，前端平圆形，顶端中间凸出呈尖楔形或喙状，向下逐渐狭窄，下部末端尖圆；中轴区狭窄、线形，中央区一侧具1个单独的点纹；壳缝两侧中部横线纹近平行，两端逐渐呈放射形状排列，在中间部分10 μm内9～18条。细胞长17.5～56 μm，宽5.5～15 μm。

生境分布 密云水库偶见种类。仅在2017年9月定性监测到该种类。

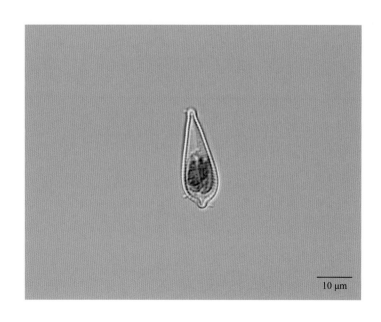

10 μm

尖异极藻花冠变种 *Gomphonema acuminatum* var. *coronatum* (Ehrenberg) W. Smith

形态特征 壳面上端具翼状凸出，前部和中部之间收缢深；横线纹10 μm内有10～22条。细胞长49～73 μm，宽10～14 μm。

生境分布 密云水库偶见种类。仅在2017年9月和2019年8月定性监测到该种类。

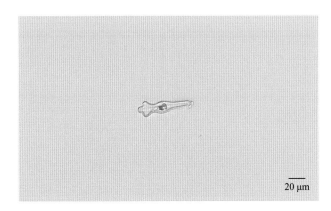

20 μm

小型异极藻 *Gomphonema parvulum* (Kützing) Kützing

形态特征 壳面棒状披针形，逐渐向前端变狭，前端喙状或短头状，中部最宽，向下端逐渐狭窄，末端狭圆；中轴区很狭，中央区狭小不明显，在其一侧具1个单独的点纹；壳缝两侧的横线纹在中部近平行，在两端呈放射形状排列，在中间部分10 μm内9～12条。细胞长14～26 μm，宽4～8 μm。

生境分布 密云水库偶见种类。仅在2017年9月定性监测到该种类。

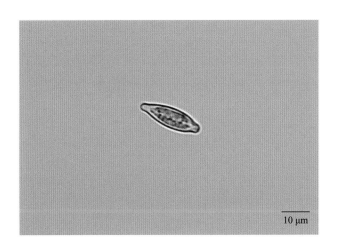

10 μm

缢缩异极藻膨大变种 *Gomphonema constrictum* var. *turgidum* (Ehrenberg) Grunow

形态特征 壳体较小。壳面呈短粗状棒形，明显地较宽，中部几乎不膨大，上部的两侧几乎无缢缩，但向端顶略变狭而使上部呈梯形（上端略窄于中部），端顶几乎平截或平弧形；线纹在10 μm内10～15条。壳面长20～26 μm，宽9～11 μm。

生境分布 密云水库偶见种类。仅在2017年5月定性监测到该种类。

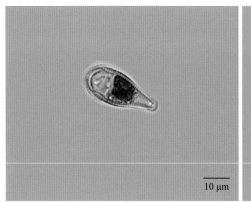 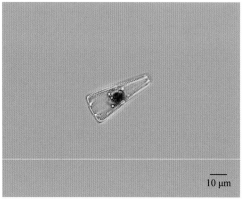

缠结异极藻 *Gomphonema intricatum* Kützing

形态特征 壳面线形棒状，前端宽钝圆头状，中部膨大，下端明显逐渐狭窄；中轴区中等宽度，中央区宽，在其一侧具1个单独的点纹；壳缝两侧的横线纹呈放射状排列，在中间部分10 μm内6～10条。细胞长25～64 μm，宽4～10 μm。

生境分布 密云水库偶见种类。仅在2016年8月和2020年7月定性监测到该种类。

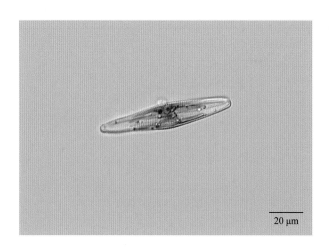

窄异极藻延长变种 *Gomphonema angustatum* var. *productum* Grunow

形态特征　壳面细长，棒状披针形，细胞明显延长，前端略呈头状；壳缝两侧横线纹呈放射状排列，横线纹在中间部分10 μm内5～10条。细胞长19～44 μm，宽5～9 μm。

生境分布　密云水库偶见种类。仅在2019年8月定性监测到该种类。

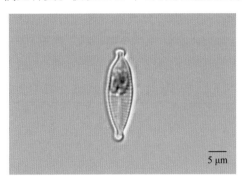

纤细异极藻 *Gomphonema gracile* Ehrenberg

形态特征　壳面披针形，前端尖圆形，从中部向两端逐渐狭窄；中轴区狭窄、线形，中央区小、圆形并略横向放宽，在其一侧具1个单独的点纹；壳缝两侧的横线纹呈放射形状排列，在中间部分10 μm内8～14条。细胞长22.5～69 μm，宽4～10 μm。

生境分布　密云水库偶见种类。仅在2017年7月、8月、9月的YL水域监测到该种类，最大细胞密度为2.6万个/L。

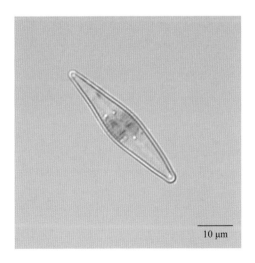

异极藻属未定种 *Gomphonema* sp.

形态特征 植物体为单细胞，或为不分枝或分枝的树状群体；细胞位于胶质柄的顶端，以胶质柄着生于基质上，有时细胞从胶质柄上脱落成为偶然性的单细胞浮游种类。壳面上下两端不对称，上端宽于下端，两侧对称，呈棒形；中轴区狭窄、直，中央区略扩大，具中央节和极节；壳缝两侧具由点纹组成的横线纹。带面多呈楔形，末端截形；无间生带；少数种类在上端具横隔膜。色素体侧生、片状，1个。

生境分布 密云水库非常见种类。主要集中出现在2012年、2013年、2019年6~10月的YL、JG、BHK、BHB、CHK等水域，细胞密度一般小于1.3万个/L。调水前的细胞密度普遍大于调水后，且调水后均以定性监测到该种类。

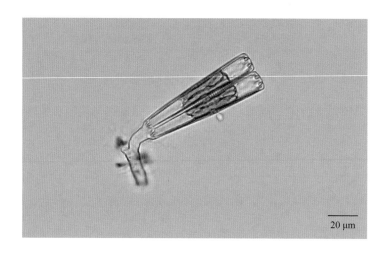

20 μm

菱形藻属 *Nitzschia*

硅藻门 Bacillariophyta   羽纹纲 Pennatae
管壳缝目 Aulonoraphidinales   菱形藻科 Nitzschiaceae

形态特征   植物体多为单细胞，或形成带状或星状的群体，或生活在分枝或不分枝的胶质管中，浮游或附着；细胞纵长，直或"S"形。壳面线形、披针形，罕为椭圆形，两侧边缘缢缩或不缢缩，两端渐尖或钝，末端楔形、喙状、头状、尖圆形；壳面的一侧具龙骨突起，龙骨突起上具管壳缝，管壳缝内壁具许多通入细胞内的小孔，称为"龙骨点"，龙骨点明显，上下2个壳的龙骨突起彼此交叉相对，具小的中央节和极节；壳面具横线纹。细胞壳面和带面不呈直角，因此横断面呈菱形。色素体侧生、带状，2个，少数4～6个。

近线形菱形藻 *Nitzschia sublinearis* Hustedt

形态特征   壳面线形，两侧边缘近平行，末端略呈头状；龙骨明显偏于一侧，龙骨点小，在10 μm内10～15个；横线纹细，在10 μm内20～35条。带面线形到线形披针形，两侧平行或略凸出，两端逐渐狭窄、楔形，末端平截形。细胞长55～110 μm，宽5～7 μm。

生境分布   密云水库较常见种类。主要集中出现在2015年、2016年、2017年的8～11月的JG、CHK、CHB、YL、KZX、BHK、BHB、WY、DGZ等水域，细胞密度一般小于3万个/L。最大细胞密度出现在2017年11月的JG水域，细胞密度达8万个/L。

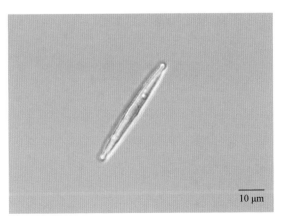

10 μm

反曲菱形藻 *Nitzschia reversa* W. Smith (*Nitzschia longissima* var. *reversa* Grunow)

形态特征　带面观和壳面观均呈不同程度"S"形弯曲。壳面纺锤形，末端急剧变窄，延长呈喙状；长60~90 μm，宽5~7 μm；龙骨突有8~13个/10 μm；横线纹密集，光学显微镜下很难分辨。

生境分布　密云水库偶见种类。仅在2019年9月定性监测到该种类。

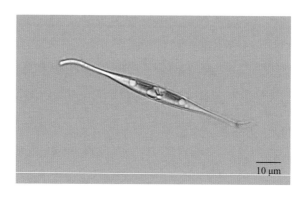

10 μm

谷皮菱形藻 *Nitzschia palea* (Kützing) W. Smith

形态特征　壳面线形、线形披针形，两侧边缘近平行，两端逐渐狭窄，末端楔形；龙骨点在10 μm内10~15个，横线纹细，在10 μm内30~40条。细胞长20~78 μm，宽3~5 μm。

生境分布　密云水库非常见种类。主要集中分布在2013年、2017年的JG、YL、BHB等水域，多出现在春秋两季。细胞密度一般小于2.6万个/L，且调水后的细胞密度普遍高于调水前，调水前多以定性监测到该种类。最大细胞密度出现在2017年4月的JG、7月的YL水域，细胞密度均为5.2万个/L。

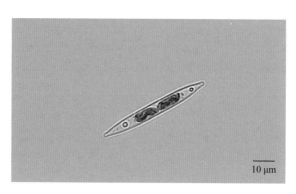

10 μm

池生菱形藻 *Nitzschia stagnorum* **Rabenhorst**

形态特征 壳面线形，两侧中部边缘略凹入，两端逐渐狭窄，并略延长，末端楔形；龙骨狭窄，龙骨点小、略圆，在10 μm内7～12个；横线纹在10 μm内20～28条。带面线形，两侧平行或略凹入或略凸出，末端宽截形。细胞长22～60 μm，宽3～10 μm。

生境分布 密云水库较常见种类。主要集中出现在2011年、2012年、2013年、2016年、2017年、2020年相关月份的CHK、CHB、JG、YL、KZX等水域，细胞密度一般小于3万个/L。最大细胞密度出现在2013年4月的JG水域，细胞密度为14万个/L。

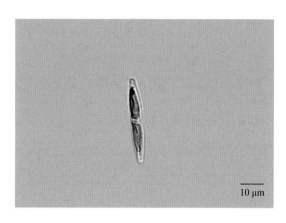

10 μm

类S状菱形藻（拟螺形菱形藻）*Nitzschia sigmoidea* (Nitzsch) W. Smith

形态特征 细胞较大，一般带面比壳面宽，所以常示带面观。带面观"S"形弯曲，壳面观直线形，倾斜观察时，壳面就稍呈"S"形弯曲；壳面长180～450 μm，宽7～14 μm；龙骨和龙骨突均明显，龙骨突有6～8个/10 μm；横线纹细密，光学显微镜下很难分辨。扫描电子显微镜下观察：壳面的龙骨上覆盖一冠层结构，冠层下的龙骨突纤细，管状，不规则地排列在龙骨上。线纹平行排列，与壳缘垂直，24～27条/10 μm，线纹由单排点纹均匀排列而成，点纹为圆形穿孔；每个龙骨突与2～5条点线纹相连接；中间2个龙骨突之间的距离不增大。壳缝离心，位于龙骨上；靠近壳缝有1缢缩纵向的脊。壳缝管外壁有点纹，均匀成排，每排6～7个点，为壳面线纹的延伸。

生境分布 密云水库偶见种类。仅在2017年4月和2019年9月的YL水域监测到该种类，细胞密度小于2.6万个/L。

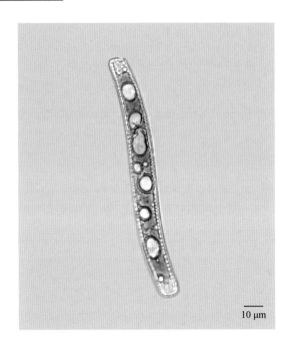

刀形菱形藻 *Nitzschia scalpelliformis* **Grunow**

形态特征　壳面线形，中部有时稍微凹入，末端刀形；壳面长40～110 μm，宽5～9 μm；壳缝龙骨在极节处离心程度大，中央节处离心程度小，龙骨突7～10个/10 μm，中间2个距离较大；横线纹26～36条/10 μm。

生境分布　密云水库较常见种类。主要集中出现在2011年、2014年、2017年、2018年相关月份的JG、YL、BHK、CHK、KZX等水域，细胞密度一般小于2万个/L。最大细胞密度出现在2018年11月的KZX水域，细胞密度为25万个/L。

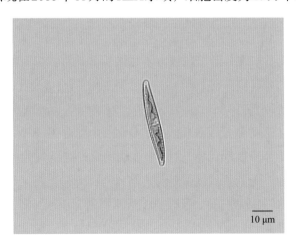

菱形藻属未定种 *Nitzschia* sp.

形态特征　单细胞，浮游或附着；细胞纵长，直。壳面线形、披针形，两侧边缘不缢缩，两端钝，末端楔形；壳面的一侧具龙骨突起，龙骨突起上具管壳缝，管壳缝内壁具许多通入细胞内的小孔，称为"龙骨点"，龙骨点明显，上下2个壳的龙骨突起彼此交叉相对，具小的中央节和极节；壳面具横线纹。细胞壳面和带面不呈直角，因此横断面呈菱形。色素体侧生、带状。

生境分布　密云水库常见种类。在所有采样点位均长期监测到该种类，细胞密度一般小于5万个/L。最大细胞密度出现在2013年4月的BHK水域，细胞密度为32万个/L。

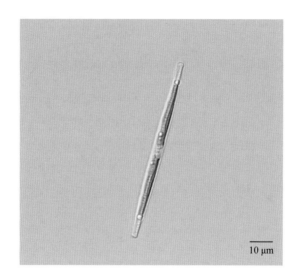

10 μm

波缘藻属（波纹藻属）*Cymatopleura*

硅藻门 Bacillariophyta　羽纹纲 Pennatae
管壳缝目 Aulonoraphidinales　双菱藻科 Surirellaceae

形态特征　植物体为单细胞，浮游。壳面椭圆形、纺锤形、披针形或线形，呈横向上下波状起伏；上下2个壳面的整个壳缘由龙骨及翼状构造围绕，龙骨突起上具管壳缝，管壳缝通过翼沟与壳体内部相联系，翼沟间以膜相联系，构成中间间隙；壳面具粗的横肋纹，有时肋纹很短，使壳缘呈串珠状；肋纹间具横贯壳面细的横线纹，横线纹明显或不明显。壳体无间生带，无隔膜；带面矩形、楔形，两侧具明显的波状皱褶。色素体片状，1个。

草鞋形波缘藻（草履波纹藻）*Cymatopleura solea* (Brébisson) W. Smith

形态特征　壳面宽线形、宽披针形，两侧中部缢缩，两端楔形，末端钝圆；龙骨点在10 μm内7～10个；肋纹短，在10 μm内6～9条；横线纹在10 μm内15～20条。细胞长42～200 μm，宽20～40 μm。

生境分布　密云水库偶见种类。仅在2015年和2019年监测到该种类。2015年10月CHK水域细胞密度为1.3万个/L，2019年11月CHK和YL水域定性监测到。

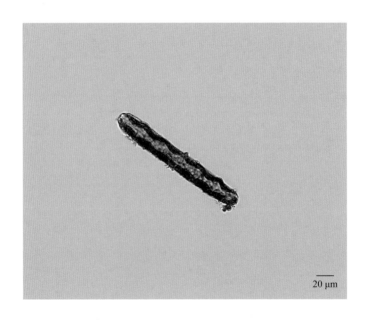

20 μm

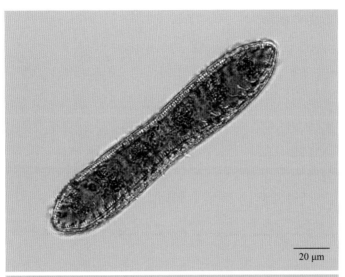

20 μm

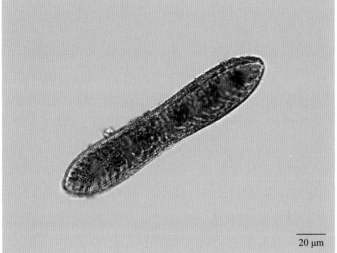

20 μm

双菱藻属 *Surirella*

硅藻门 Bacillariophyta　羽纹纲 Pennatae
管壳缝目 Aulonoraphidinales　双菱藻科 Surirellaceae

形态特征　植物体为单细胞，浮游。壳面线形、椭圆形、卵圆形、披针形，平直或螺旋状扭曲，中部缢缩或不缢缩，两端同形或异形；上下2个壳面的龙骨及翼状构造围绕整个壳缘，龙骨上具管壳缝，在翼沟内的管壳缝通过翼沟与细胞内部相联系，管壳缝内壁具龙骨点；翼沟通称肋纹，横肋纹或长或短，肋纹间具明显或不明显的横线纹，横贯壳面；壳面中部具明显或不明显的线形或披针形的空隙。带面矩形或楔形。色素体侧生、片状，1个。

卡普龙双菱藻（卡氏/端毛双菱藻）*Surirella capronii* Brébsson & Kitton

形态特征　细胞两端异形、不等宽。壳面卵形，上端的末端钝圆形，下端的末端近圆形；上下两端的中间具1个基部膨大的棘状突起，上端的大于下端，下端有时消失，棘状突起顶端具1短刺；龙骨发达、宽，翼状突起明显；横肋纹略呈放射状斜向中部，在10 μm内1.5~2条。带面广楔形。细胞长125~160 μm，宽52~56 μm。

生境分布　密云水库非常见种类。主要集中出现在2016年、2017年的KZX、DGZ、YL等水域，细胞密度低，多以定性监测到该种类。最大细胞密度出现在2017年7月的YL水域，细胞密度为5万个/L。

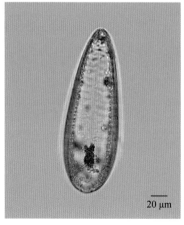
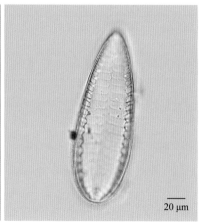

线形双菱藻 *Surirella linearis* W. Smith

形态特征　细胞两端同形等宽。壳面长椭圆形，两侧中部平行或略凸出，两端逐渐狭窄、略呈楔形，末端钝圆形；翼状突起明显，翼狭窄；横肋纹在中部近平行排列，近两端略呈放射状斜向中部，在10 μm内2～3条。带面广楔形。细胞长36～86 μm，宽10～25 μm。

生境分布　密云水库偶见种类。仅在2017年9月和2019年11月定性监测到该种类。

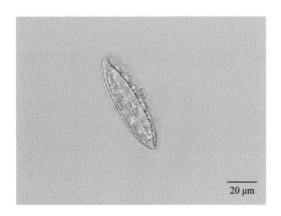

窄双菱藻 *Surirella angusta* Kützing

形态特征　细胞两端同形。壳面线形，两侧平行，两端逐渐狭窄，呈楔形，常略呈喙状，末端钝圆；翼状突起不明显，翼狭窄；横肋纹在中部近平行排列，近两端略呈放射状斜向中部，在10 μm内5～8条，横线纹在10 μm内18～21条。带面狭线形。细胞长16～50 μm，宽6～10 μm。

生境分布　密云水库偶见种类。仅在2019年10月定性监测到该种类。

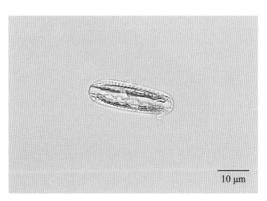

华采双菱藻 *Surirella splendida* (Ehrenberg) Kützing

形态特征 壳面椭圆形至披针形，异极，一端钝圆，另一端近圆；细胞长75～250 μm，宽49～65 μm，翼状管12～18个/100 μm；壳缝管位于较发达的龙骨上；壳面具波纹，形成波纹的肋纹从壳缘延伸到线形到披针形的透明线形区域。带面广楔形。

生境分布 密云水库较常见种类。主要集中出现在2013年、2016年、2017年、2019年不同月份的JG、YL、BHK、BHB、CHB、KZX等水域，细胞密度普遍小于1万个/L，且多以定性监测到该种类。

双菱藻属未定种 *Surirella* sp.

形态特征　植物体为单细胞，浮游。壳面线形、椭圆形、卵圆形、披针形，平直，中部不缢缩，两端异形；上下2个壳面的龙骨及翼状构造围绕整个壳缘，龙骨上具管壳缝，在翼沟内的管壳缝通过翼沟与细胞内部相联系，管壳缝内壁具龙骨点；横肋纹或长或短，肋纹间具明显的横线纹，横贯壳面；壳面中部具明显的线形或披针形的空隙。带面楔形。色素体侧生、片状，1个。

生境分布　密云水库非常见种类。主要集中出现在2013年、2016年、2019年不同月份的YL、JG、KZX等水域，细胞密度一般小于0.5万个/L。调水后的细胞密度普遍小于调水前，且多以定性监测到该种类。最大细胞密度出现在2013年4月的JG水域，细胞密度为4万个/L。

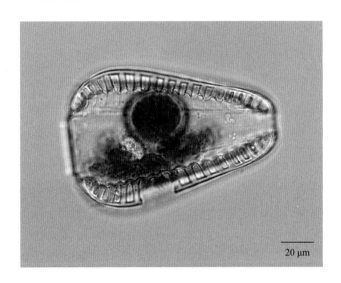

20 μm

金 藻 门

Chrysophyta

金藻门多数种类为裸露的运动个体，大多具2条鞭毛，个别具1条或3条鞭毛。有些种类在表质上具有硅质化鳞片、小刺或囊壳。有些种类含有许多硅质、钙质，有的硅质可特化成类似骨骼的构造。金藻类的光合色素有叶绿素a、叶绿素c、β胡萝卜素。此外还有副色素，这些副色素总称为金藻素（phycochrysin），由于它的大量存在，藻体呈金黄色或棕色，当水域中有机物特别丰富时，这些副色素将减少，使藻体呈现绿色。色素体1～2个，片状、侧生。储存物质为白糖素和油滴。白糖素又称为白糖体，为光亮而不透明的球体，常位于细胞后端。细胞核1个。具鞭毛的种类，鞭毛基部有1～2个伸缩泡。

金藻门植物多分布于淡水水体，生活于透明度较大、温度较低、有机质含量低的水体中。对温度变化敏感，多在寒冷季节，如早春和晚秋生长旺盛。在水体中多分布于中、下层。

浮游金藻没有细胞壁，个体微小，营养丰富，是水生动物很好的天然饵料。钙板金藻、硅鞭金藻死亡后，遗骸沉于海底，可形成颗石虫软泥，有的形成化石，可为地质年代的鉴别提供重要依据。

密云水库中监测到金藻门有13种，本图鉴收录7种，根据《中国淡水藻志》《中国淡水藻类——系统、分类及生态》分类系统的体系，隶属2纲2目3科4属。南水北调水开始入库调蓄后，金藻门的种类和数量有所变化，优势种密集锥囊藻Dinobryon sertularia，调水前在燕落、潮河坝等水域的细胞密度极高，最大细胞密度曾达到700万～1100万个/L，调水后密度有所降低。

锥囊藻属 *Dinobryon*

金藻门 Chrysophyta　金藻纲 Chrysophyceae
色金藻目 Chromulinales　锥囊藻科 Dinobryonaceae

形态特征　群体树状或丛状，浮游或着生。细胞具圆锥形、钟形或圆柱形囊壳，前端呈圆形或喇叭状开口，后端锥形，透明或黄褐色，表面平滑或具波纹。细胞纺锤形、卵形或圆锥形，基部以细胞质短柄附着于囊壳的底部，前端具2条不等长的鞭毛，长的1条伸出在囊壳开口处，短的1条在囊壳开口内；伸缩泡1个至多个；眼点1个；色素体周生、片状，1～2个。光合作用产物为金藻昆布糖，常为1个大的球状体，位于细胞的后端。

圆筒形锥囊藻 *Dinobryon cylindricum* Imhof ex Ahlstrom

形态特征　群体内细胞密集排列呈疏松丛状。囊壳长瓶形，前端开口处扩大呈喇叭状，中间近平行呈圆筒形，后部渐尖呈锥状，不规则或不对称，多少向一侧弯曲成一定角度；囊壳长30～77 μm，宽8.5～12.5 μm。

生境分布　密云水库常见种类。在所有采样点位均能长期监测到该种类，且呈现明显的季节性分布。2015～2017年每年的5月、6月、7月在JG、YL和CHK等水域形成优势种，最大细胞密度为170万～200万个/L。

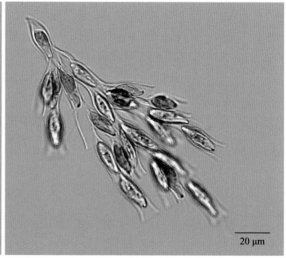

20 μm　　20 μm

密集锥囊藻 *Dinobryon sertularia* Ehrenberg

形态特征　群体内细胞密集排列呈自下而上的丛状。囊壳为纺锤形到钟形，宽而粗短，顶端开口处略扩大，中上部略收缢，后端短而渐尖呈锥状和略不对称，其一侧呈弓形；囊壳长30～40 μm，宽10～14 μm。

生境分布　密云水库常见种类。在所有采样点位均能长期监测到该种类，且调水后的细胞密度普遍小于调水前。2013年6月在多数采样点位形成优势种，且在YL、BHB和KZX的细胞密度较大，最大细胞密度为700万～1100万个/L。

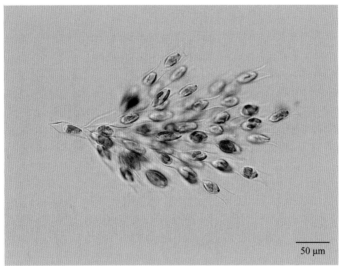

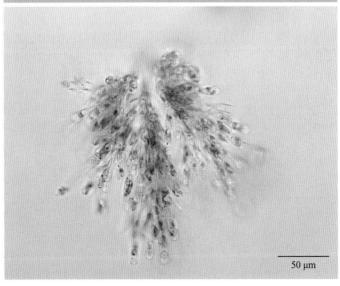

长锥形锥囊藻 *Dinobryon bavaricum* Imhof

形态特征 群体由少数细胞近平行排列呈狭长的、自下向上略扩大的丛状。囊壳为长柱状圆锥形，前端开口处略扩大，中部近平行呈圆柱形，其侧缘略呈波状或无，后端细长，突尖或渐尖呈长锥状，略向一侧弯曲；囊壳长50～120 μm，宽6～10 μm。

生境分布 密云水库常见种类。长期集中出现在JG、KZX、CHK和CHB等水域，且在2015年7月形成优势种，最大细胞密度为200万～250万个/L。该种类在调水后监测到的频率更高，但细胞密度相对较低。

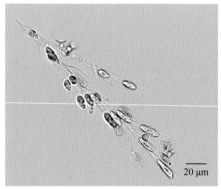
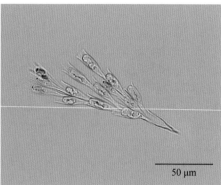
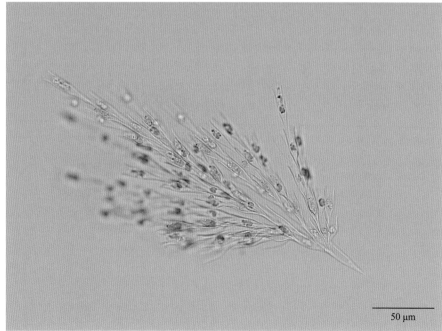

分歧锥囊藻 *Dinobryon divergens* Imhof

形态特征　群体内细胞密集排列呈分枝较多的树状。囊壳为长柱状圆锥形，前端开口处略扩大，中部近平行呈圆柱形，中部的侧壁略凹入呈不规则的波状，后半部呈锥形，后端向一侧弯曲呈45°～90°，末端渐尖呈锥状刺；囊壳长28～65 μm，宽8～11 μm。

生境分布　密云水库常见种类。该种类在多数采样点位长期监测到，且调水后监测到的频率显著高于调水前。2017年6月该种类在CHK、CHB、JG、BHK和BHB等水域形成优势种，最大细胞密度为100万～110万个/L。2018年后细胞密度显著减少。

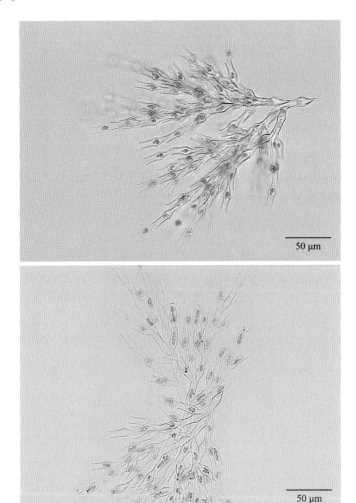

金杯藻属 *Kephyrion*

金藻门 Chrysophyta　金藻纲 Chrysophyceae
色金藻目 Chromulinales　锥囊藻科 Dinobryonaceae

形态特征　植物体为单细胞，自由运动或着生。原生质体外具囊壳，囊壳卵形或纺锤形，其前端具1个宽的开口；囊壳壁平滑或具环状花纹，无色或黄色；原生质体几乎充满囊壳的较下部分；1条长鞭毛从囊壳前端开口伸出；其基部具1个伸缩泡，短鞭毛在光学显微镜下不能观察到；色素体周生、片状，1个，金黄色；常具1个眼点；细胞核1个；具金藻昆布糖和颗粒状油滴。

北方金杯藻 *Kephyrion boreale* Skuja

形态特征　囊壳罐形，侧面观两侧近平行；壁平滑，无色或褐色；前端具1个短而狭的领，后端圆；原生质体前端具1条鞭毛，约与囊壳等长；前端具2个伸缩泡；色素体周生、带状，1个，黄绿色或黄褐色；具或无眼点。细胞长7～10 μm，宽5～7 μm，厚3.5～5 μm；领高0.5～1 μm。

生境分布　密云水库非常见种类。主要集中出现在2016年4～7月的BHB、YL、JG、CHK等水域，细胞密度普遍小于2.6万个/L，最大细胞密度出现在2016年4月的YL水域，细胞密度为18万个/L。

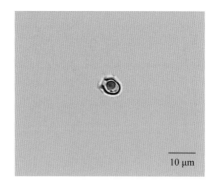

10 μm

棕鞭藻属 *Ochromonas*

金藻门 Chrysophyta　金藻纲 Chrysophyceae
色金藻目 Chromulinales　棕鞭藻科 Ochromonadaceae

形态特征　植物体为单细胞，自由运动。细胞裸露，不变形或可变形，球形、椭圆形、卵形、梨形等，有背腹部之分，有时形成伪足。细胞腹部前端伸出2条不等长的鞭毛，具1至数个伸缩泡；通常具1个眼点；色素体周生、片状，1或2个，少数数个，金褐色，少数绿色；具1个大的或多个小颗粒状的金藻昆布糖。

卵形棕鞭藻 *Ochromonas ovalis* Doflein

形态特征　细胞卵形，明显变形；顶端具2条不等长的鞭毛，长鞭毛长于体长，短鞭毛短于体长的1/2；鞭毛基部具1～2个伸缩泡；色素体周生、片状，1个，位于细胞中部，黄色；具1个多数位于细胞后部的球形金藻昆布糖及许多脂肪颗粒。细胞长7～9 μm，宽6～7.5 μm。

生境分布　密云水库偶见种类。仅在2019年10月定性监测到该种类。

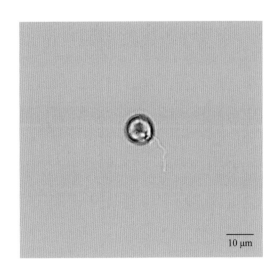

10 μm

鱼鳞藻属 *Mallomonas*

金藻门 Chrysophyta　黄群藻纲 Synurophyceae
黄群藻目 Synurales　鱼鳞藻 Mallomonadaceae

形态特征　单细胞，自由运动。细胞球形、卵形、椭圆形、长圆形、圆柱形、纺锤形等。硅质鳞片有规则地相叠呈覆瓦状或螺旋状排列在表质上，细胞前部称为领部鳞片（collar scales），细胞中部称为体部鳞片（body scales），细胞后部称为尾部鳞片（tail scales），绝大多数种类的每个鳞片由圆拱形盖（dome）、盾片（shield）和凸缘（flange）三部分组成。硅质鳞片具刺毛或无刺毛，用光学显微镜观察，细胞前端具1条鞭毛；具3至多个伸缩泡；色素体周生、片状，2个；无眼点；同化产物为金藻昆布糖和油滴，金藻昆布糖多位于细胞的基部，呈球形；细胞核1个。鳞片及刺毛的形状和结构，特别是它们的亚显微结构特征是分种的主要依据。

鱼鳞藻属未定种 *Mallomonas* sp.

形态特征　单细胞，自由运动。细胞椭圆形、长圆形、圆柱形等。硅质鳞片有规则地相叠呈覆瓦状或螺旋状排列在表质上；硅质鳞片具刺毛或无刺毛，用光学显微镜观察，细胞前端具1条鞭毛；具3至多个伸缩泡；色素体周生、片状，2个；无眼点；同化产物为金藻昆布糖和油滴，金藻昆布糖多位于细胞的基部，呈球形；细胞核1个。

生境分布　密云水库非常见种类。主要集中出现在2018年11月和2019年多个月份，细胞密度较低，绝大多数时间仅通过定性监测到该种类。

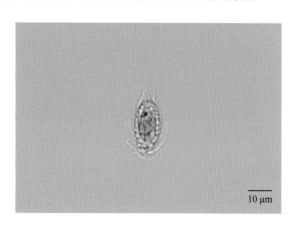

10 μm

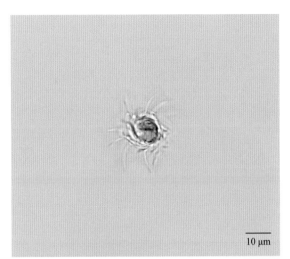

10 μm

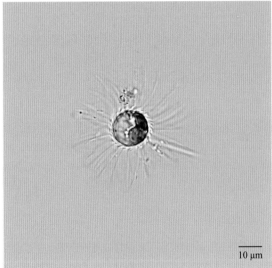

10 μm

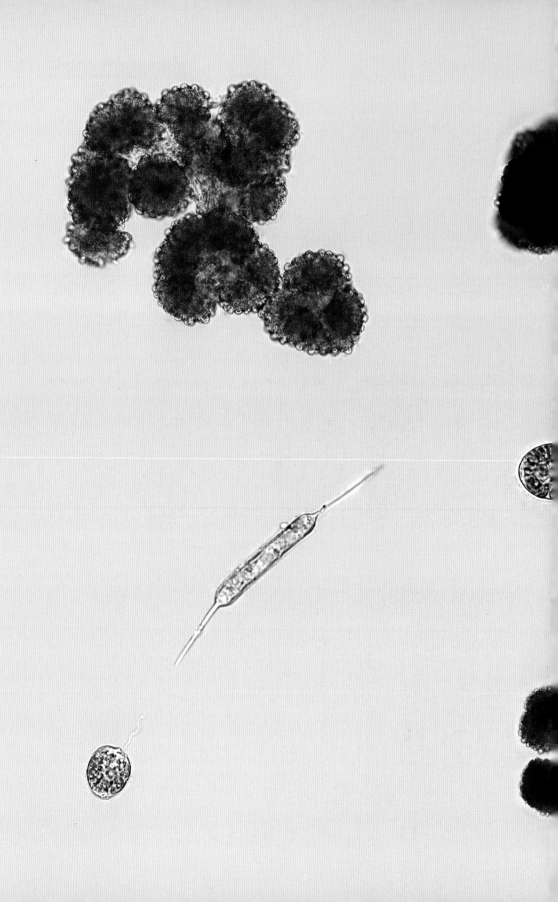

黄 藻 门

Xanthophyta

　　黄藻门植物体形态有单细胞、群体、多细胞丝状体和多核管状体。运动的营养细胞和生殖细胞具2条不等长鞭毛，长鞭毛长度为短鞭毛的4～6倍，长鞭毛上有发达的侧生细毛。单细胞或群体的细胞壁，多数由"U"形的2节片套合而成，丝状体或管状的细胞壁，由"H"形的2节片套合而成，个别种类细胞壁无节片构造。黄藻类的细胞壁主要成分是果胶化合物，有的种类含有少量的硅质和纤维质，少数种类细胞壁含有大量的纤维素。黄藻的光合作用色素主要成分是叶绿素a、叶绿素c、β胡萝卜素和叶黄素。黄藻无叶绿素b，叶绿素c也大为减少，同时也缺乏墨角藻黄素这一辅助色素。色素体1至多个，盘状、片状，少数带状或杯状，呈黄绿色或黄褐色。储存物质为油滴及白糖素。

　　黄藻门植物绝大多数种类生活于淡水中，仅少数分布于海洋和半咸水中。淡水种类喜生活在半流动的软水水体中。营固着生活或漂浮于水面。黄藻对低温有较强的适应性，常在早春晚秋大量发生。但在大型水域或敞水区域地带种群数量不多，而更易在浅水水体或间歇性水体中形成优势种。

　　密云水库中监测到黄藻门有9种，本图鉴收录3种，按《中国淡水藻类——系统、分类及生态》分类系统的体系，隶属2纲2目3科3属。南水北调水开始入库调蓄后，黄藻门的种类有所增加。

黄管藻属 *Ophiocytium*

黄藻门 Xanthophyta　黄藻纲 Xanthophyceae
柄球藻目 Mischococcales　黄管藻科 Ophiocytiaceae

形态特征　植物体单细胞，或幼植物体簇生于母细胞壁的顶端开口处形成树状群体，浮游或着生。细胞长圆柱形，长为宽的数倍，有时可达 3 mm。着生种类细胞较直，基部具 1 短柄着生在他物上；浮游种类细胞弯曲或不规则地螺旋形卷曲，两端圆形或有时略膨大，一端或两端具刺，或两端都不具刺。细胞壁由不相等 2 节片套合组成，长的节片分层，短的节片盖状，结构均匀。幼植物体单核，成熟后多核。色素体 1 至多数，周生，盘状、片状或带状。

头状黄管藻长刺变种 *Ophiocytium capitatum* var. *longispinum* (Moebius) Lemmermann

形态特征　植物体为单细胞或形成不规则放射状群体，浮游。细胞长圆柱形，两端圆形或尖，有时略膨大，各具 1 长刺；细胞长 10～200 μm，宽 4.5～6 μm，刺长 16～50 μm。色素体多数，短带状。

生境分布　密云水库非常见种类。主要集中出现在 2019 年 8 月的 JG 和 CHB、9 月的 YL 和 KZX、11 月的 YL 等水域，细胞密度很低，均以定性监测到该种类。

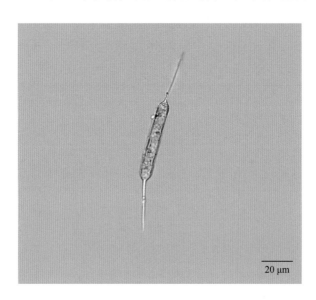

20 μm

葡萄藻属 *Botryococcus*

黄藻门 Xanthophyta　黄藻纲 Xanthophyceae
柄球藻目 Mischococcales　葡萄藻科 Botryococcaceae

形态特征　植物体为浮游的群体，无一定形态。细胞椭圆形、卵形或楔形，罕为球形；常2个或4个为一组，多数包被在不规则分枝或分叶的、半透明的胶群体胶被的顶端。色素体1个，杯状或叶状，黄绿色，具1个裸出的蛋白核。同化产物为淀粉和脂肪。

葡萄藻 *Botryococcus braunii* Küetzing

形态特征　细胞椭圆形，长6～12 μm，宽3～6 μm。色素体1个，杯状或叶状，黄绿色，具1个淀粉核。以似亲孢子营无性生殖。孢子形成纵分裂。群体常断裂为小群体。

生境分布　密云水库非常见种类。仅在2016年和2020年的JG、YL、BHK和BHB等水域定性监测到该种类。

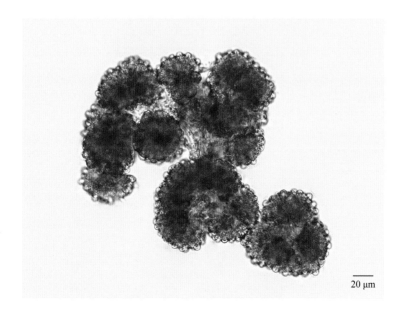

20 μm

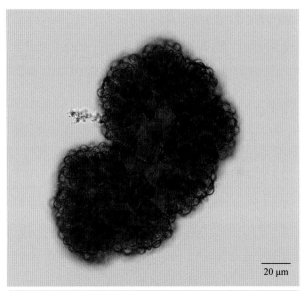

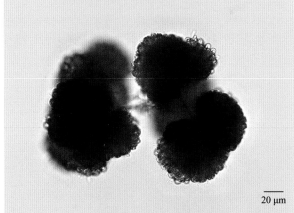

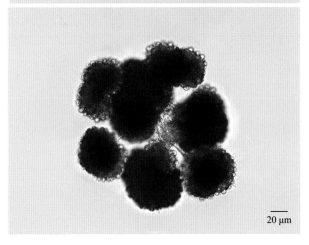

膝口藻属 *Gonyostomum*

黄藻门 Xanthophyta　针胞藻纲 Raphidophyceae

形态特征　细胞纵扁，正面观卵形或圆形，略能变形。鞭毛2条，顶生，等长或不等长。色素体多数，盘状，散生于周质层以内的细胞质中。无眼点。储蓄泡大型，位于细胞前端，纵切面呈三角形，前端经胞咽开口于细胞顶端凹入处。伸缩泡大型，位于胞咽的一侧。刺丝胞多数，多为杆状，放射状地排列在周质层内面，或分散在细胞质中。核大型，中位。储藏物质为油滴。繁殖方式为纵分裂。

扁形膝口藻 *Gonyostomum depressum* (Laut.) Lemm.

形态特征　细胞极扁平，正面观圆形或近圆形，侧面观狭长，背侧隆起，腹侧近平直，前端钝圆，后端渐尖；长30～40 μm，宽28～34 μm，厚8～12 μm。鞭毛2条，不等长，向前的1条较向后的1条为短，鞭毛长于细胞长度。外膜柔软；周质厚。刺丝胞柱状长椭圆形，长6～8 μm，宽1.0～1.5 μm，放射状分散在周质中。色素体多数，长圆盘状或圆盘状，略呈放射状排列，黄绿色。核大型，近扁球形。

生境分布　密云水库非常见种类。在所有采样点位均定性监测到该种类，但主要集中出现在2018年、2019年和2020年的不同月份，且出现频率也相对较低。

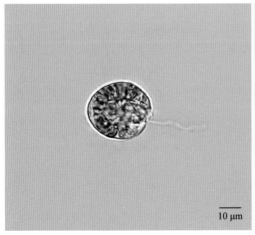
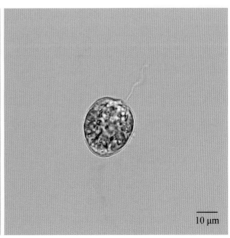

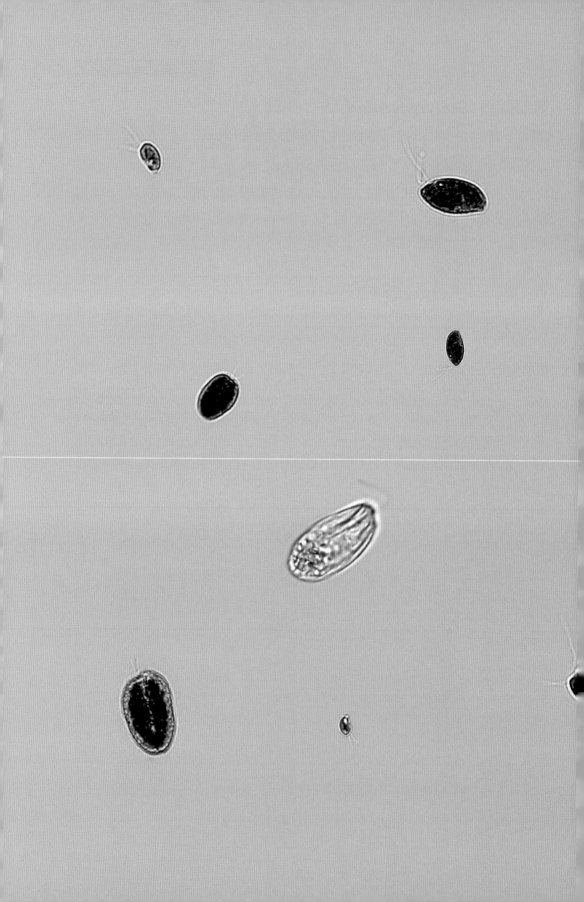

隐 藻 门

Cryptophyta

　　隐藻为单细胞，大部分种类细胞不具纤维素细胞壁，细胞外有1层周质体，柔软或坚固。多数种类具有鞭毛，能运动。细胞长椭圆形或卵形，前端较宽，钝圆或斜向平截。有背腹之分，侧面观背面隆起，腹面平直或凹入。前端偏于一侧具有向后延伸的纵沟，有的种类具有1条口沟，自前端向后延伸，纵沟或口沟两侧常具有多个棒状的刺丝泡。鞭毛2条，略等长，自腹侧前端伸出或生于侧面。

　　隐藻的光合作用色素有叶绿素a、叶绿素c、β胡萝卜素等，还有藻胆素。色素体1～2个、大型叶状。隐藻的颜色变化较大，多为黄绿色、黄褐色，也有蓝绿色、绿色或红色。有的种类无色素体，藻体无色。隐藻的储存物质为淀粉，无色种类具有1个大的白色素，含有淀粉粒。

　　隐藻门植物种类不多，但分布很广，淡水、海水均有分布，隐藻对温度、光照适应性极强，无论夏季和冬季冰下水体均可形成优势种群。隐藻喜生于有机物和氮丰富的水体中，是肥水水体极为常见的优势种。

　　密云水库中监测到隐藻门有4种，本图鉴收录4种，根据《中国淡水藻志》《中国淡水藻类——系统、分类及生态》分类系统的体系，隶属1纲1目1科3属。南水北调水开始入库调蓄后，隐藻门的种类和数量有所变化，卵形隐藻 Cryptomonas ovata 在调水前的2013年6月，于金沟、潮河坝等水域形成优势种，最大细胞密度为175万个/L，调水后细胞密度有所降低，但出现频率高于调水前。

蓝隐藻属 *Chroomonas*

隐藻门 Cryptophyta 隐藻纲 Cryptophyceae
隐鞭藻科 Cryptomonadaceae

形态特征 细胞长卵形、椭圆形、近球形、近圆柱形、圆锥形或纺锤形，前端斜截形或平直，后端钝圆或渐尖，背腹扁平；纵沟或口沟常很不明显。无刺丝胞或极小，有的种类在纵沟或口沟处刺丝泡明显可见。鞭毛2条，不等长。伸缩泡位于细胞前端。有眼点或无。色素体多为1个（也有2个的），盘状，边缘常具浅缺刻，周生，蓝色到蓝绿色。淀粉粒大，常成行排列。蛋白核1个，位于中央或位于细胞的下半部。淀粉鞘由2~4块组成。1个细胞核，位于细胞后半部。

具尾蓝隐藻 *Chroomonas caudata* Geitler

形态特征 细胞卵形，侧扁，背部略隆起，腹侧平，前端宽，斜截，向后渐狭，末端呈尾状向腹侧弯曲。2条不等长的、略短于体长的鞭毛从腹侧前端伸出。2纵列刺丝胞颗粒位于纵沟两侧，纵沟不明显，未见口沟。色素体1个，片状，周生，蓝绿色，具1个明显的蛋白核，位于细胞背侧近中部。细胞核1个，位于细胞后半部。细胞长8.5~17.5 μm，宽4~8（~10）μm。

生境分布 密云水库常见种类。在所有采样点位均监测到该种类，但细胞密度普遍较低，一般小于2.6万个/L。2016年、2017年在BHK、CHK和JSK等水域出现频率较高，最大细胞密度出现在2017年11月的CHK水域，细胞密度为13万个/L。

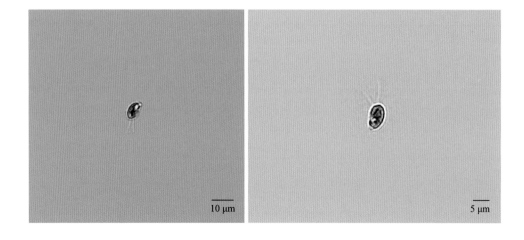

10 μm   5 μm

隐藻属 *Cryptomonas*

隐藻门 Cryptophyta 隐藻纲 Cryptophyceae
隐鞭藻科 Cryptomonadaceae

形态特征 细胞椭圆形、豆形、卵形、圆锥形、纺锤形、"S"形，背腹扁平，背部明显隆起，腹部平直或略凹入。多数种类横断面呈椭圆形，少数种类呈圆形或显著的扁平。细胞前端钝圆或为斜截形，后端为或宽或狭的钝圆形。具明显的口沟，位于腹侧。鞭毛2条，自口沟伸出，鞭毛通常短于细胞长度。具刺丝泡或无。液泡1个，位于细胞前端。色素体2个（有时仅1个），位于背侧或腹侧或位于细胞的两侧面，黄绿色或黄褐色或有时为红色，多数具1个蛋白核，也有具2~4个的，或无蛋白核。单个细胞核，在细胞后端。

啮蚀隐藻 *Cryptomonas erosa* Ehrenberg

形态特征 细胞倒卵形到近椭圆形，前端背角凸出略呈圆锥形，顶部钝圆，纵沟有时很不明显，但通常较深。后端大多数渐狭，末端狭钝圆形，背部大多数明显凸起，腹部通常平直，极少略凹入。细胞有时弯曲，罕见扁平。口沟只达到细胞中部，很少达到后部；口沟两侧具刺丝泡。鞭毛与细胞等长。色素体2个，绿色、褐绿色、金褐色、淡红色，罕见紫色。储藏物质为淀粉粒，常为多数，盘形、双凹形、卵形或多角形。细胞长15~32 μm，宽8~16 μm。

生境分布 密云水库常见种类。该种类在所有采样点位均长期监测到，且2017年后出现频率大幅升高，细胞密度普遍小于5万个/L。最大细胞密度出现在2019年11月的CHK水域，细胞密度为33万个/L。

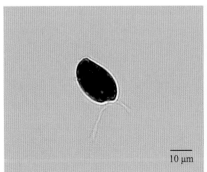 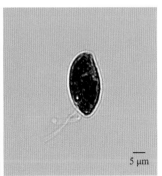

卵形隐藻 *Cryptomonas ovata* Ehrenberg

形态特征 细胞椭圆形或长卵形，通常略弯曲；前端明显的斜截形，顶端呈角状或宽圆，大多数为斜的凸状；后端为宽圆形。细胞多数略扁平；纵沟，口沟明显。口沟达到细胞的中部，有时近于细胞的腹侧，直或甚明显地弯向腹侧。细胞前端近口沟处常具2个卵形的反光体，通常位于口沟背侧，或者1个在背侧，另1个在腹侧。具2个色素体，有时边缘具缺刻，橄榄绿色，有时为黄褐色，罕见黄绿色。鞭毛2条，几乎等长，多数略短于细胞长度。细胞大小变化很大，通常长20~80 μm，宽6~20 μm，厚5~18 μm。

生境分布 密云水库常见种类。在所有采样点位均长期监测到该种类，且调水后出现频率高于调水前，但细胞密度普遍小于调水前。垂直分布明显，一般表层细胞密度小于中层和底层。2013年6月在JG、CHB等水域形成优势种，最大细胞密度达175万个/L。

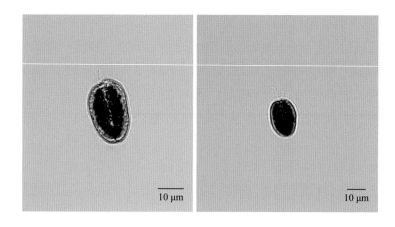

缘胞藻属 *Chilomonas*

隐藻门 Cryptophyta 隐藻纲 Cryptophyceae
隐鞭藻科 Cryptomonadaceae

形态特征 细胞形态与隐藻属相似。口沟明显，其周围具刺丝泡。无色素体。核后位。常具许多副淀粉粒。腐生性营养。

草履缘胞藻 *Chilomonas paramaecium* Ehr.

形态特征 藻体前端宽斜切，具明显凹陷，后端宽圆。无色素体。无刺丝泡。鞭毛不等长。系甲型中污水生物带的指示生物。

生境分布 密云水库偶见种类。仅在2019年8月定性监测到该种类。

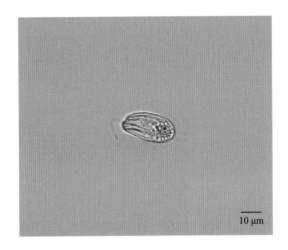

10 μm

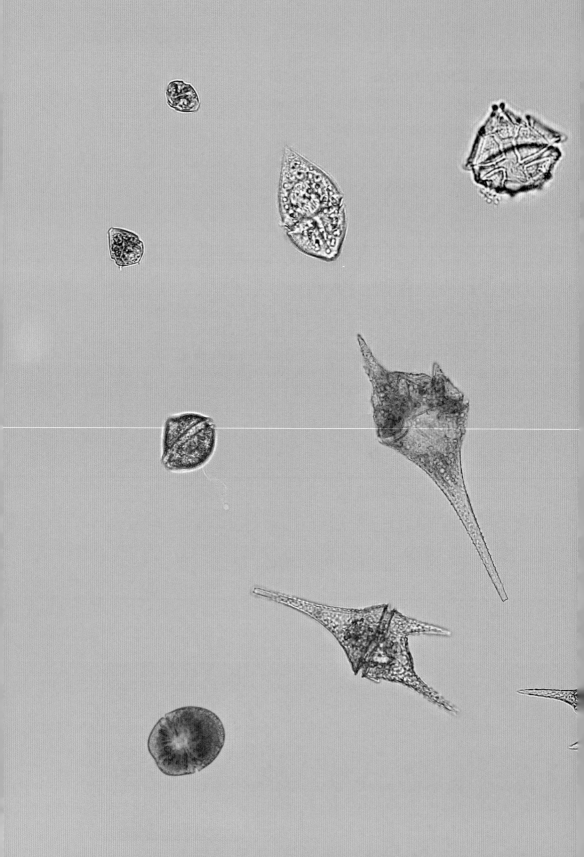

甲 藻 门

Dinophyta

　　甲藻门多数种类为单细胞，少数为丝状体或由单细胞连成的各种群体。细胞呈球形、卵形、针形和多角形等，有背腹之分，背腹扁平或左右侧扁，前后端有的具角状突起。细胞具2条顶生或腰生鞭毛，可以运动，因此通常被称为双鞭藻。

　　大多数种类具1条横沟和1条纵沟。横沟（tranverse furrow）又称为腰带，位于细胞中部或偏于一端，围绕整个细胞或仅围绕细胞的一半，呈环状或螺旋形。横沟以上称为上锥部（epicone）或上壳（上甲，epitheca），横沟以下称为下锥部（hypocone）或下壳（下甲，hypotheca）。纵沟（longitudinal furrow）又称为腹区，位于下锥部腹面。纵沟可上、下延伸，有的达下甲末端，有的达上甲顶端。纵、横沟内各具1条鞭毛，即纵沟鞭毛和横沟鞭毛。表示甲藻纤维质小板嵌合而成的细胞壁上、下甲板片的数目、形状和排列方式的式子称为甲片式，为分类重要依据之一。

　　甲藻门植物分布十分广泛，海水、淡水、半咸水中均有分布。淡水中甲藻的种类虽不及海洋多，但有些种类可在鱼池中大量生殖，形成优势种群，如真蓝裸甲藻是鲢、鳙的优质饵料，素有"奶油面包"之称。光甲藻对低温、低光照有极强的适应能力，是北方地区鱼类越冬池中浮游植物的重要组成，其光合产氧对丰富水中溶氧、保证鱼类安全越冬具有重要作用。角甲藻能耐受较高盐度，分布极广，可形成红褐色水华。另外，甲藻是间核生物，是原核生物向真核生物进化的中介型，它们的形成、分类研究，将为生物进化理论提供新的参考资料。

　　密云水库中监测到甲藻门有11种，本图鉴收录9种，根据《中国淡水藻志》《中国淡水藻类——系统、分类及生态》分类系统的体系，隶属1纲1目3科5属。南水北调水开始入库调蓄后，甲藻门的种类和数量有所增加，角甲藻 *Ceratium hirundinella* 在2018年密云水库的白河口水域形成优势种，最大细胞密度为1.81万个/L。

裸甲藻属 *Gymnodinium*

甲藻门 Dinophyta　甲藻纲 Dinophyceae
多甲藻目 Peridiniales　裸甲藻科 Gymnodiniaceae

形态特征　淡水种类细胞卵形到近圆球形，有时具小突起，大多数近两侧对称。细胞前（上）后（下）两端钝圆或顶端钝圆末端狭窄；上锥部和下锥部大小相等，或者上锥部较大或者下锥部较大。多数背腹扁平，少数显著扁平。横沟明显，通常环绕细胞1周，常为左旋，右旋罕见；纵沟或深或浅，长度不等，有的仅位于下锥部，多数种类略向上锥部延伸。上壳面无龙骨突起（carina），细胞裸露或具薄壁，薄壁由许多相同的六角形的小片组成。细胞表面多数为平滑的，罕见具条纹、沟纹或纵肋纹的。色素体多个，金黄色、绿色、褐色或蓝色，盘状或棒状，周生或辐射排列；有的种类无色素体。具眼点或无。有的种类具胶被。

裸甲藻 *Gymnodinium aeruginosum* Stein

形态特征　细胞长形，背腹显著扁平。上锥部常比下锥部略大而狭，铃形，钝圆，下锥部也为铃形，稍宽，底部末端平，常具浅的凹入。横沟环状，深陷，沟边缘略凸出。纵沟宽，向上伸入上锥部，向下达下锥部末端。色素体多数，褐绿色、绿色，小盘状。无眼点。细胞长33～34（～40）μm，宽21～22（～35）μm。

生境分布　密云水库常见种类。该种类在大部分采样点位均能监测到，细胞密度均较低，且调水后普遍高于调水前。2019年在KZX和YL等水域的细胞密度相对较高，一般细胞密度为1万～5万个/L。

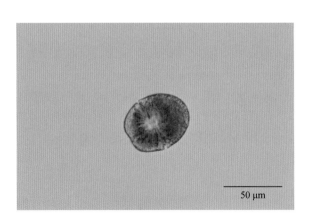

50 μm

真蓝裸甲藻 *Gymnodinium eucyaneum* H. J. Hu

形态特征　细胞卵圆形，背腹扁平，两端钝圆。上锥部略小，下锥部大，渐狭，呈锥形。横沟环状。纵沟略向上伸入上锥部，向下达下锥部末端。色素体多个，圆盘状，蓝绿色。无眼点。细胞长29～45 μm，宽16～19 μm，厚13～15 μm；上锥部长11～13 μm，下锥部长17～19 μm。

生境分布　密云水库偶见种类。仅在2019年11月定性监测到该种类。

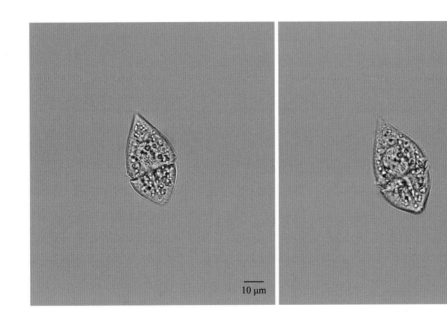

薄甲藻属 *Glenodinium*

甲藻门 Dinophyta　甲藻纲 Dinophyceae
多甲藻目 Peridiniales　裸甲藻科 Gymnodiniaceae

形态特征　细胞球形到长卵形，近两侧对称；横断面椭圆形或肾形，不侧扁。具明显的细胞壁，大多数为整块，少数由大小不等的多角形板片组成，上壳板片数目不定，下壳规则地由5块沟后板和2块底板组成。板片表面通常为平滑的，无网状窝孔纹，有时具乳头状突起。横沟中间位或略偏于下壳，环状环绕，无或很少有螺旋环绕的。纵沟明显。色素体多数，盘状，金黄色到暗褐色。有的种类具眼点（位于纵沟处）。

光薄甲藻 *Glenodinium gymnodinium* Pen.

形态特征　细胞卵形，上壳角锥形。具眼点。横沟环绕整个细胞，细胞壁薄。细胞长25～40 μm，宽20～40 μm。大量繁殖时可形成赤潮。

生境分布　密云水库常见种类。该种类在大部分采样点位能监测到，细胞密度普遍较低，多数时间仅能通过定性监测到，但2017年7月在WY水域的细胞密度达5万个/L。

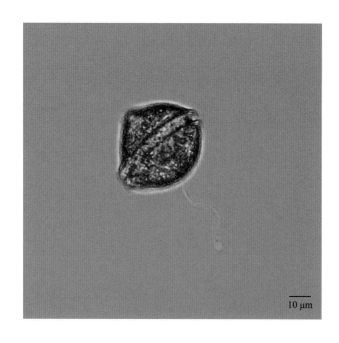

10 μm

多甲藻属 *Peridinium*

甲藻门 Dinophyta   甲藻纲 Dinophyceae
多甲藻目 Peridiniales   多甲藻科 Peridiniaceae

形态特征   淡水种类细胞常为球形、椭圆形到卵形，罕见多角形，略扁平；顶面观常呈肾形，背部明显凸出，腹部平直或凹入。纵沟、横沟显著，大多数种类的横沟位于中间略下部分，多数为环状，也有左旋或右旋的。纵沟有的略伸向上壳，有的仅限制在下锥部，有的达到下锥部的末端，常向下逐渐加宽。沟边缘有时具刺状或乳头状突起。通常上锥部较长而狭，下锥部短而宽。有时顶极为尖形，具孔或无，有的种类底极显著凹陷。板片光滑或具花纹；板间带或狭或宽，宽的板间带常具横纹。细胞具明显的甲藻液泡，色素体常为多数，颗粒状，周生，黄绿色、黄褐色或褐红色。具眼点或无。有的种类具蛋白核。储藏物质为淀粉和油滴。细胞核大，圆形、卵形或肾形，位于细胞中部。

微小多甲藻 *Peridinium pusillum* (Pen.) Lemm.

形态特征   细胞卵形，背腹扁平，具顶孔。横沟几乎为一圆圈；纵沟略伸入上壳，较宽，向下略增宽，不达到下壳末端。上壳圆锥形，比下壳稍大；下壳为半球形，无刺，具2块大小相等的底板。底板板间带和纵沟边缘具微细的乳头突起。壳面平滑或具很浅的窝孔纹。色素体黄绿色，有时为褐色。细胞长18～25 μm，宽13～20 μm。

生境分布   密云水库常见种类。在绝大多数采样点位均能长期监测到该种类，一般细胞密度低于10万个/L，且调水后出现频率高于调水前。垂直分布明显，通常表层和中层细胞密度大于底层。最大细胞密度出现在2017年7月的CHK水域，细胞密度为21万个/L。

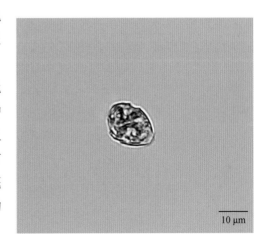

10 μm

楯形多甲藻 *Peridinium umbonatum* Stein

形态特征　细胞长卵形，背腹略扁平，具顶孔。上壳铃形，钝圆，显著地大于下壳。横沟明显地左旋；纵沟伸入上壳，向下显著地或不显著地扩大，但未达到下壳末端。第三块顶板与第四块沟前板相连；下壳斜向凸出。底板多数大小相等；板间带宽，具横纹；板片常凸出，有时凹入，厚，具窝孔纹，窝孔纹纵向并行排列。色素体圆盘状，周生，褐色。细胞长 25～35 μm，宽 21～32 μm。

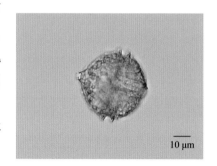

生境分布　密云水库偶见种类。仅在2015年11月和2017年11月监测到该种类。

多甲藻属未定种 *Peridinium* sp.

形态特征　细胞多角形，略扁平；顶面观常呈肾形，背部明显凸出，腹部平直或凹入。纵沟、横沟显著，大多数种类的横沟位于中间略下部分，多数为环状。纵沟有的略伸向上壳，有的仅限制在下锥部，有的达到下锥部的末端，常向下逐渐加宽。沟边缘有时具刺状或乳头状突起。通常上锥部较长而狭，下锥部短而宽。有时顶极为尖形，具孔或无。色素体常为多数，颗粒状，周生，黄绿色、黄褐色或褐红色。具眼点或无。细胞核大，圆形、卵形或肾形，位于细胞中部。

生境分布　密云水库常见种类。在绝大多数采样点位均能长期监测到该种类，一般细胞密度小于4万个/L。集中出现在2019年的 YL、JG、BHB 和 CHK 等水域，最大细胞密度为5万～8万个/L。

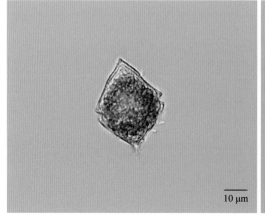
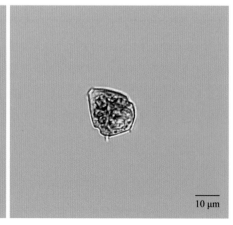

拟多甲藻属 *Peridiniopsis*

甲藻门 Dinophyta　甲藻纲 Dinophyceae
多甲藻目 Peridiniales　多甲藻科 Peridiniaceae

形态特征　细胞椭圆形或圆球形。下锥部等于或小于上锥部。板片具刺、似齿状突起或翼状纹饰。

挨尔拟多甲藻 *Peridiniopsis elpatiewskyi* (Ostenf.) Bourrelly

形态特征　细胞五角形或卵圆形，背腹略扁平，具顶孔。上锥部圆锥形，比下锥部大。横沟几乎为1圆圈，纵沟略伸入上壳，向下逐渐显著扩大；下锥部后端边缘略具斜向刻痕，具2块大小相等的底板，背面板间带具稀疏的或密集的刺丛。壳面具细穿孔纹，幼体板片平滑无花纹。色素体多个，圆盘状。细胞长30～45 μm，宽28～35 μm。厚壁孢子宽卵形，壁厚，大小为36 μm×28 μm。

生境分布　密云水库常见种类。在绝大多数采样点位长期监测到该种类，细胞密度普遍较低，多数时间通过定性监测到。主要集中出现在2017年的YL、JG、BHB和BHK等水域，最大细胞密度为15万～17万个/L。

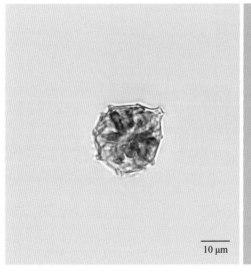
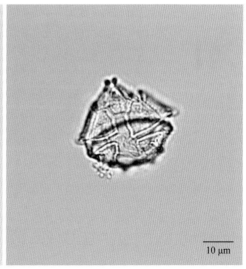

10 μm　　10 μm

坎宁顿拟多甲藻 *Peridiniopsis cunningtonii* Lemm.

形态特征　细胞卵形，背腹明显扁平，具顶孔。上锥部圆锥形，显著大于下锥部。横沟左旋，纵沟伸入上锥部，向下明显加宽，未达到下壳末端。上锥部具6块沟前板、1块菱形板、2块腹部顶板、2块背部顶板；下锥部第1、第2、第4、第5块沟后板各具1刺，2块底板各具1刺；板片具网纹，板间带具横纹。色素体黄褐色。细胞长28～32.5 μm，宽23～27.5 μm，厚17.5～22.5 μm。厚壁孢子卵形，壁厚。

生境分布　密云水库非常见种类。主要集中出现在2013年、2017年部分月份的BHB、JG、KZX、YL等水域，细胞密度很低，一般小于0.9万个/L，且多以定性监测到该种类。

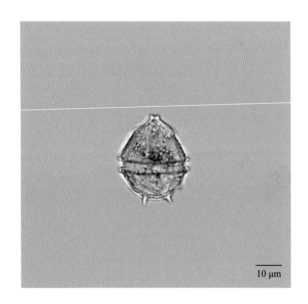

10 μm

角甲藻属 *Ceratium*

甲藻门 Dinophyta　甲藻纲 Dinophyceae
多甲藻目 Peridiniales　角甲藻科 Ceratiaceae

形态特征　单细胞或有时连接成群体。细胞具1个顶角和2~3个底角。顶角末端具顶孔，底角末端开口或封闭。横沟位于细胞中央，环状或略呈螺旋状，左旋或右旋。细胞腹面中央为斜方形透明区，纵沟位于腹区左侧，透明区右侧为一锥形沟，用以容纳另一个体前角形成群体。无前后间插板；顶板联合组成顶角，底板组成一个底角，沟后板组成另一个底角。壳面具网状窝孔纹。色素体多数小颗粒状，金黄色、黄绿色或褐色。具眼点或无。

角甲藻 *Ceratium hirundinella* (Müll.) Schr.

形态特征　细胞背腹显著扁平。顶角狭长，平直而尖，具顶孔。底角2~3个，放射状，末端多数尖锐，平直，或呈各种形式的弯曲。有些类型其角或多或少地向腹侧弯曲。横沟几乎呈环状，极少呈左旋或右旋，纵沟不伸入上壳，较宽，几乎达到下壳末端。壳面具粗大的窝孔纹，孔纹间具短的或长的棘。色素体多数，圆盘状周生，黄色至暗褐色。细胞长90~450 μm。

生境分布　密云水库常见种类。在绝大多数采样点位长期监测到该种类，细胞密度普遍较低，多数时间通过定性监测到，但在2018年的BHK水域形成优势种，最大细胞密度为1.81万个/L。

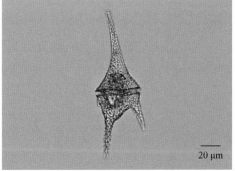

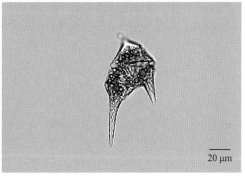

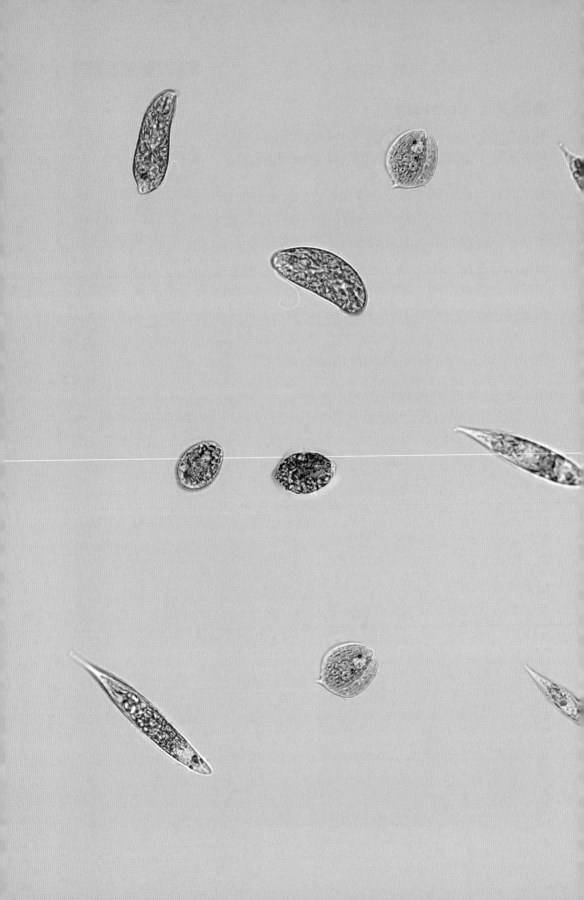

裸 藻 门

Euglenophyta

　　裸藻又称为眼虫藻，大多数为单细胞、具鞭毛的运动个体，仅少数种类具胶质柄，营固着生活。细胞呈纺锤形、圆柱形、圆形、卵形、球形、椭圆形、卵圆形等。细胞裸露，无细胞壁。细胞质外层特化为表质。表质较硬的种类，细胞保持一定的形态；表质较柔软的种类，细胞能变形。表质表面常具有纵行、螺旋行的线纹、肋纹、点纹或光滑。部分种类的细胞外具有囊壳。囊壳常因铁质沉淀程度不同，而呈现出不同的颜色；囊壳表面常具各种纹饰或光滑无纹饰。

　　大多数裸藻的种类具鞭毛1条，只有极少数的有2条或3条鞭毛。鞭毛从储蓄泡基部经胞口伸出体外。色素组成与绿藻门相似，有叶绿素a、叶绿素b、β胡萝卜素和一种未定名的叶黄素，植物体大多呈绿色，少数种类具有特殊的"裸藻红素"，使细胞呈红色。色素体多数，一般呈盘状，也有片状、星状的。有色素的种类细胞的前端一侧有1红色的眼点，具感光性，使藻体具趋光性，所以裸藻又称为眼虫藻；无色素的种类大多没有眼点。某些无色的种类，胞咽附近有呈棒状的结构，称为杆状器。

　　储存物质为副淀粉，又称为裸藻淀粉，有的种类也有脂肪。副淀粉形状多种多样，有球形、盘形、环形、杆形、假环形、圆盘形、线轴形、哑铃形等。副淀粉是一种非水溶性的多糖类，遇碘不变色，反光性强，具有同心的层理结构（不易看清楚）。副淀粉的数目、形状、排列方式是分类依据之一。

　　裸藻门植物主要生活在淡水水体，仅少数生活在沿岸水域。多喜欢生活在有机质丰富的静水体中，在阳光充足的温暖季节，常大量繁殖成为优势种，形成绿色膜状、血红色膜状水华或褐色云彩状水华。裸藻在渔业水体中，既是生物环境，又是某些滤食性鱼类的直接饵料，也有的种类生长在河流、河湾、湖泊、沼泽或潮湿的土壤表面。

　　密云水库中监测到裸藻门有21种，本图鉴收录14种，根据《中国淡水藻志》《中国淡水藻类——系统、分类及生态》分类系统的体系，隶属1纲1目1科4属。南水北调水开始入库调蓄后，裸藻门的种类有所增加，但裸藻属一些种类如尾裸藻 *Euglena caudata*、膝曲裸藻 *Euglena geniculata* 等细胞密度呈下降趋势。

裸藻属 *Euglena*

裸藻门 Euglenophyta　裸藻纲 Euglenophyceae
裸藻目 Euglenales　裸藻科 Euglenaceae

形态特征　细胞形状多少能变，多为纺锤形或圆柱形，横切面圆形或椭圆形，后端多少延伸呈尾状或具尾刺。表质柔软或半硬化，具螺旋形旋转排列的线纹。色素体1至多个，呈星形、盾形或盘形，蛋白核有或无。副淀粉粒呈小颗粒状，数量不等；或为定形大颗粒，2至多个。细胞核较大，中位或后位。鞭毛单条。眼点明显。多数具明显的裸藻状蠕动，少数不明显。

绿色裸藻 *Euglena viridis* Ehrenberg

形态特征　细胞易变形，常为纺锤形或圆柱状纺锤形，前端圆形或斜截形，后端渐尖呈尾状。表质具自左向右的螺旋线纹，细密而明显。色素体星形，单个，位于核的中部，具多个放射状排列的条带，长度不等，中央具副淀粉粒的蛋白核，蛋白核较小。副淀粉粒卵形或椭圆形，多数，大多集中在蛋白核周围。细胞核常后位。鞭毛为体长的1～4倍。眼点明显，呈盘形或表波形。细胞长31～52 μm，宽14～26 μm。

生境分布　密云水库常见种类。在大部分采样点位长期监测到该种类，主要集中出现在BHK、CHK和JG等水域，最大细胞密度为15万～20万个/L。细胞密度一般较低，多以定性监测到该种类。

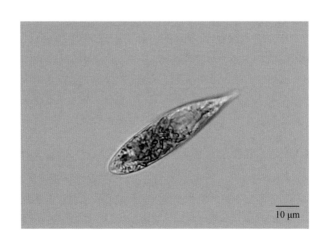

10 μm

尾裸藻 *Euglena caudata* Huebner

形态特征　细胞易变形，常为纺锤形，前端圆形，后端渐细呈尾状。表质具自左向右的螺旋线纹。色素体圆盘形，4～10个或更多，边缘不整齐，各具1个带副淀粉鞘的蛋白核。副淀粉粒为卵形或椭圆形小颗粒，多数。细胞核中位。鞭毛为体长的1～1.5倍。眼点深红色。细胞长70～115 μm，宽7～39 μm。

生境分布　密云水库非常见种类。主要集中出现在2015年的CHB、BHB和YL等水域，细胞密度普遍小于5万个/L。最大细胞密度出现在2015年7月的BHK水域，细胞密度为31万个/L。

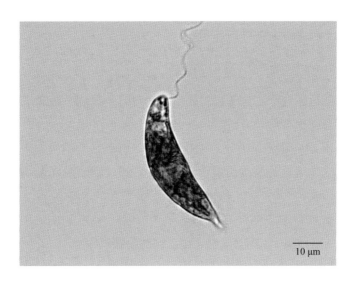

10 μm

膝曲裸藻 *Euglena geniculata* Dujardin

形态特征　细胞易变形，常为纺锤形至近圆柱形，前端圆形或斜截形，后端渐尖呈尾状或具短而钝的尾状突起。表质具自左向右的螺旋线纹。色素体星形，2个，分别位于细胞核的前后两端，每个星形色素体由多个条带状色素体辐射排列而成，中央为1个带副淀粉粒的蛋白核。副淀粉粒小颗粒状，大多集中于蛋白核周围，少数分散于细胞中。细胞核中位。鞭毛约与体长相等。眼点明显，呈表玻形。细胞长33～80 μm，宽8～21 μm。

生境分布　密云水库非常见种类。主要集中出现在2013年的BHK、KZX、CHK等水域，细胞密度普遍小于4万个/L。垂直分布明显，表层和中层细胞密度普遍大于底层，最大细胞密度出现在2013年7月的YL水域，细胞密度为6.5万个/L。

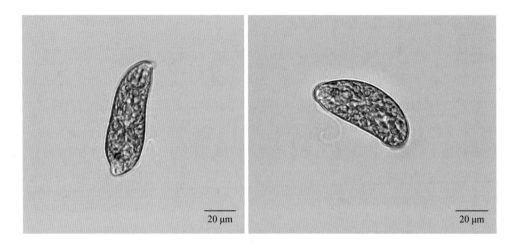

尖尾裸藻 *Euglena oxyuris* Schmarda

形态特征 细胞近圆柱形，稍侧扁，略变形，有时呈螺旋形扭曲，具窄的螺旋形纵沟，前端圆形或平截形，有时略呈头状，后端收成尖尾刺。表质具自右向左的螺旋线纹。色素体小盘形，多数，无蛋白核。2个大的（有时多个）副淀粉粒呈环形，分别位于细胞核的前后两端，其余的为杆形、卵形或环形小颗粒。细胞核中位。鞭毛为体长的1/4～1/2。眼点明显。细胞长100～450 μm，宽16～61 μm。

生境分布 密云水库非常见种类。主要集中出现在2017年4月、9月、10月，细胞密度为1万～3万个/L。其他主要通过定性监测到该种类。

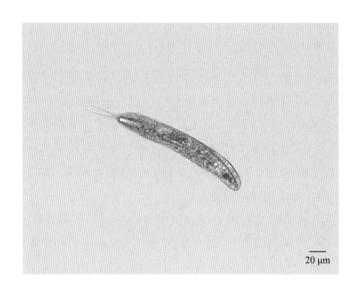

梭形裸藻 *Euglena acus* Ehrenberg

形态特征 细胞狭长纺锤形或圆柱形，略能变形，有时可呈扭曲状，前端狭窄呈圆形或截形，有时呈头状，后端渐细成长尖尾刺。表质具自左向右的螺旋线纹，有时几呈纵向。色素体小圆盘形或卵形，多数，无蛋白核。副淀粉粒较大，多数（常为十几个）长杆形，有时具卵形小颗粒。细胞核中位。鞭毛较短，为体长的1/8～1/2。眼点明显，淡红色，呈盘形或表玻形。细胞长60～195 μm，宽5～28 μm。

生境分布 密云水库常见种类。在大部分采样点位长期监测到该种类，集中出现在YL、JG、BHB和CHK等水域，细胞密度一般小于3万个/L。最大细胞密度出现在2016年7月的YL水域，细胞密度为8万个/L。

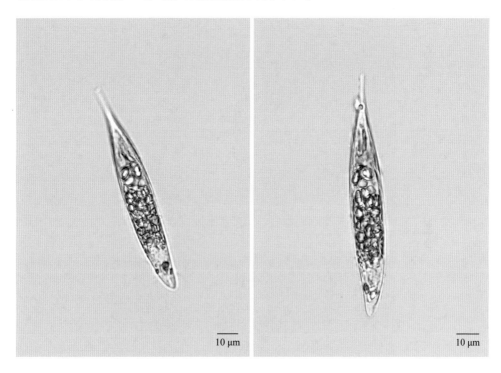

鱼形裸藻 *Euglena pisciformis* Klebs

形态特征   细胞易变形，常为纺锤形、纺锤状椭圆形或圆柱形，前端圆形或略斜截，后端圆形或具短尾突或渐尖呈尾状。表质具自左向右的螺旋线纹。色素体线状或盘状，2～3个，边缘不整齐，周生并与纵轴平行，各具1个带副淀粉鞘的蛋白核。副淀粉粒小颗粒状，通常数量不多。细胞核中位或后位。鞭毛长为体长的1～1.5倍。眼点明显，呈表玻状。细胞长18～51 μm，宽5～17 μm。

生境分布   密云水库非常见种类。主要集中出现在2019年和2020年的JG、YL和BHB等水域，多以定性监测到该种类。

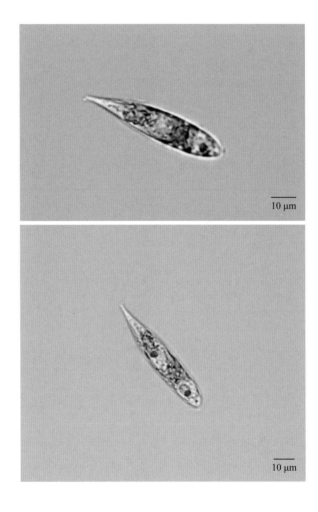

10 μm

10 μm

裸藻属未定种 *Euglena* sp.

形态特征　细胞形状多少能变，多为纺锤形，横切面圆形或椭圆形，后端延伸呈尾状或具尾刺。表质柔软，具螺旋形旋转排列的线纹。色素体1至多个，星形、盾形或盘形。副淀粉粒多呈定形颗粒状，多个。细胞核较大，中位或后位。鞭毛单条。眼点明显。

生境分布　密云水库常见种类。该种类在大部分采样点位监测到，但细胞密度普遍较低，多以定性监测到该种类。

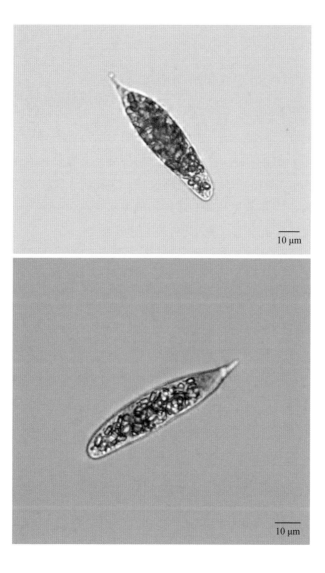

扁裸藻属 *Phacus*

裸藻门 Euglenophyta　裸藻纲 Euglenophyceae
裸藻目 Euglenales　裸藻科 Euglenaceae

形态特征　细胞表质硬，形状固定，扁平，正面观一般呈圆形、卵形或椭圆形，有的呈螺旋形扭转，顶端具纵沟，后端多数呈尾状。表质具纵向或螺旋形排列的线纹、点纹或颗粒。绝大多数种类的色素体呈圆盘形，多数，无蛋白核。副淀粉较大，有环形、假环形、圆盘形、球形、线轴形或哑铃形等各种形状，常为1至数个，有时还有一些球形、卵形或杆形的小颗粒。单条鞭毛。具眼点。

梨形扁裸藻 *Phacus pyrum* (Ehrenberg) Stein

形态特征　细胞梨形，前端宽圆，顶端的中央微凹，后端渐细成一尖尾刺，直向或略弯曲，顶面观呈圆形。表质具7～9条肋纹，自左向右螺旋形排列。副淀粉2个，呈中间隆起的圆盘形，位于两侧，紧靠表质。鞭毛长为体长的1/2～2/3。细胞长30～55 μm，宽13～21 μm；尾刺长12～20 μm。

生境分布　密云水库非常见种类。该种类集中出现在2016年6～10月和2019年7～9月，细胞密度普遍较低，多以定性监测到该种类。

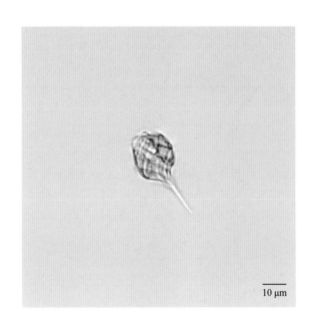

10 μm

哑铃扁裸藻　*Phacus peteloti* Lef.

形态特征　细胞宽卵形或近圆形，有时形状不规则，较厚，前端略窄圆形，顶沟短或达中部，后端宽圆，具短尾刺，尖锐并向一侧呈钩状弯曲。表质具纵线纹。副淀粉1个，较大，哑铃形或线轴形，有时还有1至数个小颗粒，环形或球形。鞭毛长约与体长相等。细胞长32～40 μm，宽23～30 μm，厚9～17 μm；尾刺长3～4 μm。

生境分布　密云水库偶见种类。仅在2017年9月定性监测到该种类。

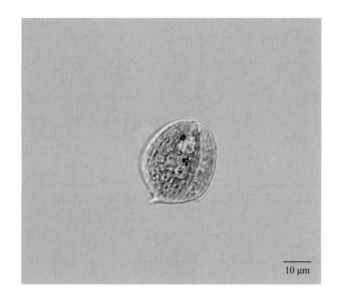

10 μm

囊裸藻属 *Trachelomonas*

裸藻门 Euglenophyta 裸藻纲 Euglenophyceae
裸藻目 Euglenales 裸藻科 Euglenaceae

形态特征 细胞外具囊壳。囊壳球形、卵形、椭圆形、圆柱形或纺锤形等；囊壳表面光滑或具点纹、孔纹、颗粒、网纹、棘刺等纹饰；囊壳无色，由于铁质沉积，而呈黄色、橙色或褐色，透明或不透明。囊壳的前端具1圆形的鞭毛孔，有或无领，有或无环状加厚圈。囊壳内的原生质体裸露无壁，其他特征与裸藻属相似。

葱头囊裸藻 *Trachelomonas allia* Drezepolski emend Deflandre

形态特征 囊壳圆柱状椭圆形，两端对称，两侧平行；表面具密集的短锥刺，长度几乎一致；黄褐色或深红褐色。鞭毛孔无领，无环状加厚圈。囊壳长24～35 μm，宽16～24 μm。

生境分布 密云水库偶见种类。仅在2017年9月定性监测到该种类。

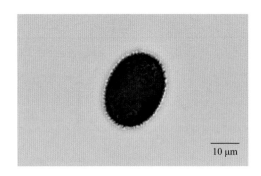

不定囊裸藻 *Trachelomonas incertissima* Deflandre

形态特征 囊壳宽椭圆形或近球形；表面具大颗粒；稀疏而均匀。鞭毛孔具低领，较宽，领口具细齿刻。囊壳长20～24 μm，宽19～21 μm；领高1.5～2.2 μm，宽6～7 μm。

生境分布 密云水库常见种类。在大部分采样点位监测到该种类，细胞密度较低，一般小于2万个/L，且调水后的细胞密度明显小于调水前。细胞密度较大水域为CHB、CHK、YL、JG等，最大细胞密度出现在2013年10月的CHK，细胞密度达70万个/L。

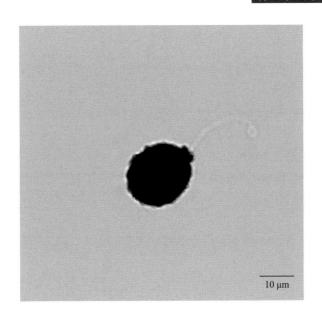

10 μm

旋转囊裸藻　*Trachelomonas volvocina* Ehrenberg

形态特征　囊壳球形；表面光滑；黄色、黄褐色或红褐色，略透明。鞭毛孔有或无环状加厚圈，少数具低领。色素体2个，片状，相对侧生，各具1个带副淀粉鞘的蛋白核。鞭毛长为体长的2～3倍。囊壳直径10～25 μm。

生境分布　密云水库偶见种类。仅在2016年、2018年、2019年的少量水域通过定性监测到该种类。

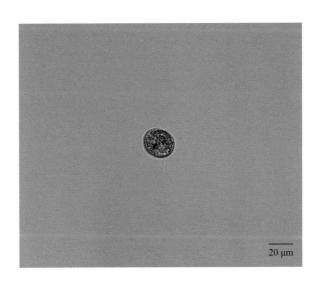

20 μm

细粒囊裸藻　*Trachelomonas granulosa* Playfair

形态特征　囊壳椭圆形；表面具小颗粒，密集均匀；黄褐色或深红褐色。鞭毛孔有或无领状突起。囊壳长17～26 μm，宽13～22 μm；领宽3～4 μm。

生境分布　密云水库偶见种类。仅在2020年6月定性监测到该种类。

10 μm

鳞孔藻属 *Lepocinclis*

裸藻门 Euglenophyta　裸藻纲 Euglenophyceae
裸藻目 Euglenales　裸藻科 Euglenaceae

形态特征　细胞表质硬，形状固定，球形、卵形、椭圆形或纺锤形，辐射对称，横切面为圆形，后端多数呈渐尖形或具尾刺。表质具线纹或颗粒，纵向或螺旋形排列。色素体多数，呈盘状，无蛋白核。副淀粉常为2个大的环形，侧生。单鞭毛。具眼点。

卵形鳞孔藻 *Lepocinclis ovum* (Ehrenberg) Lemmermann

形态特征　细胞椭圆形，两端宽圆，后端凸出呈锥形短尾刺或乳头状的突起。表质具明显的线纹或肋纹，自左向右呈螺旋形排列，线纹的密度、粗细及倾斜度可变。副淀粉多数为2个，较大，环形，侧生，有时具杆形的小颗粒。鞭毛长为体长的1～2倍。细胞核偏后位。细胞长16～40 μm，宽11～25 μm；尾刺长1～3 μm（有时可达8 μm）。

生境分布　密云水库非常见种类。主要集中出现在2013年、2016年、2017年不同月份的JG、YL、CHK、CHB、KZX、BHK等水域，细胞密度一般小于5万个/L，调水后的细胞密度普遍大于调水前。最大细胞密度出现在2017年7月的CHK水域，细胞密度为18万个/L。

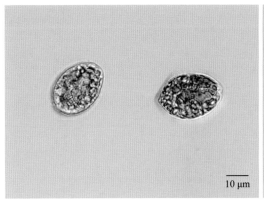

10 μm

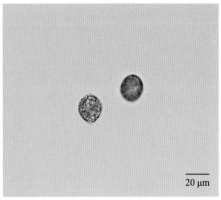

20 μm

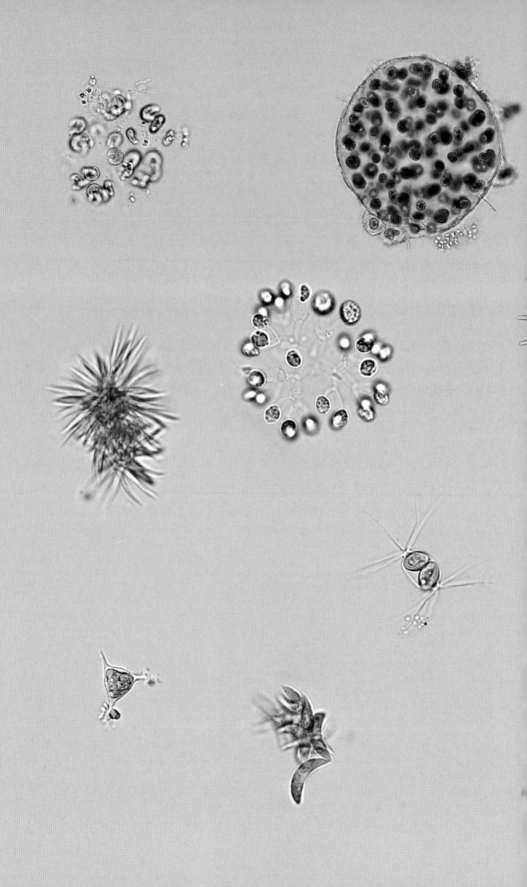

绿 藻 门

Chlorophyta

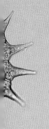

　　绿藻门除少数种类原生质体裸露、无细胞壁外，绝大多数种类都有细胞壁。细胞壁内层为纤维素，外层为果胶质，或具颗粒、孔纹、瘤、刺毛等构造。少数种类在果胶质外还有一层不溶解的几丁质、胼胝质或石灰质等。细胞内有液泡。运动的细胞常具2条顶生且等长的鞭毛。少数种类鞭毛为4条，极少数为1条、6条或8条，有的生殖细胞具1轮顶生的鞭毛。大多数种类鞭毛表面光滑，在鞭毛着生的基部，一般都具有2个生毛体和伸缩泡。眼点1个，橘红色，位于细胞的前部侧面。

　　色素成分及各种色素的比例都与高等植物相似，有叶绿素a、叶绿素b、叶黄素、α胡萝卜素和β胡萝卜素。叶绿素占优势，因而植物体呈绿色，故名绿藻。色素位于色素体内。色素体是绿藻细胞中最显著的细胞器，周生或轴生，其形态多样，有盘状、杯状、星状、带状和板状等，且常具1至多个蛋白核（pyrenoid）。色素体和蛋白核的形状、数目与排列方式常为分类的依据。同化产物为淀粉。大部分绿藻细胞具1个细胞核，少数种类为多核（coenocytic）。

　　绿藻门是藻类中最庞大的一个门，种类繁多，分布极广，约90%生于淡水中，是常见的浮游植物。接合藻纲和鞘藻目只生活于淡水或内陆水中。淡水中的绿藻不仅种类多，其生活范围十分广，在潮湿和阳光所及之处均有分布，除了江河、湖沼、塘堰和临时积水中有大量的种类外，阳光充足的潮湿环境，如土表、墙壁、树干甚至树叶表面都能见到不同种类的绿藻，少数种类与其他生物行共生生活。绿藻用途广泛，淡水绿藻是淡水水体中藻类植物的重要组成部分，特别是绿球藻目的种类，可作为滤食性鱼类的饵料，在鱼池生物环境方面也起着积极的作用，在水体净化、水环境保护方面具有一定意义。

　　密云水库中监测到绿藻门有148种，本图鉴收录111种，根据《中国淡水藻志》《中国淡水藻类——系统、分类及生态》分类系统的体系，隶属2纲6目14科39属。南水北调水开始入库调蓄后，绿藻门是种类增加最多的一门，素衣藻属*Polytoma*、四鞭藻属*Carteria*、被刺藻属*Franceia*、弓形藻属*Schroederia*、叉星鼓藻属*Staurodesmus*、柱形鼓藻属*Penium*、水绵属*Spirogyra*、毛鞘藻属*Bulbochaete*等仅见于调水后的某些水域。

衣藻属 *Chlamydomonas*

绿藻门 Chlorophyta 绿藻纲 Chlorophyceae
团藻目 Volvocales 衣藻科 Chlamydomonadaceae

形态特征 游动单细胞；细胞球形、卵形、椭圆形或宽纺锤形等，不纵扁；细胞壁平滑，不具或具胶被。细胞前端中央具或不具乳头状突起，具2条等长的鞭毛，鞭毛基部具1个或2个伸缩泡。具1个大型的色素体，多数杯状，少数片状、"H"形或星状，常具1个大的蛋白核，少数具2个、多个或无。眼点位于细胞的一侧，橘红色。细胞核一般位于细胞的中央偏前端，有的位于细胞中部或一侧。

简单衣藻 *Chlamydomonas simplex* Pascher

形态特征 细胞球形；细胞壁很薄，柔软，其基部常略与原生质体分离。细胞前端中央具1个很小的、钝的乳头状突起，具2条等长的、其长度约等于体长的鞭毛，鞭毛基部具2个伸缩泡。色素体杯状，基部明显加厚，基部具1个球形或略长的蛋白核。眼点大，椭圆形，位于细胞前端近1/4处。细胞核位于细胞近中央偏前端。细胞直径9～21 μm。有性生殖为异配生殖。

生境分布 密云水库偶见种类。仅在2017年9月和2019年6月的YL水域监测到该种类，细胞密度小于0.5万个/L。

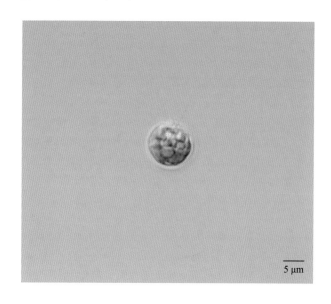

5 μm

德巴衣藻 *Chlamydomonas debaryana* Bull. Soc. Imp. Natur. Moscou

形态特征　细胞椭圆形或椭圆形到椭圆卵形，基部广圆形。细胞壁明显、坚固。细胞前端中央具1个大的、半球形的乳头状突起，具2条等长的、约等于体长的鞭毛，鞭毛基部具2个伸缩泡。色素体杯状，基部明显加厚，基部具1个横椭圆形的蛋白核。眼点圆形，位于细胞前端约1/3处。细胞核位于细胞的中央或偏于前端。细胞长12～20 μm，宽7.5～10 μm。

生境分布　密云水库偶见种类。仅在2017年9月定性监测到该种类。

10 μm

雷氏衣藻 *Chlamydomonas reinhardtii* Dang

形态特征　细胞球形到短椭圆形，后端广圆形，前端略狭。细胞壁柔软，后端与原生质体稍离开。细胞前端中央不具乳头状突起，具2条等长的、不超过体长1.5倍的鞭毛，鞭毛基部具2个伸缩泡。色素体大，杯状，基部加厚处具1个有棱角的蛋白核。眼点大，半球形，位于细胞前端近1/3处。细胞核位于细胞近中央偏前端。细胞长14～22 μm，宽14～18 μm。有性生殖为同配生殖。

生境分布　密云水库偶见种类。仅在2019年7月定性监测到该种类。

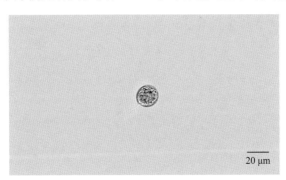

20 μm

衣藻属未定种 *Chlamydomonas* sp.

形态特征   游动单细胞；细胞球形、卵形、椭圆形或宽纺锤形等，不纵扁；细胞壁平滑，不具或具胶被。细胞前端中央具或不具乳头状突起，具2条等长的鞭毛，鞭毛基部具1个或2个伸缩泡。具1个大型的色素体，多数杯状，常具1个大的蛋白核，少数具2个、多个或无。眼点位于细胞的一侧，橘红色。细胞核一般位于细胞的中央偏前端，有的位于细胞中部或一侧。

生境分布   密云水库常见种类。在大部分采样点位长期监测到该种类，细胞密度普遍小于5万个/L，主要集中出现在BHK、YL、CHB等水域，且调水后的细胞密度明显低于调水前。最大细胞密度出现在2013年8月的YL水域，细胞密度为26万个/L。

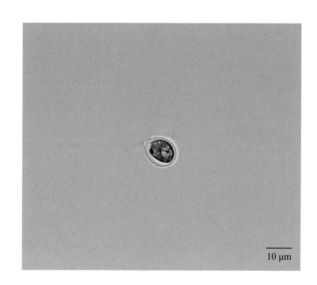

10 μm

素衣藻属 *Polytoma*

绿藻门 Chlorophyta　绿藻纲 Chlorophyceae
团藻目 Volvocales　衣藻科 Chlamydomonadaceae

形态特征　单细胞，球形、卵形、椭圆形或纺锤形，横断面圆形。细胞壁平滑。细胞前端中央有或无乳头状突起，具2条等长的鞭毛，鞭毛基部具2个伸缩泡。无色素体。有的种类细胞呈黄色或褐色；细胞基部明显弯曲。有的类群具蛋白核，细胞基部常具许多盘状淀粉颗粒。眼点有或无。细胞核常位于细胞前端约1/3处。

素衣藻属未定种 *Polytoma* sp.

形态特征　单细胞，球形、卵形、椭圆形，横断面圆形。细胞壁平滑。细胞前端中央有或无乳头状突起，具2条等长的鞭毛，鞭毛基部具2个伸缩泡。无色素体。有的类群具纵纹或具胶被；有的种类细胞呈黄色或褐色；细胞基部明显弯曲。有的类群具蛋白核，细胞基部常具许多盘状淀粉颗粒。眼点有或无。细胞核常位于细胞前端约1/3处。

生境分布　密云水库偶见种类。仅在2019年8月和9月的YL水域定性监测到该种类。

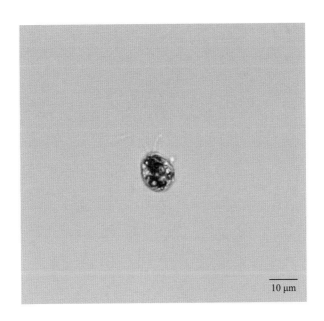

10 μm

四鞭藻属 *Carteria*

绿藻门 Chlorophyta　绿藻纲 Chlorophyceae
团藻目 Volvocales　衣藻科 Chlamydomonadaceae

形态特征　单细胞，球形、心形、卵形、椭圆形等，横断面为圆形。细胞壁明显，平滑。细胞前端中央有或无乳头状突起，具4条等长的鞭毛，鞭毛基部具2个伸缩泡。色素体常为杯状，少数为"H"形或片状，具1个或数个蛋白核。有或无眼点。细胞单核。

四鞭藻属未定种 *Carteria* sp.

形态特征　单细胞，椭圆形等，横断面为圆形。细胞壁明显，平滑。细胞前端中央无乳头状突起，具4条等长的鞭毛，鞭毛基部具2个伸缩泡。色素体常为杯状，少数为"H"形或片状，具1个或数个蛋白核。有或无眼点。细胞单核。

生境分布　密云水库非常见种类。主要集中出现在2018年11月、2019年10月和11月的KZX、BHB、YL等水域，细胞密度小于0.5万个/L。

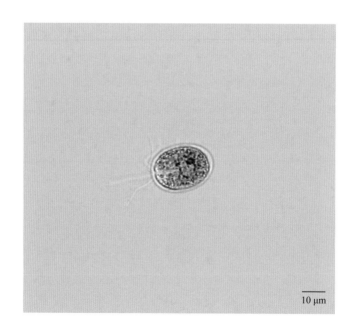

10 μm

壳衣藻属 *Phacotus*

绿藻门 Chlorophyta　绿藻纲 Chlorophyceae
团藻目 Volvocales　壳衣藻科 Phacotaceae

形态特征　单细胞，纵扁。囊壳正面观球形、卵形、椭圆形；侧面观广卵形、椭圆形或双凸透镜形。囊壳明显地由2个半片组成，侧面2个半片接合处具1条纵向的缝线；囊壳常具钙质沉淀，呈暗黑色，壳面平滑或粗糙，具各种花纹。原生质体小于囊壳，除前端贴近囊壳外与囊壳分离，其间的空隙充满胶状物质；原生质体为卵形或近卵形，前端中央具2条等长的鞭毛从囊壳的1个开孔伸出，鞭毛基部具2个伸缩泡。色素体大，杯状，具1个或数个蛋白核。眼点位于细胞的近前端或近后端的一侧。细胞单核。

透镜壳衣藻 *Phacotus lenticularis* (Ehr.) Stein

形态特征　细胞纵扁。囊壳正面观近圆形，侧面观双凸透镜形。囊壳由2个对称的半片组成，半片接合处具1条纵向的缝线；囊壳常呈褐色，表面粗糙，具大小不等的颗粒。原生质体小于囊壳，除前端贴近囊壳外，其间的空隙充满胶状物质；原生质体卵形，2条等长的、略长于体长的鞭毛从囊壳前端的1个开孔伸出，鞭毛基部具2个伸缩泡。色素体杯状，基部加厚处具1个近圆形的蛋白核。眼点位于细胞近前端约1/4处。细胞核位于细胞近中央偏前端。细胞长20 μm，宽18～20 μm，厚11 μm；原生质体长17 μm，宽14 μm，厚9 μm。

生境分布　密云水库常见种类。该种类多出现在调水后的相关采样水域，尤其在2019年和2020年的CHK、CHB、BHK、BHB、YL等水域出现频率较高。细胞密度很低，主要通过定性监测到该种类。

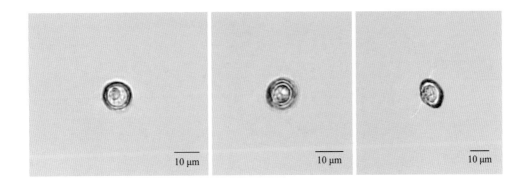

实球藻属 *Pandorina*

绿藻门 Chlorophyta　绿藻纲 Chlorophyceae
团藻目 Volvocales　团藻科 Volvocaceae

形态特征　定形群体具胶被，球形、短椭圆形，由8个、16个、32个（常为16个）细胞，罕见4个细胞组成。群体细胞彼此紧贴，位于群体中心，细胞间常无空隙，或仅在群体中心有小的空间。细胞球形、倒卵形、楔形，前端中央具2条等长的鞭毛，鞭毛基部具2个伸缩泡。色素体多数为杯状，少数为块状或长线状，具1个或数个蛋白核和1个眼点。无性生殖时群体内所有的细胞都能进行分裂，每个细胞形成1个似亲群体。有性生殖为同配和异配生殖。

实球藻 *Pandorina morum* (Müll.) Bory

形态特征　群体球形或椭圆形，由4个、8个、16个、32个细胞组成。群体胶被边缘狭；群体细胞互生紧贴在群体中心，常无空隙，仅在群体中心有小的空间。细胞倒卵形或楔形，前端钝圆，朝向群体外侧，后端渐狭，前端中央具2条等长的、约为体长1倍的鞭毛，鞭毛基部具2个伸缩泡。色素体杯状，在基部具1个蛋白核。眼点位于细胞的近前端一侧。群体直径为20~60 μm；细胞直径为7~17 μm。

生境分布　密云水库常见种类。大部分采样点位长期监测到该种类。调水后的细胞密度和出现频率明显低于调水前，垂直分布明显，一般表层和中层细胞密度大于底层。2013年6月、7月、8月在BHB、KZX、YL、BHK等水域和2015年7月在JG水域形成优势种。最大细胞密度出现在2013年6月的BHB水域和2013年7月的YL水域，细胞密度均为85万个/L。

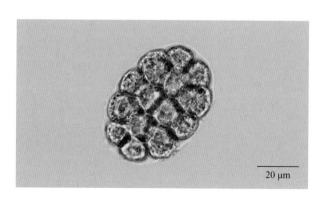

20 μm

杂球藻属　*Pleodorina*

绿藻门 Chlorophyta　绿藻纲 Chlorophyceae
团藻目 Volvocales　团藻科 Volvocaceae

形态特征　定形群体具胶被，球形或宽椭圆形，由32个、64个、128个细胞组成。群体细胞彼此分离，排列在群体胶被周边，个体胶被彼此融合。群体内具大小不同的2种细胞，较大的为生殖细胞，较小的为营养细胞。幼群体内，2种细胞难以区分；长成的群体，生殖细胞比营养细胞大2～3倍。群体细胞球形到卵形，前端中央具2条等长的鞭毛，鞭毛基部具2个伸缩泡。色素体杯状，充满细胞呈块状，营养细胞具1个蛋白核，但在分裂时具多个蛋白核。眼点位于细胞的近前端一侧。

杂球藻 *Pleodorina californica* Shaw

形态特征　群体具胶被，球形，由64～128个细胞组成。群体细胞彼此分离，排列在群体胶被周边。群体一端约一半的细胞较小，为营养细胞；一端的细胞较大，为生殖细胞。细胞球形，前端中央具2条等长的鞭毛，鞭毛基部具2个伸缩泡。色素体杯状，基部具1个蛋白核。眼点位于细胞的近前端的一侧。群体直径为250～450 μm；营养细胞直径为4～15 μm，生殖细胞直径为12.5～27 μm。

生境分布　密云水库偶见种类。仅在2015年9月的CHB水域监测到该种类。

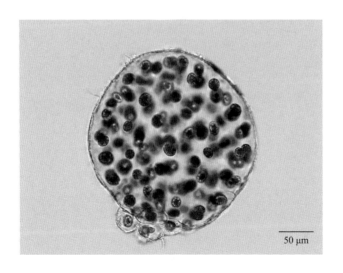

50 μm

小球藻属 *Chlorella*

绿藻门 Chlorophyta 绿藻纲 Chlorophyceae
绿球藻目 Chlorococcales 小球藻科 Chlorellaceae

形态特征 植物体为单细胞，单生或多个细胞聚集成群，群体中的细胞大小很不一致，浮游。细胞球形或椭圆形；细胞壁薄或厚。色素体周生，杯状或片状，1个，具1个蛋白核或无。

小球藻 *Chlorella vulgaris* Beijerinck

形态特征 单细胞或有时数个细胞聚集在一起。细胞球形，幼时常为椭圆形或长椭圆形；细胞壁薄。色素体杯状，1个，占细胞的一半或稍多，具1个蛋白核，有时不明显。细胞直径5～10 μm。

生境分布 密云水库常见种类。在所有采样点位均长期监测到该种类。调水前的细胞密度普遍大于调水后，垂直分布明显，一般表层和中层细胞密度大于底层。2013年和2014年的不同月份在BHK、JG、CHK、YL、KZX等水域形成优势种，最大细胞密度出现在2013年10月的JG水域，细胞密度为173万个/L。

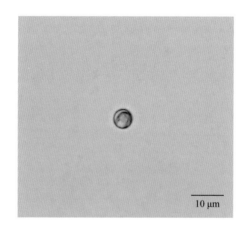

10 μm

蛋白核小球藻　*Chlorella pyrenoidosa* Chick

形态特征　单细胞，球形；细胞壁薄。色素体杯状，1个，几乎充满整个细胞，具1个很明显的蛋白核。细胞直径3～5 μm，生殖个体有时直径可达23 μm。

生境分布　密云水库常见种类。在大部分采样点位长期监测到该种类。调水前的细胞密度普遍较大，一般为5万～30万个/L；调水后的细胞密度普遍小于调水前，一般小于15万个/L。2013年和2014年7～9月在BHK、JG、CHK、YL等水域形成优势种，最大细胞密度出现在2014年9月的YL水域，细胞密度为96万个/L。

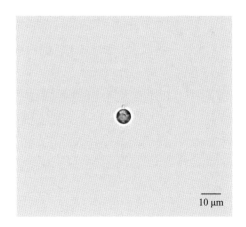

10 μm

顶棘藻属 *Lagerheimiella*

绿藻门 Chlorophyta 绿藻纲 Chlorophyceae
绿球藻目 Chlorococcales 小球藻科 Chlorellaceae

形态特征 单细胞，浮游。细胞椭圆形、卵形、柱状长圆形或扁球形；细胞壁薄；细胞的两端或两端和中部具有对称排列的长刺，刺的基部具或不具结节。色素体周生，片状或盘状，1至数个，各具1个蛋白核或无。

纤毛顶棘藻 *Lagerheimiella ciliata* (Lag.) Lemmermann

形态特征 单细胞，卵形、椭圆形或长圆形，两端钝圆；细胞两端各具4～8条长刺，刺直或略弯，辐射状排列。色素体1个，具1个蛋白核。细胞长18～20 μm，宽12～13 μm；刺长12～15 μm。

生境分布 密云水库常见种类。主要集中出现在CHB、JG、CHK、YL等水域，但细胞密度普遍较低，一般小于2万个/L。最大细胞密度出现在2015年8月和2017年6月的JG水域，细胞密度为5万个/L。2019年后多以定性监测到该种类。

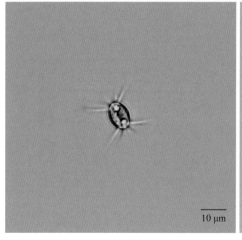
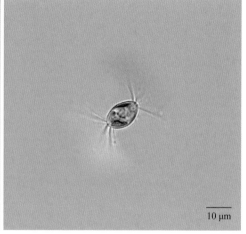

柠檬形顶棘藻 *Lagerheimiella citriformis* (Snow) Collins

形态特征 单细胞，椭圆形到卵圆形，两端具喙状突起；刺纤细，着生两极，每极有4～8根。色素体单一，具1个蛋白核。细胞长10～26 μm，宽8～20 μm；刺长18～26（～40）μm。生殖时产生2个、4个或8个似亲孢子。

生境分布 密云水库较常见种类。主要集中出现在2014年、2015年、2017年、2018年的7月、8月、9月的KZX、BHK、BHB、CHB、YL等水域，细胞密度一般小于2万个/L。最大细胞密度出现在2017年7月的YL水域，细胞密度为28万个/L。

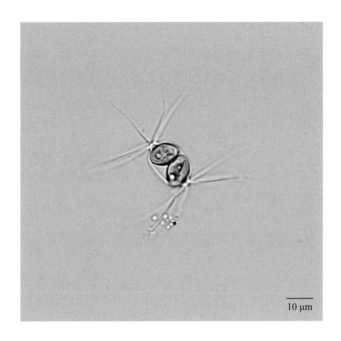

10 μm

被刺藻属 *Franceia*

绿藻门 Chlorophyta　绿藻纲 Chlorophyceae
绿球藻目 Chlorococcales　小球藻科 Chlorellaceae

形态特征　单细胞，有时为2～4个细胞聚集在一起的暂时性群体，浮游。细胞椭圆形、卵形或长圆形，两端宽圆；细胞壁薄，整个细胞壁表面具不规则排列的毛状长刺，刺基部有或无结节。色素体周生、片状，1～4个，各具1个蛋白核。

被刺藻 *Franceia ovalis* (France) Lemmermann

形态特征　单细胞或数个细胞聚在一起，浮游。细胞椭圆形，两端宽圆，或略不对称的卵圆形；细胞壁薄，整个细胞壁表面具不规则排列的毛状长刺。色素体片状，多为2个，罕为1个或3个，各具1个蛋白核。细胞长8～17 μm，宽5～8.5 μm；刺长（10～）13～17.5 μm。

生境分布　密云水库非常见种类。南水北调水入库后水库新监测到的种类，在BHB、JG等水域长期监测到该种类。细胞密度普遍较低，一般小于1万个/L。2019年后多以定性监测到该种类。

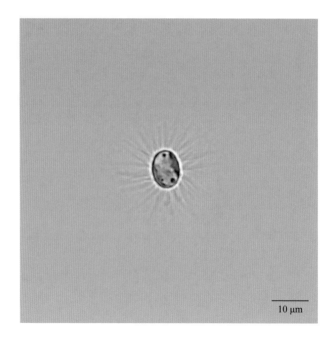

10 μm

四角藻属 *Tetraedron*

绿藻门 Chlorophyta　绿藻纲 Chlorophyceae
绿球藻目 Chlorococcales　小球藻科 Chlorellaceae

形态特征　单细胞、浮游。细胞扁平或角锥形，具3个、4个或5个角；角分叉或不分叉；角延长成突起或无；角或突起顶端的细胞壁常凸出为刺。色素体周生，盘状或多角形片状，1至多个，各具1个蛋白核或无。

具尾四角藻 *Tetraedron caudatum* (Corda) Hansgirg

形态特征　单细胞，扁平，正面观为五边形，缘边均凹入，其中一边中央具深缺刻，角钝圆，其顶端具1条较细的刺，自角顶水平向伸出。细胞宽6～12 μm；刺长1.5～3.5 μm。

生境分布　密云水库常见种类。在大部分采样点位长期监测到该种类，且调水后出现频率显著高于调水前。细胞密度普遍较低，一般小于3万个/L。最大细胞密度出现在2016年7月的YL水域，细胞密度为14万个/L。

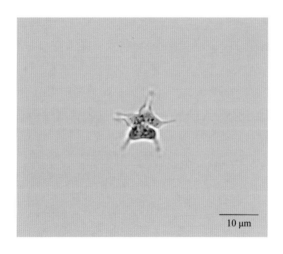

10 μm

肿胀四角藻（膨胀四角藻）*Tetraedron tumidulum* (Reinsch) Hansgirg

形态特征　单细胞，三角锥形，侧缘略凹入或平直或略凸出具4个角，角钝圆，末端有时略扩展呈节状。细胞宽15～19 μm。

生境分布　密云水库非常见种类。主要集中出现在2016年11月和2017年11月的BHB、DGZ等水域，细胞密度很低，均为定性监测到该种类。

20 μm

三角四角藻 *Tetraedron trigonum* (Naegeli) Hansgirg

形态特征　单细胞，扁平，三角形，侧面观椭圆形，细胞侧缘略凹入、近平直或略凸出，角顶具1条直或略弯的粗刺。细胞不含刺宽11～30 μm，厚3～9 μm；刺长2～9 μm。

生境分布　密云水库较常见种类。2014年、2015年、2016年、2017年和2019年部分月份集中出现在KZX、YL、JG等水域，细胞密度普遍小于2万个/L。

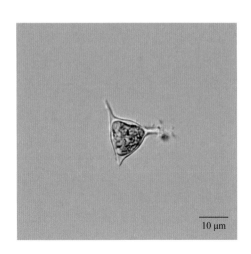

10 μm

三角四角藻纤细变种 *Tetraedron trigonum* var. *gracile* (Reinsch) De Toni

形态特征　单细胞，扁平，三角形，极罕见四角形，侧面内凹，角突前端尖细，成一结实而直的长刺；细胞壁平滑。细胞宽8～26 μm，厚6～10 μm；刺长8～12 μm。

生境分布　密云水库偶见种类。仅在2019年8月定性监测到该种类。

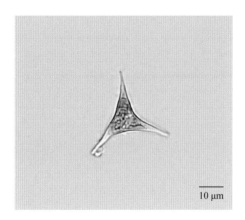

三叶四角藻 *Tetraedron trilobulatum* (Reinsch) Hansgirg

形态特征　单细胞，扁平，三角形，侧缘凹入，角宽，末端钝圆；细胞壁平滑。细胞宽12～25 μm，厚5～9 μm。

生境分布　密云水库偶见种类。仅在2015年10月和2019年8月的CHK等水域定性监测到该种类。

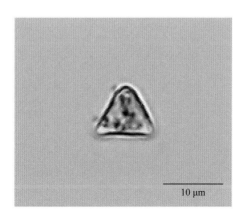

细小（微小）四角藻 *Tetraedron minimum* (A. Braun) Hansgirg

形态特征　单细胞，扁平，正面观四方形，侧缘凹入，有时一对缘边比另一对更内凹，角圆形，角顶罕具1小突起，侧面观椭圆形；细胞壁平滑或具颗粒。色素体片状，1个，具1个蛋白核。细胞宽6～20 μm，厚3～7 μm。

生境分布　密云水库常见种类。在所有采样点位均长期监测到该种类，细胞密度普遍小于10万个/L，且调水后的细胞密度普遍大于调水前。最大细胞密度出现在2017年6月的YL水域，细胞密度为45万个/L。

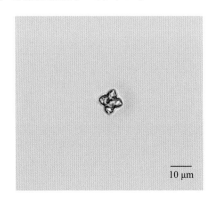

10 μm

四角藻属未定种 *Tetraedron* sp.

形态特征　单细胞，浮游。细胞扁平，具3个角，角不分叉，角延长成突起。色素体周生，盘状或多角形片状，1至多个，各具1个蛋白核或无。

生境分布　密云水库较常见种类。在大部分采样点位监测到该种类，主要集中出现在2013年、2018年、2019年和2020年的BHB、CHK、YL和JG等水域，细胞密度普遍较低，一般小于2万个/L，但最大细胞密度达22万个/L，出现在2018年9月的JG水域。

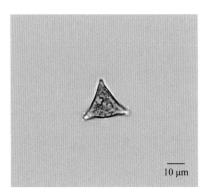

10 μm

纤维藻属 *Ankistrodesmus*

绿藻门 Chlorophyta　绿藻纲 Chlorophyceae
绿球藻目 Chlorococcales　小球藻科 Chlorellaceae

形态特征　单细胞，或2个、4个、8个、16个或更多个细胞聚集成群，浮游，罕为附着在基质上。细胞纺锤形、针形、弓形、镰形或螺旋形等多种形状，直或弯曲，自中央向两端逐渐尖细，末端尖，罕为钝圆的。色素体周生、片状，1个，占细胞的绝大部分，有时裂为数片，具1个蛋白核或无。

针形纤维藻 *Ankistrodesmus acicularis* (A. Braun) Korschikoff

形态特征　单细胞，针形，直或仅一端微弯或两端微弯从中部到两端渐尖细，末端尖锐。色素体充满整个细胞。细胞长40～80 μm，有时能达到210 μm，宽2.5～3.5 μm。

生境分布　密云水库常见种类。在大部分采样点位长期监测到该种类，细胞密度普遍小于3万个/L，且调水后的细胞密度显著小于调水前。细胞密度较大的水域为2013年6月的CHB、2016年4月的BHK及2017年4月的WY、9月的CHK、11月的YL等，细胞密度为5万～8万个/L。

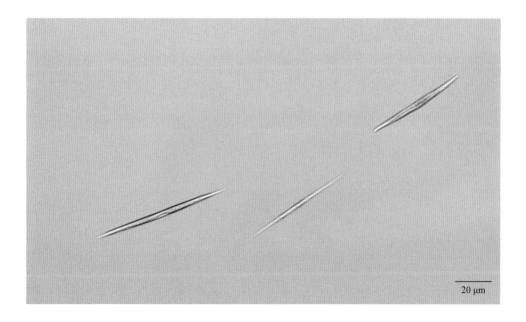

20 μm

螺旋纤维藻 *Ankistrodesmus spiralis* (Turner) Lemmermann

形态特征 单细胞，常由4个、8个或更多个细胞在中部彼此互相卷绕成束，两端均游离。细胞狭长纺锤形，近"S"形弯曲，两端渐尖，末端尖锐。细胞长20~63 μm，宽1~3.5 μm。

生境分布 密云水库非常见种类。主要集中出现在2019年6~10月的CHK、CHB、YL、BHK等水域，细胞密度普遍较低，多以定性监测到该种类。最大细胞密度为4.5万个/L，出现在2019年10月的BHK水域。

镰形纤维藻 *Ankistrodesmus falcatus* (Corda) Ralfs

形态特征 单细胞，或多由4个、8个、16个或更多个细胞聚集成群，常在细胞中部略凸出处互相贴靠，并以其长轴互相平行成为束状。细胞长纺锤形，有时略弯曲呈弓形或镰形，自中部向两端逐渐尖细。色素体片状，1个，具1个蛋白核。细胞长20~80 μm，宽1.5~4 μm。

生境分布 密云水库常见种类。在部分采样点位长期监测到该种类。细胞密度普遍较小，多以定性监测到该种类，且2019年出现频率显著大于其他年份。

蹄形藻属 *Kirchneriella*

绿藻门 Chlorophyta　绿藻纲 Chlorophyceae
绿球藻目 Chlorococcales　小球藻科 Chlorellaceae

形态特征　植物体为群体，常4个或8个为一组，多数包被在胶质的群体胶被中，浮游。细胞新月形、半月形、蹄形、镰形或圆柱形，两端尖细或钝圆。色素体周生，片状，1个，除细胞凹侧中部外充满整个细胞，具1个蛋白核。

扭曲蹄形藻 *Kirchneriella contorta* (Schmidle) Bohlin

形态特征　群体多由16个细胞组成，细胞彼此分离不规则地排列在群体胶被中。细胞圆柱形、弓形或螺旋状弯曲（不超过1.5转），两端钝圆。色素体1个，充满整个细胞，不具蛋白核。细胞长7～20 μm，宽1～2 μm。

生境分布　密云水库较常见种类。主要集中出现在2015年、2016年和2017年部分月份的BHB、CHB、CHK、YL、JG、KZX等水域，细胞密度一般小于10万个/L。最大细胞密度出现在2017年5月的CHK、9月的JG、11月的CHK等水域，细胞密度均为26万个/L。

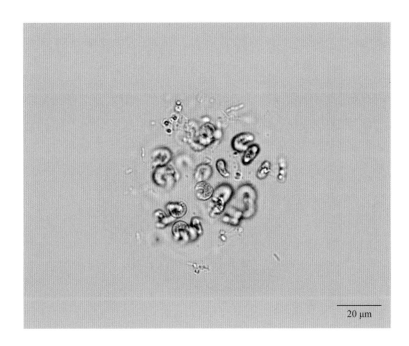

20 μm

蹄形藻 *Kirchneriella lunaris* (Kirchner) Moebius

形态特征　群体由4个或8个细胞为一组不规则地排列在球形群体的胶被中，群体细胞多以外缘凸出部分朝向共同的中心。细胞蹄形，两端渐尖细，顶端锥形。色素体片状，1个，充满整个细胞，具1个蛋白核。群体直径80～250 μm；细胞长6～13 μm，宽3～8 μm。

生境分布　密云水库常见种类。该种类在大部分采样点位长期监测到，细胞密度一般小于8万个/L。最大细胞密度出现在2017年7月的DGZ水域，细胞密度为26万个/L。2019年后细胞密度显著降低，多以定性监测到该种类。

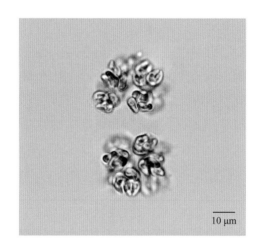

10 μm

肥壮蹄形藻 *Kirchneriella obesa* (W. West) Schmidle

形态特征　群体由4个或8个细胞为一组不规则地排列在球形群体的胶被中，群体细胞多以外缘凸出部分朝向共同的中心。细胞蹄形或近蹄形，肥壮，两端略细、钝圆，两侧中部近平行。色素体片状，1个，充满整个细胞，具1个蛋白核。群体直径30～80 μm；细胞长6～12 μm，宽3～8 μm。

生境分布　密云水库较常见种类。主要集中出现在2014年、2015年、2018年、2019年的6～10月的BHK、CHK、JG、YL、BHB等水域，细胞密度一般小于3万个/L。最大细胞密度出现在2014年9月的JG水域，细胞密度达17万个/L。

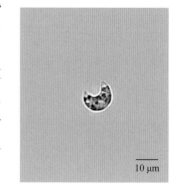

10 μm

月牙藻属 *Selenastrum*

绿藻门 Chlorophyta　绿藻纲 Chlorophyceae
绿球藻目 Chlorococcales　小球藻科 Chlorellaceae

形态特征　植物体为群体，常4个、8个或16个细胞为一群，数个群彼此联合成可多达128个细胞以上的群体，无群体胶被，罕为单细胞，浮游。细胞新月形或镰形，两端尖。同一母细胞产生的个体彼此以背部凸出的一侧相靠排列。色素体周生、片状，1个，除细胞凹侧的小部分外，充满整个细胞，具1个蛋白核或无。

月牙藻 *Selenastrum bibraianum* Reinsch

形态特征　植物体常由4个、8个、16个或更多个细胞聚集成群，以细胞背部凸出一侧相靠排列。细胞新月形或镰形，两端同向弯曲，自中部向两端逐渐尖细，较宽短。色素体1个，具1个蛋白核。细胞长20～38 μm，宽5～8 μm；两顶端直线距离5～25 μm。

生境分布　密云水库常见种类。该种类在大部分采样点位长期监测到，细胞密度一般小于2万个/L，且调水后细胞密度普遍大于调水前。最大细胞密度出现在2019年9月的BHK水域，细胞密度为12万个/L。

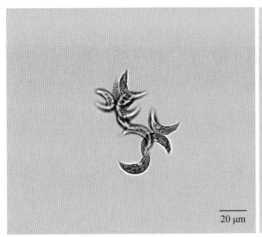

纤细月牙藻 *Selenastrum gracile* Reinsch

形态特征 植物体每4个细胞以其背部凸出一侧相靠排列，常由8个、16个、32个或64个细胞聚集成群。细胞新月形、镰形，中部相当长的部分几乎等宽，较狭长，两端渐尖而同向弯曲。色素体片状，1个，位于细胞中部，具1个蛋白核。细胞长15～30 μm，宽3～5 μm；两顶端直线距离8～28 μm。

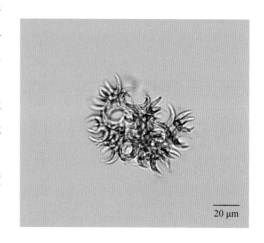

生境分布 密云水库较常见种类。主要集中出现在2015年、2016年和2017年部分月份的YL、CHB、BHB等水域，细胞密度一般小于3万个/L。细胞密度较大的水域为2017年7月的BHB、8月的YL，细胞密度为13万～15万个/L。

月牙藻属未定种 *Selenastrum* sp.

形态特征 细胞新月形或镰形，两端尖。同一母细胞产生的个体彼此以背部凸出的一侧相靠排列。色素体周生、片状，1个，除细胞凹侧的小部分外，充满整个细胞，具1个蛋白核或无。

生境分布 密云水库偶见种类。仅2017年9月和2019年8月在YL和DGZ等浅水水域定性监测到该种类。

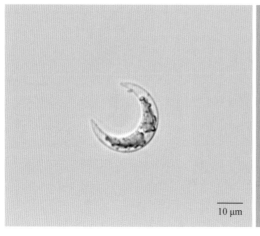

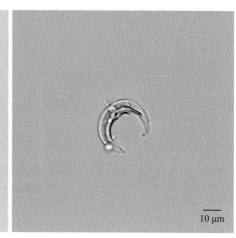

四棘藻属 *Treubaria*

绿藻门 Chlorophyta　绿藻纲 Chlorophyceae
绿球藻目 Chlorococcales　小球藻科 Chlorellaceae

形态特征　单细胞，浮游。细胞三角锥形、四角锥形、不规则的多角锥形、扁平三角形或四角形；角广圆，角间的细胞壁略凹入，各角的细胞壁凸出为粗长刺。色素体杯状，1个，具1个蛋白核，老细胞的色素体常为多个，块状，充满整个细胞，每个色素体具1个蛋白核。

粗刺四棘藻 *Treubaria crassispina* G. M. Smith

形态特征　单细胞，大，三角锥形到近三角锥形，具近圆柱形长粗刺，顶端急尖。细胞不包括刺宽12～15 μm；刺长30～60 μm，刺基部宽4～6 μm。

生境分布　密云水库较常见种类。主要集中出现在2015年、2016年和2019年部分月份的CHK、JG、KZX等水域，细胞密度普遍较低，多以定性监测到该种类。最大细胞密度仅为2.6万个/L，出现在2015年7月的CHK水域。

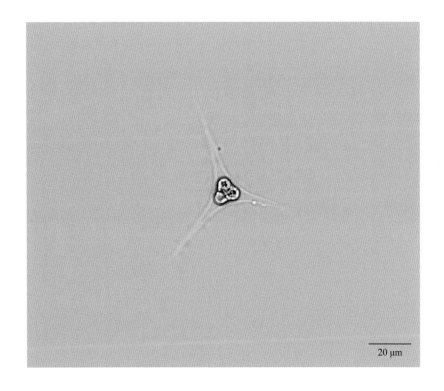

20 μm

弓形藻属 *Schroederia*

绿藻门 Chlorophyta　绿藻纲 Chlorophyceae
绿球藻目 Chlorococcales　小桩藻科 Characiaceae

形态特征　单细胞，浮游。细胞针形、长纺锤形、新月形、弧曲形和螺旋状，直或弯曲；细胞两端的细胞壁延伸成长刺，刺直或略弯，其末端均为尖形。色素体周生、片状，1个，几乎充满整个细胞，常具1个蛋白核，有时2～3个。细胞核1个，老细胞可为多个。

螺旋弓形藻 *Schroederia spiralis* (Printz) Korschikoff

形态特征　单细胞，弧曲形。细胞两端渐细并延伸为无色细长的刺，细胞包括刺弯曲为螺旋状。色素体片状，1个，常充满整个细胞，具1个蛋白核。细胞长（包括刺）30～90 μm，宽3～7 μm；刺长8～16 μm。

生境分布　密云水库偶见种类。仅在2019年10月的YL水域定性监测到该种类。

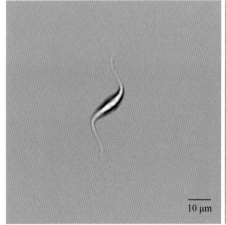

10 μm

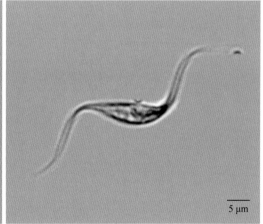

5 μm

硬弓形藻 *Schroederia robusta* **Korschikoff**

形态特征 单细胞，弓形或新月形。细胞两端渐尖并向一侧弯曲延伸成刺，刺的长度不超过细胞长度的一半。色素体片状，1个，具1～4个蛋白核。细胞长（包括刺）50～140 μm，宽6～9 μm；刺长20～30 μm。

生境分布 密云水库偶见种类。仅在2019年9月的KZX、10月的YL水域定性监测到该种类。

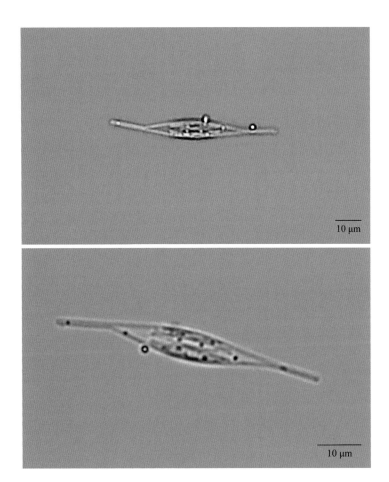

绿球藻属 *Chlorococcum*

绿藻门 Chlorophyta 绿藻纲 Chlorophyceae
绿球藻目 Chlorococcales 绿球藻科 Chlorococcaceae

形态特征 植物体为单细胞或聚积成膜状团块或包被在胶质中。细胞球形、近球形或椭圆形，大小很不一致；幼细胞壁薄，老细胞常不规则地增厚，并明显分层。色素体在幼细胞时为周生、杯状，具1个蛋白核，随细胞生长而分散，并充满整个细胞，具数个蛋白核和多数淀粉颗粒。细胞核1个或多个。

水溪绿球藻 *Chlorococcum infusionum* (Schrank) Meneghini

形态特征 单细胞，有时聚集成薄膜状。细胞大小变化很大；细胞球形，罕为卵形或长圆形；幼细胞壁较薄，充分成长的细胞壁厚、分层。色素体周生、杯状，1个，具1个较大的球形到宽卵圆形的蛋白核。细胞核1个。细胞直径13~50 μm。

生境分布 密云水库非常见种类。主要集中出现在2013年6月、7月和2016年10月的CHK、BHB、YL等水域，细胞密度一般小于11万个/L。最大细胞密度出现在2013年7月的BHB水域，细胞密度为22万个/L。

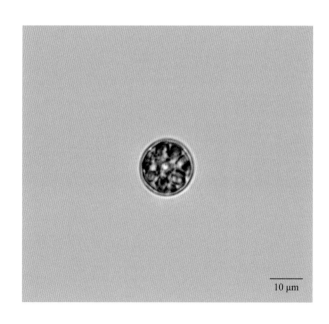

10 μm

绿球藻属未定种 *Chlorococcum* sp.

形态特征　植物体为单细胞包被在胶质中。细胞球形、近球形，大小很不一致；幼细胞壁薄，老细胞常不规则地增厚，并明显分层。色素体在幼细胞时为周生、杯状，具1个蛋白核，随细胞生长而分散，并充满整个细胞，具数个蛋白核和多数淀粉颗粒。细胞核1个或多个。

生境分布　密云水库常见种类。在绝大多数采样点位长期监测到该种类，细胞密度一般小于5万个/L，且季节性分布明显，秋季细胞密度普遍高于其他季节。最大细胞密度出现在2019年9月的JG水域，细胞密度为19万个/L。

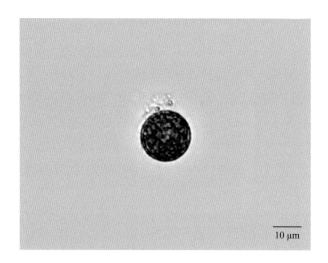

微芒藻属 *Microactinium*

绿藻门 Chlorophyta　绿藻纲 Chlorophyceae
绿球藻目 Chlorococcales　绿球藻科 Chlorococcaceae

形态特征　植物体由4个、8个、16个、32个或更多的细胞组成，排成四方形、角锥形或球形，细胞有规律地互相聚集，无胶被，有时形成复合群体。细胞多为球形或略扁平；细胞外侧的细胞壁具1～10条长粗刺。色素体周生、杯状，1个，具1个蛋白核或无。

微芒藻 *Microactinium pusillum* Frasenius

形态特征　植物体常由4个、8个、16个或32个细胞组成，有时可以多达128个细胞，多数每4个成为一组，排成四方形或角锥形，有时每8个细胞为一组，排成球形。细胞球形，细胞外侧具2～5条长粗刺，罕为1条。色素体杯状，1个，具1个蛋白核。细胞直径3～7 μm；刺长20～35 μm，刺的基部宽约1 μm。

生境分布　密云水库非常见种类。主要集中出现在2015年和2019年部分月份的CHK、CHB、JG、KZX等水域，细胞密度普遍较低，多以定性监测到该种类。

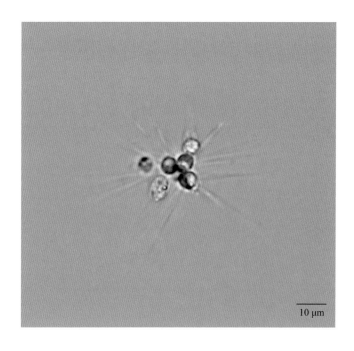

10 μm

微芒藻长刺变种 *Micractinium pusillum* var. *longisetum* Tiffany et Ahlstrom

形态特征 此变种与原变种的不同为细胞外侧具5～10条较长和较粗的刺。细胞直径6～10 μm；刺长55～85 μm，刺的基部宽约1.5 μm。

生境分布 密云水库非常见种类。主要集中出现在2019年、2020年相关月份的JG、BHK、CHK、KZX等水域，细胞密度极低，均以定性监测到该种类。

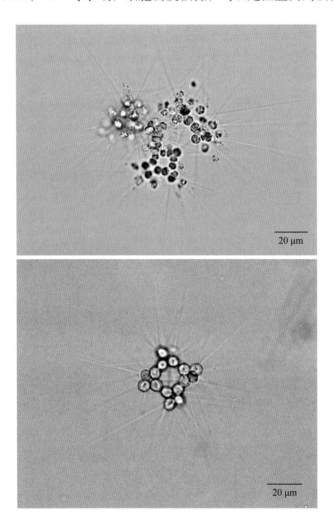

多芒藻属 *Golenkinia*

绿藻门 Chlorophyta　绿藻纲 Chlorophyceae
绿球藻目 Chlorococcales　绿球藻科 Chlorococcaceae

形态特征　单细胞，有时聚积成群，浮游。细胞球形，有时具胶被；细胞壁四周具多数纤细的短刺，刺的排列不规则。色素体1个，大型，杯状，具1个蛋白核。

疏刺多芒藻 *Golenkinia paucispina* W. et G. S. West

形态特征　单细胞。细胞球形；细胞壁四周具稀疏纤细的短刺。色素体杯状，1个，充满整个细胞，具1个明显的蛋白核。细胞直径7～19 μm；刺长8～18 μm。

生境分布　密云水库常见种类。在绝大多数采样点位长期监测到该种类，细胞密度一般小于4万个/L，且调水后细胞密度普遍小于调水前。垂直分布明显，一般表层和中层细胞密度大于底层。最大细胞密度出现在2013年8月的BHB水域，细胞密度为8万个/L。

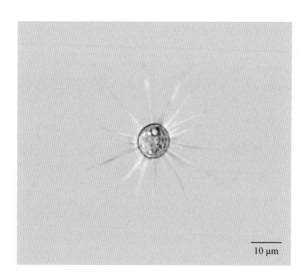

10 μm

多芒藻 *Golenkinia radiata* Chodat

形态特征　单细胞，有时聚集成群。细胞球形；细胞壁表面具许多纤细长刺。色素体1个，充满整个细胞，蛋白核1个。细胞直径7～18 μm；刺长20～45 μm。

生境分布　密云水库常见种类。该种类在大部分采样点位长期监测到，细胞密度一般小于3万个/L，且调水后较调水前分布区域更广。最大细胞密度出现在2017年8月的CHK水域，细胞密度为16万个/L。

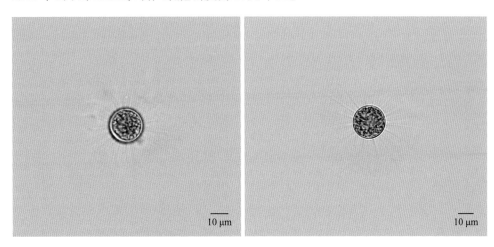

多芒藻属未定种　*Golenkinia* sp.

形态特征　单细胞，有时聚积成群，浮游。细胞球形；细胞壁四周具多数纤细的短刺，刺的排列不规则。色素体1个，大型，杯状，具1个蛋白核。

生境分布　密云水库偶见种类。仅2017年7月和2019年8月在YL、DGZ等水域定性监测到该种类。

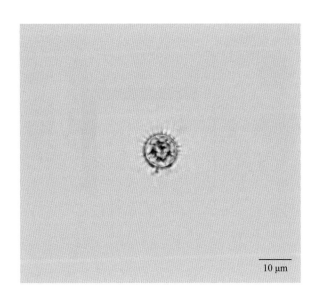

球囊藻属 *Sphaerocystis*

绿藻门 Chlorophyta　绿藻纲 Chlorophyceae
绿球藻目 Chlorococcales　卵囊藻科 Oocystaceae

形态特征　植物体为球形的胶群体，由2个、4个、8个、16个或32个细胞组成，各细胞以等距离规则地排列在群体胶被的四周，漂浮。群体细胞球形；细胞壁明显。色素体周生、杯状，在老细胞中则充满整个细胞，具1个蛋白核。

施氏球囊藻 *Sphaerocystis schroeteri* Chodat

形态特征　群体球形，由2个、4个、8个、16个或32个细胞组成的胶群体；胶被无色、透明，或由于铁的沉淀而呈黄褐色，漂浮。群体细胞球形。色素体周生、杯状，具1个蛋白核。群体直径34～500 μm；细胞直径6～22 μm。

生境分布　密云水库较常见种类。主要集中出现在2014年、2016年、2017年和2019年部分月份的BHB、CHB、CHK等水域。细胞密度通常小于3.5万个/L，最大细胞密度出现在2016年9月的JSK水域，细胞密度为22万个/L。

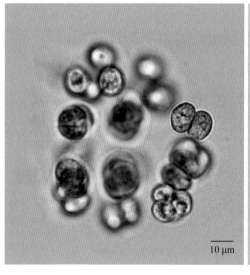
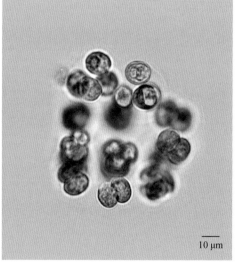

浮球藻属 *Planktosphaeria*

绿藻门 Chlorophyta 绿藻纲 Chlorophyceae
绿球藻目 Chlorococcales 卵囊藻科 Oocystaceae

形态特征 植物体为群体，群体细胞由2个、4个、8个或更多个细胞不规则、紧密地排列在一个共同的透明的群体胶被内，浮游。细胞球形，具透明均匀的胶被。幼时具1个周生、杯状的色素体，成熟后分散为多角形或盘状，每个色素体具1个蛋白核。

胶状浮球藻 *Planktosphaeria gelatinosa* G. M. Smith

形态特征 群体细胞不规则、紧密地排列在群体胶被内。细胞球形，具透明均匀的胶被。成熟后色素体分散为多角形或盘状，每个色素体具1个蛋白核。细胞直径10～25 μm；胶被厚可达35 μm。

生境分布 密云水库较常见种类。主要集中出现在2015年、2016年、2019年和2020年部分月份的JG、YL、BHB、CHB等水域，且调水后细胞密度显著低于调水前。在2015年7月的JG及8月的YL、KZX等水域形成优势种，最大细胞密度为31万个/L。

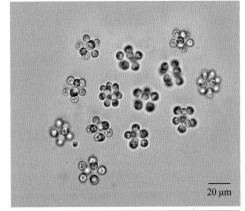

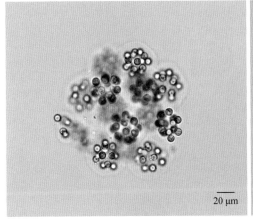

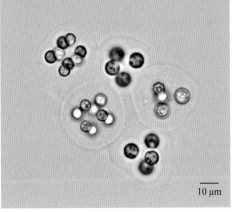

并联藻属 *Quadrigula*

绿藻门 Chlorophyta　绿藻纲 Chlorophyceae
绿球藻目 Chlorococcales　卵囊藻科 Oocystaceae

形态特征　植物体为群体，由2个、4个、8个或更多个细胞聚集在一个共同的透明胶被内，细胞常4个为一组，其长轴与群体长轴互相平行排列，细胞上下两端平齐或互相错开，浮游。细胞纺锤形、新月形、近圆柱形到长椭圆形，直或略弯曲；细胞长度为宽度的5～20倍，两端略尖细。色素体周生、片状，1个，位于细胞的一侧或充满整个细胞，具1个或2个蛋白核或无。

柯氏并联藻 *Quadrigula chodatii* (Tanner-Fullman) G. M. Smith

形态特征　群体为宽纺锤形，由4个、8个或更多个细胞聚集在透明的胶被内，细胞的长轴与群体长轴互相平行排列，浮游。细胞长纺锤形到近月形，直或略弯曲，两端逐渐尖细，末端略尖。色素体周生、片状，1个，在细胞中部略凹入，具2个蛋白核。细胞长18～80 μm，宽2.5～7 μm。

生境分布　密云水库常见种类。该种类在大部分采样点位长期监测到，细胞密度一般小于5万个/L，且调水后出现频率显著高于调水前。最大细胞密度出现在2015年5月的JG、YL水域，细胞密度为18万个/L。

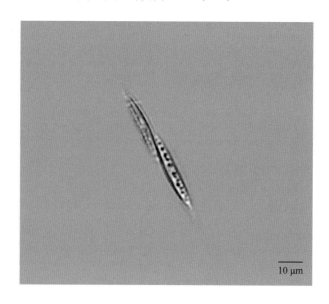

10 μm

卵囊藻属 *Oocystis*

绿藻门 Chlorophyta　绿藻纲 Chlorophyceae
绿球藻目 Chlorococcales　卵囊藻科 Oocystaceae

形态特征　植物体为单细胞或群体，群体常由2个、4个、8个或16个细胞组成，包被在部分胶化膨大的母细胞壁中。细胞椭圆形、卵形、纺锤形、长圆形、柱状长圆形等；细胞壁平滑，或在细胞两端具短圆锥状增厚，细胞壁扩大和胶化时，圆锥状增厚不胶化。色素体周生，片状、多角形块状、不规则盘状，1个或多个，每个色素体具1个蛋白核或无。

波吉卵囊藻 *Oocystis borgei* Snow

形态特征　群体椭圆形，由2个、4个、8个细胞包被在部分胶化膨大的母细胞壁内组成，或为单细胞，浮游。细胞椭圆形或略呈卵形，两端广圆。色素体片状，幼时常为1个，成熟后具2~4个，各具1个蛋白核。细胞长10~30 μm，宽9~15 μm。

生境分布　密云水库常见种类。在所有采样点位均长期监测到该种类，细胞密度一般小于5万个/L，且调水后细胞密度普遍小于调水前。细胞密度较大的水域为2013年7月、9月的BHK、10月的CHB等水域，细胞密度为22万~24万个/L。

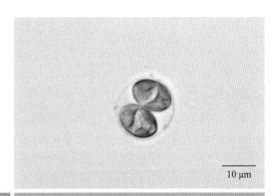

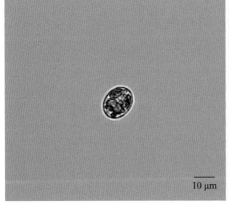

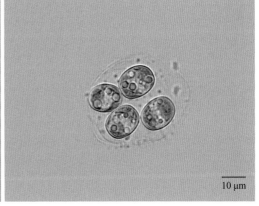

湖生卵囊藻 *Oocystis lacustris* Chodat

形态特征　群体常由2个、4个、8个细胞包被在部分胶化膨大的母细胞壁内组成，单细胞的极少，浮游。细胞椭圆形或宽纺锤形，两端微尖并具短圆锥状增厚。色素体片状，1~4个，各具1个蛋白核。细胞长14~32 μm，宽8~22 μm。

生境分布　密云水库非常见种类。主要集中出现在调水前大部分采样点位，细胞密度一般小于8万个/L。最大细胞密度出现在2014年9月的BHK水域，细胞密度为26万个/L。

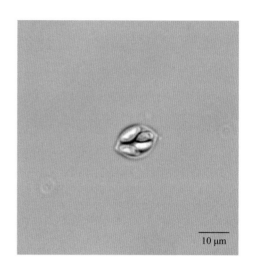

椭圆卵囊藻 *Oocystis elliptica* W. West

形态特征　群体由4个、8个细胞包被在部分胶化膨大的母细胞壁内组成，罕为单细胞。细胞长椭圆形，两端钝圆，细胞两端无圆锥状增厚。色素体盘状，10~20个，不具蛋白核。细胞长15~31 μm，宽7~18 μm。

生境分布　密云水库常见种类。该种类在大部分采样点位长期监测到，细胞密度一般小于8万个/L，且调水后细胞密度显著高于调水前。2013年8月BHB、KZX等水域形成优势种，最大细胞密度达44万个/L。

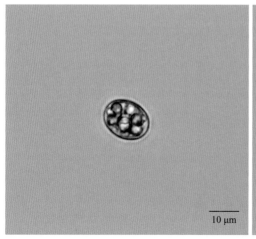

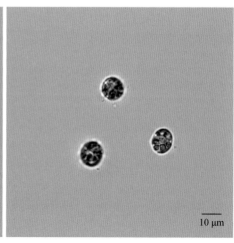

卵囊藻属未定种 *Oocystis* sp.

形态特征　植物体为单细胞或群体，群体常由2个、4个、8个或16个细胞组成，包被在部分胶化膨大的母细胞壁中。细胞椭圆形、卵形、纺锤形、长圆形；细胞壁平滑。色素体周生、片状、多角形块状、不规则盘状，1个或多个，每个色素体具1个蛋白核或无。

生境分布　密云水库非常见种类。主要集中出现在调水前部分月份的CHK、BHB、BHK、YL等水域，细胞密度一般小于6万个/L。最大细胞密度出现在2013年8月的YL水域，细胞密度为11万个/L。

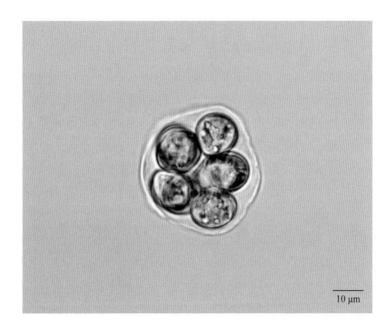

10 μm

网球藻属 *Dictyosphaerium*

绿藻门 Chlorophyta　绿藻纲 Chlorophyceae
绿球藻目 Chlorococcales　网球藻科 Dictyosphaeraceae

形态特征　植物体为原始定形群体，由2个、4个、8个细胞组成，常为4个有时2个为一组，彼此分离的、以母细胞壁分裂所形成的二分叉或四分叉胶质丝或胶质膜相连接，包被在透明的群体胶被内，浮游。细胞球形、卵形、椭圆形或肾形。色素体周生、杯状，1个，具1个蛋白核。

颗粒网球藻 *Dictyosphaerium granulatum* Hindak

形态特征　植物体常由4个、8个、16个细胞组成，包被在共同的透明球形胶被内。细胞顶面观、侧面观均为椭圆形，末端圆，以长侧边与放射状二分叉的胶质丝连接；细胞壁具不规则的颗粒。色素体1个，杯状，具1个蛋白核。细胞长7～9 μm，宽4～6 μm。

生境分布　密云水库偶见种类。仅在2017年7月定性监测到该种类。

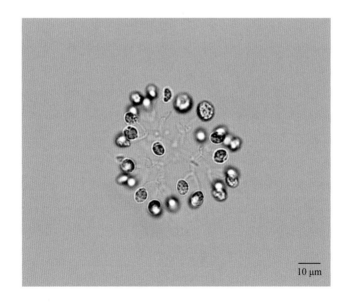

10 μm

美丽网球藻 *Dictyosphaerium pulchellum* Wood

形态特征　原始定形群体球形或广椭圆形，多为8个、16个或32个细胞包被在共同的透明胶被中。细胞球形。色素体杯状，1个，具1个蛋白核。细胞直径3～10 μm。

生境分布　密云水库非常见种类。主要集中出现在2020年7～10月的BHB、KZX、JG、YL、CHK、CHB等水域，细胞密度一般小于2万个/L，但最大细胞密度可达11万个/L，出现在2020年7月的CHK水域。

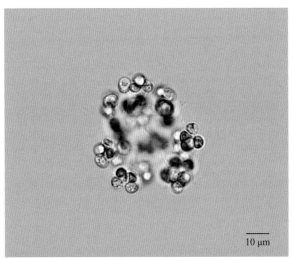

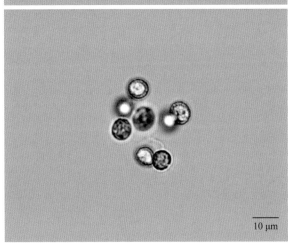

盘星藻属 *Pediastrum*

绿藻门 Chlorophyta　绿藻纲 Chlorophyceae
绿球藻目 Chlorococcales　盘星藻科 Pediastraceae

形态特征　群体由4个、8个、16个、32个、64个、128个细胞排列成为一层细胞厚的扁平盘状、星状群体，群体无穿孔或具穿孔，浮游。群体边缘细胞常具1个、2个、4个突起，有时突起上具长的胶质毛丛；群体内层细胞多角形，无突起。细胞壁平滑无花纹，或具颗粒，或具细网纹。幼细胞的色素体周生、圆盘状，1个，具1个蛋白核，随细胞的成长色素体分散，具1至多个蛋白核。成熟胞具1个、2个、4个或8个细胞核。

单角盘星藻 *Pediastrum simplex* Meyen

形态特征　群体由16个、32个或64个细胞组成，群体细胞间无穿孔。群体边缘细胞常为五边形，其外壁具1个圆锥形的角状突起，突起两侧凹入；群体内层细胞五边形或六边形，细胞壁常具颗粒。细胞（不包括角状突起）长12～18 μm，宽12～18 μm。

生境分布　密云水库常见种类。在绝大多数采样点位长期监测到该种类，细胞密度差异较大，在2013年10月的BHB及2015年8月的JG和YL等水域形成优势种，细胞密度为55万～70万个/L。2019年后细胞密度明显减少，主要通过定性监测到该种类。

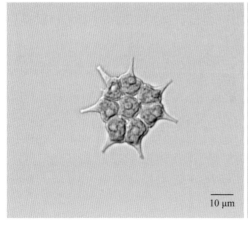

10 μm

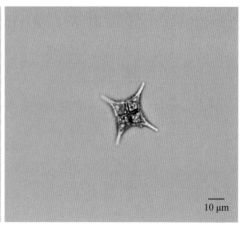

10 μm

单角盘星藻具孔变种 *Pediastrum simplex* var. *duodenarium* (Bailey) Rabenhorst

形态特征 此变种与原变种的不同为群体细胞间具穿孔；群体边缘细胞三角形。细胞长27～28 μm，宽11～15 μm。

生境分布 密云水库常见种类。该种类在所有采样点位均长期监测到，细胞密度差异较大，且在BHB、JG、YL、CHK和KZX等水域的不同时间均形成过优势种。最大细胞密度出现在2013年10月的BHB水域，细胞密度达133万个/L。2019年后细胞密度较小，主要通过定性监测到该种类。

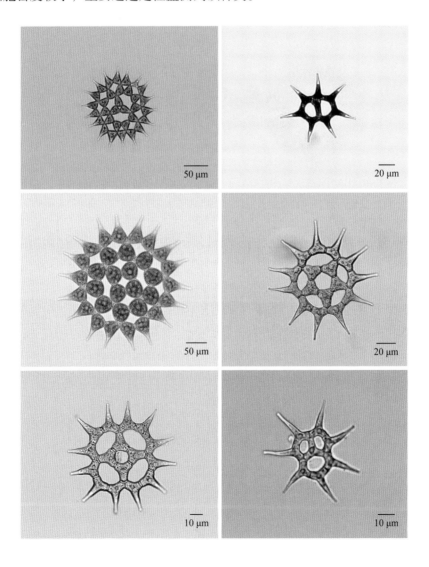

短棘盘星藻 *Pediastrum boryanum* (Turpin) Meneghini

形态特征 群体由4个、8个、16个、32个或64个细胞组成，群体无穿孔。群体细胞五边形或六边形；边缘细胞外壁具2个钝的角状突起，以细胞侧壁和基部与邻近细胞连接。细胞壁具颗粒。细胞长15～21 μm，宽10～14 μm。

生境分布 密云水库非常见种类。主要集中出现在2013年KZX、YL、CHB、BHB和JG等水域，细胞密度一般小于10万个/L。但在2015年7月BHK水域监测到的最大细胞密度可达65万个/L。

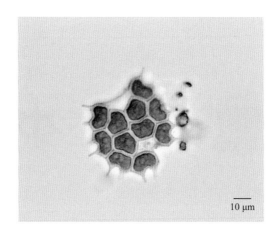

10 μm

短棘盘星藻长角变种 *Pediastrum boryanum* var. *longicorne* Reinsch

形态特征 本变种边缘细胞具2个延长的长角突，角突顶端常膨大成小球状。
生境分布 密云水库偶见种类。仅在2013年9月和2019年7月的JG和YL水域定性监测到该种类。

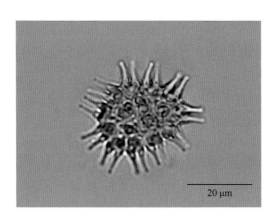

20 μm

二角盘星藻 *Pediastrum duplex* Meyen

形态特征 群体由8个、16个、32个、64个、128个细胞（常为16个、32个细胞）组成，群体细胞间具小的透镜状的穿孔。群体边缘细胞四边形，其外壁扩展成2个圆锥形的钝顶短突起；群体内层细胞或多或少呈四方形，侧壁中部略凹入，邻近细胞间细胞侧壁的中部彼此不相连接，细胞壁平滑。细胞长11～21 μm，宽8～21 μm。

生境分布 密云水库常见种类。在大多数采样点位长期监测到该种类，细胞密度普遍较低，大部分水域通过定性监测到该种类。细胞密度较大的水域为2016年6月的BHK和2017年5月的JG等，细胞密度为18万～21万个/L。

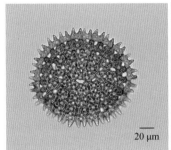 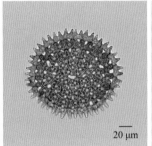 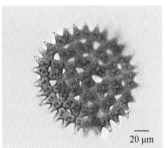

二角盘星藻纤细变种 *Pediastrum duplex* var. *gracillimum* West & G. West

形态特征 此变种与原变种的不同为群体细胞间具大的穿孔；细胞狭长；群体边缘细胞具2个长突起，其宽度相等；群体内层细胞与边缘细胞相似。细胞长12～32 μm，宽10～22 μm。

生境分布 密云水库常见种类。在绝大多数采样点位长期监测到该种类。在2013年9月的YL、10月的BHB、2014年6月的CHK和2016年9月的YL等水域形成优势种，细胞密度最大出现在2016年9月的YL水域，细胞密度达84万个/L。2017年后该种类出现频率明显减少，且2019年后仅通过定性监测到该种类。

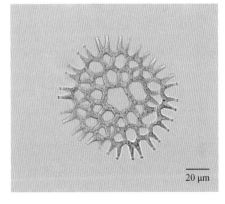

二角盘星藻大孔变种 *Pediastrum duplex* var. *clathratum* (Braun) Lagerheim

形态特征　此变种与原变种的不同为群体细胞间具大的穿孔，其直径可达10 μm；群体边缘细胞外壁扩展成2个较长突起；群体内层细胞侧缘明显凹入。边缘细胞长10～11 μm，宽7～8 μm；内层细胞长6～8 μm，宽7～8 μm。

生境分布　密云水库偶见种类。仅在2015年7月和2019年8月定性监测到该种类。

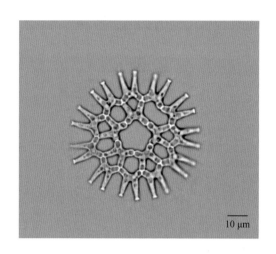

10 μm

双射盘星藻 *Pediastrum biradiatum* Meyen

形态特征　群体由4个、8个、16个、32个或64个细胞组成，具穿孔。边缘细胞具2个裂片状的突起，突起末端具缺刻；以细胞基部与邻近细胞连接内层细胞具2个裂片状突起，突起末端不具缺刻，细胞壁凹入，平滑。细胞长15～30 μm，宽10～22 μm。

生境分布　密云水库较常见种类。主要集中出现在2013年、2016年和2019年的YL、

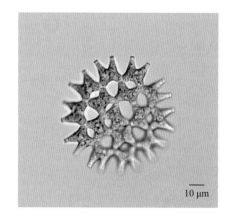

10 μm

KZX、CHB、BHB和BHK等水域，细胞密度普遍较低，大部分通过定性监测到该种类。最大细胞密度出现在2017年7月的YL水域，细胞密度达55万个/L。

四角盘星藻 *Pediastrum tetras* (Ehrenberg) Ralfs

形态特征 群体由4个、8个、16个或32个（常为8个）细胞组成，群体细胞间无穿孔。群体边缘细胞的外壁具1线形到楔形的深缺刻而分成2个裂片，裂片外侧浅或深凹入；群体内层细胞五边形或六边形，具1深的线形缺刻，细胞壁平滑。细胞长8~16 μm，宽8~16 μm。

生境分布 密云水库非常见种类。主要集中出现在KZX、CHB等水域，细胞密度小于2万个/L。

 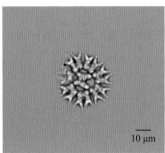 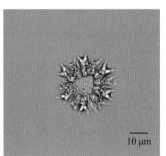

四角盘星藻四齿变种 *Pediastrum tetras* var. *tetraodon* (Corda) Hansgirg

形态特征 此变种与原变种的不同为群体边缘细胞外壁具深缺刻，缺刻分成2个裂片的外侧延伸成2个尖的钩状突起。细胞长16~18 μm，宽12~15 μm。

生境分布 密云水库非常见种类。主要集中出现在YL、BHB、KZX等水域，细胞密度普遍较低，通常小于2万个/L，且大部分时间通过定性监测到该种类。

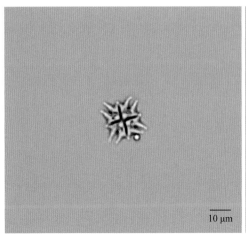 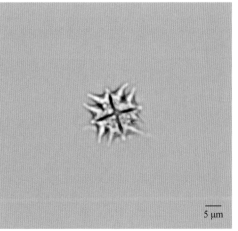

盘星藻属未定种 *Pediastrum* sp.

形态特征　群体由8个、16个、32个、64个、128个细胞排列成为1层细胞厚的扁平盘状、星状群体，群体细胞间无穿孔或具穿孔，浮游。群体边缘细胞常具2个突起，有时突起上具长的胶质毛丛；群体内层细胞多角形，细胞壁平滑，具颗粒、细网纹。幼细胞的色素体周生、圆盘状，1个，具1个蛋白核；随细胞的成长色素体分散，具1至多个蛋白核；成熟胞具1个、2个、4个或8个细胞核。

生境分布　密云水库常见种类。在所有采样点位均长期监测到该种类，调水后出现频率高于调水前。在2014年6月的YL和2017年10月的JG、JSK等水域形成优势种，且在JG水域细胞密度最大，达157万个/L。

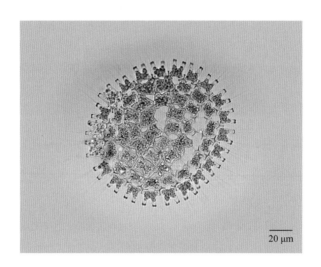

20 μm

栅藻属 *Scenedesmus*

绿藻门 Chlorophyta　绿藻纲 Chlorophyceae
绿球藻目 Chlorococcales　栅藻科 Scenedesmaceae

形态特征　植物体常由4个、8个细胞或有时由2个、16个、32个细胞组成群体，极少为单细胞的。群体中的各个细胞以其长轴互相平行，其细胞壁彼此连接排列在一个平面上，互相平齐或互相交错；也有排成上下2列或多列，罕见仅以其末端相接，呈屈曲状。细胞纺锤形、卵形、长圆形、椭圆形等。细胞壁平滑，或具颗粒、刺、齿状突起、细齿、隆起线等特殊构造。每个细胞具1个周生色素体和1个蛋白核。

齿牙栅藻 *Scenedesmus denticulatus* Lagerheim

形态特征　群体扁平，常由4个细胞组成群体细胞直线排成1行，平齐或互相交错排列。细胞卵形、椭圆形；群体细胞的上下两端或一端具1～2个齿状突起。4个细胞的群体宽20～28 μm；细胞长9.5～16 μm，宽5～7 μm。

生境分布　密云水库偶见种类。仅在2019年8月定性监测到该种类。

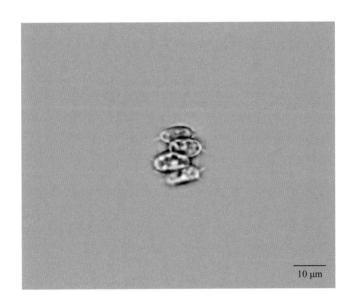

10 μm

二形栅藻 *Scenedesmus dimorphus* (Turpin) Kützing

形态特征 群体扁平，由4个、8个细胞
组成，常为4个细胞组成，群体细胞直线
并列排成1行或互相交错排列；中间的细
胞纺锤形，上下两端渐尖，直；两侧细胞
绝少垂直，新月形或镰形，上下两端渐
尖，细胞壁平滑。4个细胞的群体宽11～
20 μm；细胞长16～23 μm，宽3～5 μm。

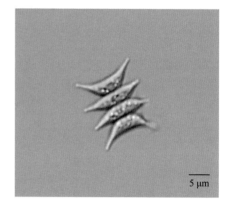

生境分布 密云水库常见种类。该种类广
泛分布于水库各采样水域。2019年后出现
频率高于之前的年份，但细胞密度显著降低，大部分是通过定性监测到该种类。
最大细胞密度出现在2013年9月的BHK水域，密度为28万个/L。

近具棘栅藻（丰富栅藻）*Scenedesmus subspicatus* (*Scenedesmus abundans*) Chodat

形态特征 群体由2个或4个细胞组成，少见8个细胞；呈直线排列成1行或轻
微交错排列。细胞卵形至长椭圆形或长圆形，两端宽圆；外侧细胞两端各具1根
主刺，外侧具1根或2根短刺；其他各细胞一端或两端具1根刺或缺无。细胞长
7～13 μm，宽3～7.5 μm；刺长1～9 μm。

生境分布 密云水库常见种类。在所有采样点位均能监测到该种类，细胞密度
一般低于10万个/L。最大细胞密度出现在2015年7月的CHK水域，细胞密度
为26万个/L。2019年该种类出现频率增加，但细胞密度减小，主要通过定性监
测到。

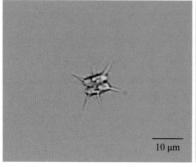

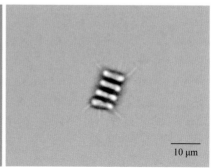

尖细栅藻 *Scenedesmus acuminatus* (Lagerheim) Chodat

形态特征 群体由4个、8个细胞组成；群体细胞不排列成一直线，以中部侧壁互相连接。细胞弓形、纺锤形或新月形；每个细胞的上下两端逐渐尖细，细胞壁平滑。4个细胞的群体宽7～14 μm；细胞长19～40 μm，宽3～7 μm。

生境分布 密云水库较常见种类。主要集中出现在CHK、KZX、JG、YL、CHB等水域，较大细胞密度出现在2016年4月的CHK、WY、DGZ水域和2017年11月的YL水域，最大细胞密度为21万个/L。

5 μm

光滑栅藻 *Scenedesmus ecornis* (Ehrenberg) Chodat

形态特征 群体由2个、4个或8个（罕见16个或32个）细胞组成；直线排成1行或2行，稍微弯曲而使细胞不在一个平面，细胞排列不交错，以3/4细胞长彼此相接。细胞圆柱形到长圆形，两端广圆；细胞壁平滑，无刺。细胞长6～16 μm，宽2.5～6 μm。

生境分布 密云水库常见种类。该种类在所有采样点位均长期监测到，且细胞密度较大。在2013年、2014年、2016年、2017年不同月份的DGZ、CHK、CHB、KZX、BHK、YL、JG等水域形成优势种，最大细胞密度出现在2014年9月的JG水域，细胞密度达372万个/L。

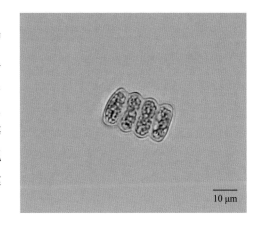

10 μm

四尾栅藻 *Scenedesmus quadricauda* (Turpin) Brebisson

形态特征 群体扁平，由2个、4个、8个、16个细胞组成，常为4个、8个细胞组成的；群体细胞并列直线排成1列。细胞长圆形、圆柱形、卵形，细胞上下两端广圆；群体外侧细胞的上下两端各具1向外斜向的直或略弯曲的刺，细胞壁平滑。4个细胞的群体宽14~24 μm；细胞长8~16 μm，宽3.5~6 μm。

生境分布 密云水库常见种类。在所有采样点位均长期监测到该种类，细胞密度普遍小于15万个/L，垂直分布明显，通常细胞密度表层大于中层和底层。最大细胞密度出现在2013年4月的CHB水域，细胞密度达100万个/L。2019年后主要通过定性监测到该种类。

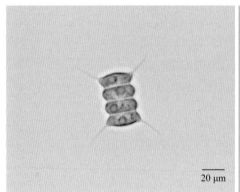
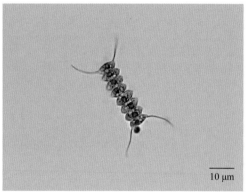

卵形栅藻 *Scenedesmus ovalternus* Chodat

形态特征 群体由4个或8个细胞组成，细胞强烈交错排列，只以顶端一小部分与其他细胞相连。细胞卵圆形到宽卵圆形，末端钝圆或稍尖圆。细胞大小为8~9 μm×5~10 μm。

生境分布 密云水库常见种类。在大部分采样点位长期监测到该种类，不同时间和采样点位细胞密度差异较大，一般小于8万个/L，且垂直分布明显，

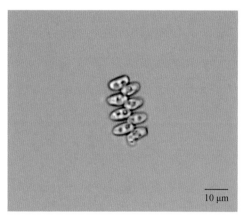

表层细胞密度普遍大于中层和底层。最大细胞密度可达110万个/L，出现在2016年4月的BHK水域。

钝形栅藻 *Scenedesmus obtusus* Meyen

形态特征 群体由4个或8个细胞组成；平齐或交错排列成2行。细胞宽圆形或近卵形；各细胞交错相嵌的连接处常呈钝角，细胞间偶具间隙。细胞壁光滑。细胞长6～20 μm，宽4～10 μm。

生境分布 密云水库常见种类。在大部分采样点位长期监测到该种类，细胞密度普遍小于15万个/L，主要集中出现在YL、JG、CHK、CHB、KZX和BHB等水域。最大细胞密度出现在2013年6月的JG水域，细胞密度达42万个/L。

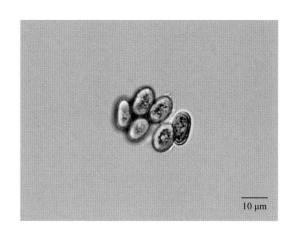

伯纳德栅藻（爪哇栅藻）*Scenedesmus bernardii (javaensis)* Smith

形态特征 群体由4个或8个细胞组成；不规则地连成1条直线，或以相邻细胞顶端或中部某一点相连。细胞纺锤形或新月形，顶端较尖，有时两侧细胞镰刀形。细胞壁光滑，无刺或脊等。细胞长8～25 μm，宽3～6 μm。

生境分布 密云水库非常见种类。主要出现在BHK、CHK等河流入库水域，最大细胞密度出现在2013年6月的BHK水域，细胞密度为15万个/L。

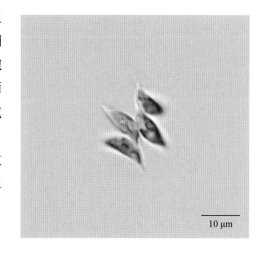

栅藻属未定种 *Scenedesmus* sp.

形态特征　群体由4个细胞组成，极少为单细胞的；群体中的各个细胞以其长轴互相平行，其细胞壁彼此连接排列在1个平面上，互相平齐。细胞纺锤形、卵形、长圆形、椭圆形等。细胞壁平滑，或具颗粒、刺、齿状突起、细齿、隆起线等特殊构造。每个细胞具1个周生色素体和1个蛋白核。

生境分布　密云水库常见种类。在所有采样点位均长期监测到该种类，细胞密度普遍小于10万个/L，垂直分布明显，一般细胞密度表层大于中层和底层。在2013年5月的BHB和2016年4月的BHK水域形成优势种，最大细胞密度出现在2013年5月的BHB水域，细胞密度达117万个/L。

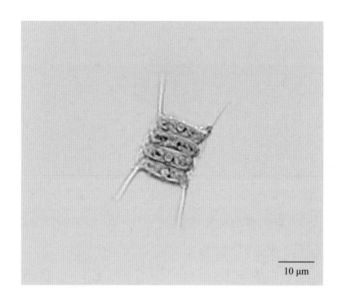

10 µm

四星藻属 *Tetrastrum*

绿藻门 Chlorophyta　绿藻纲 Chlorophyceae
绿球藻目 Chlorococcales　栅藻科 Scenedesmaceae

形态特征　植物体为真性定形群体；由4个细胞组成四方形或十字形，并排列在1个平面上，中心具或不具1小间隙；各个细胞间以其细胞壁紧密相连，罕见形成复合的真性定形群体。细胞球形、卵形、三角形或近三角锥形；其外侧游离面凸出或略凹入。细胞壁具颗粒或具1～7条或长或短的刺。色素体周生，片状、盘状，1～4个；具蛋白核或有时无。

异刺四星藻 *Tetrastrum heteracanthum* (Nordstedt) Chodat

形态特征　群体由4个细胞组成；呈方形排列在一个平面上，群体中央具方形小孔。群体细胞宽三角锥形；细胞外侧游离面略凹入，在其两角处各具1条长的和1条短的向外伸出的直刺；群体的4个细胞的4条长刺和4条短刺相间排列。色素体片状，1个；具1个蛋白核。细胞长3～4 μm，宽7～8 μm；长刺长12～16 μm，短刺长3～8 μm。

生境分布　密云水库常见种类。在大部分采样点位长期监测到该种类，细胞密度一般小于2万个/L，且调水后的细胞密度普遍小于调水前。主要集中出现在YL、JG等浅水水域，最大细胞密度出现在2013年9月的YL和BHB及10月的JG、2016年9月的BHK等水域，细胞密度均为5.2万个/L。

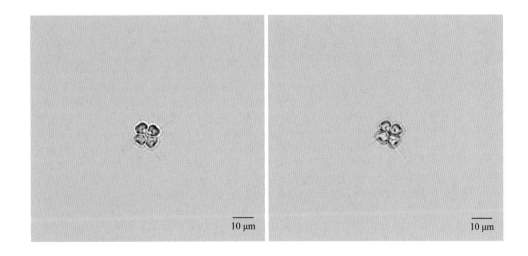

平滑四星藻 *Tetrastrum glabrum* (Roll) Ahlstrom and Tiffiny

形态特征 群体由4个细胞组成。细胞锥形；两侧壁平直，外侧壁钝圆。细胞壁平滑。色素体单一，片状，周生；具1个蛋白核。细胞直径2～8 μm。

生境分布 密云水库偶见种类。仅在2017年9月定性监测到该种类。

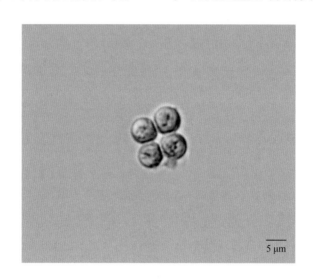

5 μm

十字藻属 *Crucigenia*

绿藻门 Chlorophyta　绿藻纲 Chlorophyceae
绿球藻目 Chlorococcales　栅藻科 Scenedesmaceae

形态特征　植物体为真性定形群体；由4个细胞排成椭圆形、卵形、方形或长方形，群体中央常具或大或小的方形空隙；常具不明显的群体胶被，子群体常由胶被粘连在1个平面上，形成板状的复合真性定形群体。细胞梯形、半圆形、椭圆形或三角形。色素体周生、片状，1个；具1个蛋白核。

小尖十字藻 *Crucigenia apiculata* (Lemmermann) Schmidle

形态特征　群体由4个细胞组成，排成椭圆形或卵形，其中心具方形的空隙。细胞卵形，外壁游离面的两端各具1锥形凸起。细胞长5～10 μm，宽3～7 μm。
生境分布　密云水库偶见种类。仅在2019年11月定性监测到该种类。

10 μm

方形十字藻 *Crucigenia rectangularis* (Braun) Gay

形态特征　群体由4个细胞组成，长方形或椭圆形，排列较规则，中央空隙呈方形；细胞卵形或长卵形，顶端钝圆，外侧游离壁略外凸；以底部和侧壁与邻近细胞连接。细胞长5～10 μm，宽2.5～7 μm。
生境分布　密云水库较常见种类。主要集中出现在2014年、2015年、2017年、2019年部分月份的BHB、BHK、KZX、JSK、YL、JG、CHB等水域，细胞密度普遍小于5万个/L。最大细胞密度出现在2017年11月的YL水域，细胞密度达15.8万个/L。

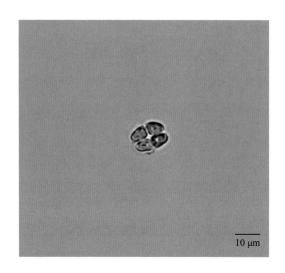

四足十字藻 *Crucigenia tetrapedia* (Kirchner) West

形态特征　群体由4个细胞组成，排成四方形；子群体常由胶被粘连在1个平面上，形成16个细胞的板状复合群体。细胞三角形，细胞外壁游离面平直，角尖圆。色素体片状；具1个蛋白核。细胞长3.5～9 μm，宽5～12 μm。

生境分布　密云水库常见种类。在所有采样点位均长期监测到该种类，细胞密度普遍小于10万个/L，垂直分布明显，一般细胞密度表层大于中层和底层。最大细胞密度出现在2013年8月的CHK水域，细胞密度为75万个/L。调水后该种类出现频率增加，但细胞密度明显减少，2019年后仅以定性监测到该种类。

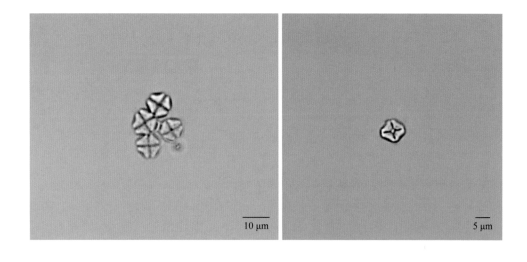

双形藻属 *Dimorphococcus*

绿藻门 Chlorophyta　绿藻纲 Chlorophyceae
绿球藻目 Chlorococcales　栅藻科 Scenedesmaceae

形态特征　植物体为真性定形群体；各群体由残存的母细胞壁相连形成复合的群体。群体由4个细胞组成；中间的2个细胞长卵形，一端钝圆，另一端截形，以截形的一端交错连接；两侧的2个细胞肾形，两端钝圆，各以凸侧的中间与相邻细胞截形的一端相连。幼时细胞色素体周生、片状，1个，具1个明显的蛋白核；成熟后，色素体分散，充满整个细胞，由于淀粉增多，蛋白核常模糊不清。

月形双形藻 *Dimorphococcus lunatus* Braun

形态特征　群体由4个细胞组成；并由残存的母细胞壁相连形成复合的真性定形群体。群体中间的2个细胞长卵形，一端钝圆，另一端截形，以截形的一端交错连接；两侧的2个细胞肾形，两端钝圆或平截，各以凸侧的中间与相邻细胞截形的一端相连。细胞长10～25 μm，宽4～5 μm。

生境分布　密云水库偶见种类。仅在2018年11月和2019年8月的KZX、CHB等水域监测到该种类。

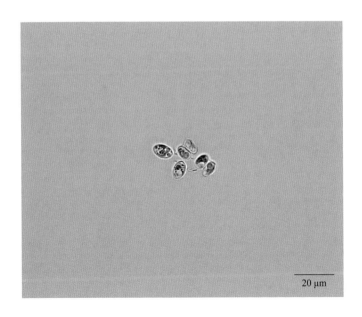

20 μm

韦氏藻属 *Westella*

绿藻门 Chlorophyta　绿藻纲 Chlorophyceae
绿球藻目 Chlorococcales　栅藻科 Scenedesmaceae

形态特征　植物体为复合真性定形群体。各群体间以残存的母细胞壁相连，有时具胶被。群体由4个细胞四方形排列在1个平面上；各个细胞间以其细胞壁紧密相连。细胞球形。细胞壁平滑。色素体周生、杯状，1个；老细胞的色素体常略分散；具1个蛋白核。

葡萄韦氏藻 *Westella botryoides* (West) Wildemann

形态特征　植物体由16个、32个或更多个细胞组成，具或不具胶被。细胞顶面观长圆形，侧面观球形；常由4个细胞以其狭端相接，呈金字塔形或十字形排列成1个集结体，但常只有1对细胞的狭端直接接触，另2个细胞的狭端不能相接触；各集结体以母细胞壁残余相连接成为复合集结体。色素体单一，杯状；具1个蛋白核。细胞长6.5～9 μm，宽2.5～9 μm。

生境分布　密云水库常见种类。在大部分采样点位长期监测到该种类。通常高温季节细胞密度较大，在2013年8月的YL，2014年8月的YL和9月的BHK、YL，以及2017年8月的CHK等水域形成优势种，最大细胞密度出现在2014年9月的YL水域，细胞密度达125万个/L。2019年后细胞密度显著降低，各采样点位通常为定性监测到该种类。

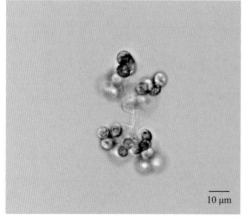
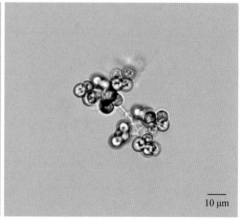

空星藻属 *Coelastrum*

绿藻门 Chlorophyta 绿藻纲 Chlorophyceae
绿球藻目 Chlorococcales 栅藻科 Scenedesmaceae

形态特征 植物体为真性定形群体；由4个、8个、16个、32个、64个、128个细胞组成多孔的、中空的球体到多角形体。群体细胞以细胞壁或细胞壁上的突起彼此连接。细胞球形、圆锥形、近六角形、截顶的角锥形。细胞壁平滑、部分增厚或具管状突起。色素体周生，幼时杯状；具1个蛋白核，成熟后扩散，几乎充满整个细胞。

小空星藻 *Coelastrum microporum* Nägeli

形态特征 群体球形到卵形；由8个、16个、32个、64个细胞组成。相邻细胞间以细胞基部互相连接，细胞间隙呈三角形和小于细胞直径。细胞球形，有时为卵形，细胞外具1层薄的胶鞘。细胞包括鞘宽10～18 μm，不包括鞘宽8～13 μm。

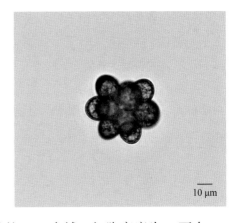

10 μm

生境分布 密云水库常见种类。在绝大多数采样点位长期监测到该种类，细胞密度普遍小于22万个/L，调水后细胞密度逐年降低。最大细胞密度出现在2015年9月的KZX水域，细胞密度为63万个/L。2019年后主要通过定性监测到该种类。

球形空星藻 *Coelastrum sphaericum* Nägeli

形态特征 群体卵形到圆锥形；由8个、16个、32个、64个细胞组成。相邻细胞间以其基部侧壁互相连接，群体中心的空隙等于或略小于细胞的宽度。细胞圆锥形，以狭窄的圆锥端向外；无明显的细胞壁突起。细胞包括鞘宽10～18 μm，不包括鞘宽8～13 μm。

生境分布 密云水库常见种类。主要集中出现在2019年后，细胞密度普遍较低，大多数通过定性监测到该种类，但2017年11月DGZ水域的细胞密度较大，最大细胞密度为21万个/L。

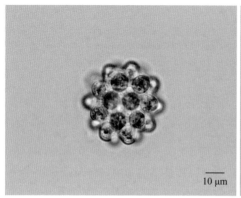

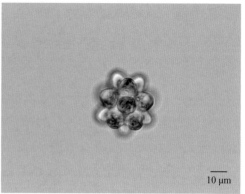

网状空星藻 *Coelastrum reticulatum* (Dangeard) Senn

形态特征 群体球形；由8个、16个、32个、64个细胞组成。相邻细胞间以5～9个细胞壁的长突起互相连接，细胞间隙大，常为不规则的复合群体。细胞球形，具1层薄的胶鞘，并具6～9条细长的细胞壁突起。细胞包括鞘直径5～24 μm，不包括鞘直径4～23 μm。

生境分布 密云水库常见种类。在部分采样点位长期监测到该种类，细胞密度普遍较低，但2016年9月的DGZ水域该种类为优势种，细胞密度达84万个/L。

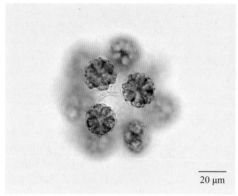

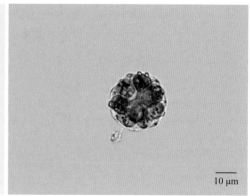

绿星球藻属 *Asterococcus*

绿藻门 Chlorophyta　绿藻纲 Chlorophyceae
四孢藻目 Tetrasporales　四集藻科 Palmellaceae

形态特征　植物体为球形的胶群体。群体常由2个、4个、8个或16个细胞包被在群体胶被内，罕为单细胞；群体胶被宽、分层或不分层；浮游。细胞球形、近球形、椭圆形、宽椭圆形。细胞壁明显。色素体轴生、星状，位于细胞的中部，并放射状射出达细胞周边；中央具1个蛋白核，有时具眼点和伸缩泡。

湖生绿星球藻 *Asterococcus limneticus* Smith

形态特征　群体球形，罕为椭圆形；由4个、8个或16个细胞组成；胶被无色、不分层。细胞球形或近球形。色素体轴生、星状，位于细胞的中央，具4～16个放射状发射出的脊片；中央具1个蛋白核。群体直径50～125 μm；细胞直径7～35 μm。

生境分布　密云水库偶见种类。仅在2016年9月和2017年11月的CHB和JG等水域监测到该种类。

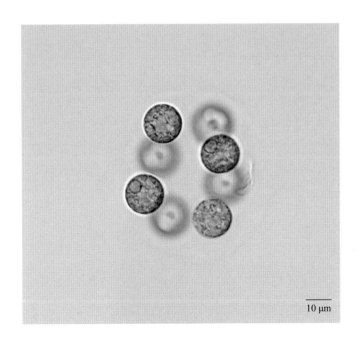

10 μm

美丽绿星球藻 *Asterococcus superbus* (Cienkowski) Schroffel

形态特征 细胞球形，单一；2个、4个或8个成为球状群体；胶被极厚，分层。色素体星形，具少数星芒状辐射伸出部分。细胞直径30~42 μm，其8个细胞的群体直径可达100 μm。

生境分布 密云水库非常见种类。主要集中出现在2019年7月、8月、9月的YL、CHK、BHB等水域，细胞密度较低，均为定性监测到该种类。

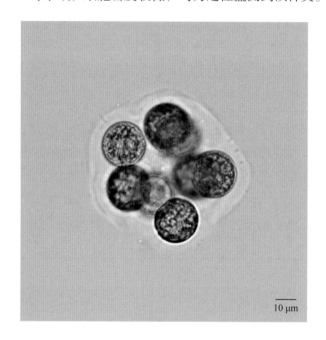

10 μm

毛鞘藻属 *Bulbochaete*

绿藻门 Chlorophyta　绿藻纲 Chlorophyceae
鞘藻目 Oedogoniales　鞘藻科 Oedogoniaceae

形态特征　水生。植物体单侧分枝，以具附着器的基细胞附着于他物上。营养细胞一般向上略扩大，在纵断面略呈楔形；多数细胞上端的一侧具1条细长、管状、基部膨大成为半球形的刺毛。主轴细胞一般限于由基细胞分生，由其他细胞分生的绝少。

念珠毛鞘藻 *Bulbochaete monile* Wittr. et Lunde

形态特征　植物体单侧分枝，多数细胞上端一侧具1条细长、管状、基部膨大成为半球形的刺毛。雌雄同株，植物体短小，常由少数细胞组成，分枝亦少。营养细胞短，长与宽约相等，两侧外凸，因而细胞常呈近球形或球形。细胞宽12～16 μm，长10～18 μm。

生境分布　密云水库偶见种类。仅在2017年9月定性监测到该种类。

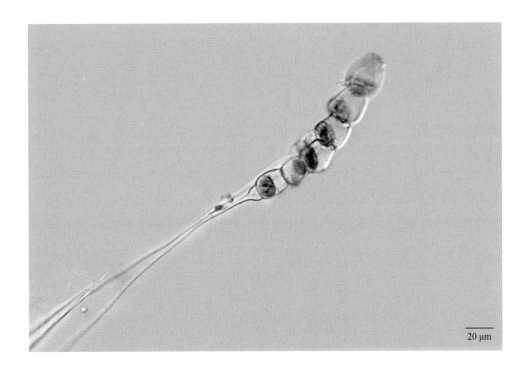

20 μm

新月藻属 *Closterium*

绿藻门 Chlorophyta　双星藻纲 Zygnematophyceae
鼓藻目 Desmidiales　鼓藻科 Desmidiaceae

形态特征　植物体为单细胞；新月形，略弯曲或显著弯曲，少数平直，中部不凹入，腹部中间不膨大或膨大，顶部钝圆、平直圆形、喙状或逐渐尖细；横断面圆形。细胞壁平滑；具纵向的线纹、肋纹或纵向的颗粒；无色或因铁盐沉淀而呈淡褐色或褐色。每个半细胞具1个色素体，由1个或数个纵向脊片组成；蛋白核多数，纵向排成1列或不规则散生。细胞两端各具1个液泡，内含1个或多个结晶状体的运动颗粒。细胞核位于两色素体之间细胞的中部。

锐新月藻 *Closterium acerosum* (Schrank) Eherenberg

形态特征　细胞大，狭长纺锤形，长为宽的7～16倍；背缘略弯曲，呈50°～100°弓形弧度，腹缘近平直或略凸，其后向顶部逐渐狭窄和呈圆锥形，顶端狭和截圆形，常略增厚。细胞壁平滑，无色，较成熟的细胞呈淡黄褐色；并具很难可见的线纹，10 μm中约10条，具中间环带。色素体具5～12个脊状；中轴具1纵列5～29个蛋白核。细胞两端液泡含数个运动颗粒。细胞长260～682 μm，宽32～85 μm；顶部宽4～13 μm。

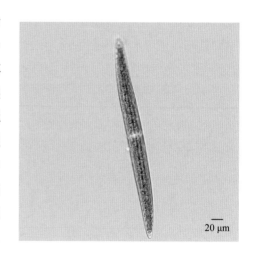

20 μm

生境分布　密云水库偶见种类。仅在2017年9月定性监测到该种类。

锐新月藻长形变种 *Closterium acerosum* var. *elongatum* Brébisson

形态特征　此变种细胞比原变种长，长为宽的15～33倍；到顶部逐渐呈圆锥形，背缘呈30°～35°弓形弧度。细胞壁具精致线纹或点纹，在10 μm中具10条，无色或黄褐色。细胞长478～836 μm，宽30～58 μm；顶部宽6～8 μm。

生境分布　密云水库偶见种类。仅在2017年10月定性监测到该种类。

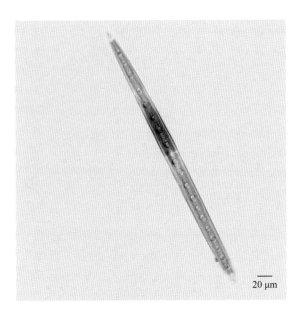

20 μm

纤细新月藻 *Closterium gracile* Brébisson

形态特征 细胞小、细长，线形，长为宽的18~70倍；细胞长度一半以上的两侧缘近平行，其后逐渐向两端狭窄，顶部向腹缘略弯曲，顶端钝圆。细胞壁平滑、无色到淡黄色，具中间环带，有时不明显。色素体中轴具一纵列4~7个蛋白核。细胞两端液泡具1至数个运动颗粒。细胞长211~784 μm，宽6.5~18 μm；顶部宽2~4 μm。

生境分布 密云水库常见种类。在部分采样点位长期监测到该种类。细胞密度通常小于2万个/L，最大细胞密度出现在2015年8月的JG水域，密度达7.8万个/L。

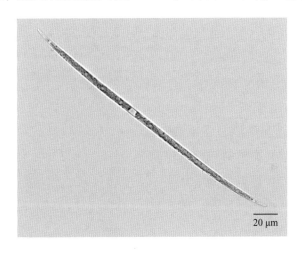

20 μm

微小新月藻 *Closterium parvulum* Nägeli

形态特征　细胞小，新月形，长为宽的6.5~15倍；明显地弯曲，背缘呈110°~170°弓形弧度，腹缘中部凹入或直，向顶部逐渐变狭，顶端尖圆。细胞壁平滑，无色或少数呈淡黄褐色。色素体具5~6条纵脊；中轴具一列2~6个蛋白核。细胞两端液泡具数个运动颗粒。细胞长85~210 μm，宽9~20 μm；顶部宽1~3 μm。接合孢子近球形或椭圆形；孢壁平滑。

生境分布　密云水库非常见种类。主要集中出现在2013年9月的KZX和10月的CHB，2014年6月的BHK等水域。细胞密度通常小于2万个/L。

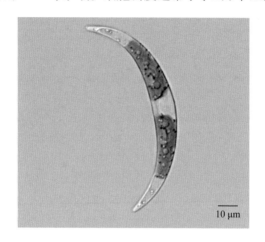

10 μm

月芽新月藻 *Closterium cynthia* De Notaris

形态特征　细胞小，长为宽的6~10倍；明显地弯曲，背缘呈95°~170°弓形弧度，腹缘通常明显地凹入，从中部逐渐向两端变狭，顶端钝圆。细胞壁黄褐色，在10 μm中具6~11条线纹，具中间环带。色素体具2~5条纵脊和中轴具1列3~7个蛋白核。细胞两端液泡通常具1个运动颗粒。细胞长75~134 μm，宽9~13 μm；顶部宽2~4.5 μm。接合孢子球形；孢壁平滑。

生境分布　密云水库偶见种类。仅在2017年9月定性监测到该种类。

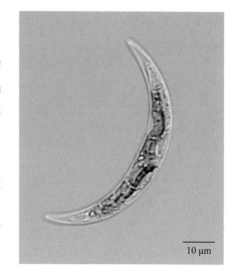

10 μm

莱布新月藻 *Closterium leibleinii* Kützing

形态特征 细胞中等大小，长为宽的4～8倍；明显地弯曲，背缘呈130°～190° 弓形弧度，腹缘明显地凹入，中部略膨大，逐渐向顶部变狭，顶端尖圆。细胞壁平滑、无色，较稀少为金黄色或淡黄褐色。色素体约具6条纵脊；中轴具1列2～11个蛋白核。细胞两端液泡大，具数个运动颗粒。细胞长90～280 μm，宽13～40 μm；顶部宽2.5～4 μm。

生境分布 密云水库偶见种类。仅在2017年7月定性监测到该种类。

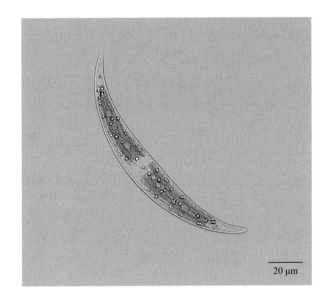

20 μm

鼓藻属 *Cosmarium*

绿藻门 Chlorophyta　双星藻纲 Zygnematophyceae
鼓藻目 Desmidiales　鼓藻科 Desmidiaceae

形态特征　单细胞。细胞大小变化很大,侧扁;缢缝常深凹入,狭线形或张开。半细胞正面观近圆形、半圆形、椭圆形、卵形、梯形、长方形、截顶角锥形等,顶缘圆、平直或平直圆形,半细胞缘边平滑或具波形、颗粒、齿,半细胞中部有或无膨大或拱形隆起;侧面观绝大多数椭圆形或卵形;垂直面观椭圆形或卵形。细胞壁平滑,或具点纹、圆孔纹、小孔、齿、瘤或具一定方式排列的颗粒、乳头状突起等。色素体轴生或周生,每个半细胞具1个、2个或4个(极少数具8个);每个色素体具1个或数个蛋白核,有的种类具周生的带状色素体(6～8条),每条色素体具数个蛋白核。细胞核位于两个半细胞之间的缢部。

光滑鼓藻 *Cosmarium laeve* Rabenhorst

形态特征　细胞小,长约为宽的1.5倍;缢缝深凹,狭线形;顶端略膨大。半细胞正面观半椭圆形或近2/3椭圆形,顶缘狭、平直或略凹入,基角略圆或圆;侧面观卵形到椭圆形;垂直面观椭圆形,厚与宽的比例为1∶1.5。细胞壁具精致的,有时为稀疏的穿孔纹到圆孔纹。细胞长14～42 μm,宽11.5～31 μm;缢部宽3～13 μm,厚7～20 μm。

生境分布　密云水库偶见种类。仅在2016年9月和2017年9月的YL、KZX和DGZ等水域监测到该种类。

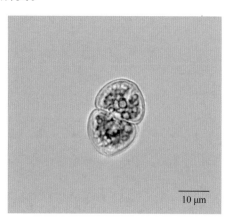

10 μm

近膨胀鼓藻 *Cosmarium subtumidum* Nordstedt

形态特征　细胞小到中等大小，长为宽的1.14～1.2倍；缢缝深凹，狭线形；顶端略膨大。半细胞正面观截顶角锥形到半圆形，顶缘宽、平直，侧缘凸出，顶角和基角广圆；侧面观圆形；垂直面观广椭圆形，厚与宽的比例约为1：1.8。细胞壁具点纹。半细胞具1个轴生的色素体，其中央具1个蛋白核。细胞长29.5～75 μm，宽20～65 μm；缢部宽5.5～22.5 μm，厚15～30 μm。接合孢子球形；孢壁具粗钝刺，基部膨大，顶端略凹入；直径（不具刺）48 μm，刺长8～8.5 μm。

生境分布　密云水库非常见种类。主要集中出现在2013年的BHK、BHB、YL、KZX等水域，细胞密度通常为1万～4万个/L。

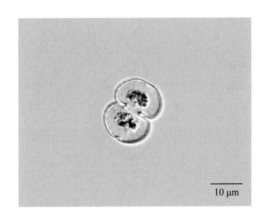

10 μm

肾形鼓藻 *Cosmarium reniforme* (Ralfs) Archer

形态特征　细胞中等大小，长约大于宽；缢缝深凹，狭线形，向外张开和外端宽膨大。半细胞正面观肾形，顶角广圆，基角圆；侧面观圆形；垂直面观椭圆形。细胞壁具斜十字形或有时不明显垂直排列的颗粒，半细胞缘边具30～36个颗粒；半细胞具1个轴生的色素体，2个蛋白核。细胞长31～62.5 μm，宽28.5～54 μm；缢部宽9～29 μm，厚15～35 μm。

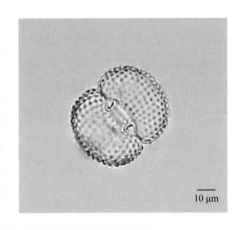

10 μm

生境分布　密云水库偶见种类。仅在2019年8月定性监测到该种类。

葡萄鼓藻 *Cosmarium botrytis* Ralfs

形态特征　细胞中等大小到大型，长为宽的1.25～1.3倍；缢缝深凹，狭线形，外端略膨大。半细胞正面观卵状截顶角锥形，顶缘较狭，平直或近平直，顶角和基角圆，侧缘略凸出；侧面观广椭圆形；垂直面观椭圆形，厚和宽的比例约为1∶1.8。细胞壁具均匀的、略呈同心圆或斜向十字形排列的颗粒，半细胞缘边具30～36个

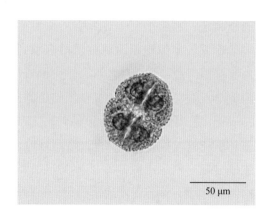

50 μm

颗粒。半细胞具1个轴生的色素体，2个蛋白核。细胞长41～97.5 μm，宽36～72 μm；缢部宽10～27 μm，厚21～45 μm。

生境分布　密云水库常见种类。在水库中长期监测到该种类，细胞密度普遍小于4万个/L，垂直分布明显，表层细胞密度通常大于中层和底层。最大细胞密度出现在2015年8月的CHB水域，为21万个/L。调水后细胞密度普遍降低。

雷尼鼓藻 *Cosmarium regnellii* Wille

形态特征　细胞小，长约等于宽；缢缝深凹，狭线形，顶端略膨大。半细胞正面观梯形到六角形，顶缘宽、平直，侧缘上部明显凹入，侧角凸出并略向上扩大，形成半细胞最宽部分，侧缘下部略凹入和略向上扩大，侧缘下部比侧缘上部略长；侧面观圆形到卵形；垂直面观近长圆形到椭圆形，厚与宽的比例约为1∶2.4。细胞壁平

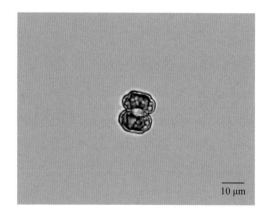

10 μm

滑。半细胞具1个轴生的色素体，其中央具1个蛋白核。细胞长12.5～22.5 μm，宽12～22 μm；缢部宽3～7 μm，厚6～12.5 μm。

生境分布　密云水库偶见种类。仅在2019年8月定性监测到该种类。

波形鼓藻波形变种小变型 *Cosmarium cymatopleurum* var. *cymatopleurum* f. *minus* **Kurz**

形态特征 细胞较小，长约为宽的1.3倍；缢缝深凹，狭线形，顶端略膨大，外端略张开。半细胞正面观截顶角锥形，顶部较少凸出，顶角钝圆，从近基部逐渐向顶部辐合，侧缘几乎直和略呈波状，基部近肾形；侧面观椭圆形到圆形；垂直面观椭圆形，侧缘钝圆和具波形，缘内具3轮与侧缘的波形近平行的波形。细胞壁厚，具精致的点纹。半细胞具1个轴生的色素体，2个蛋白核。

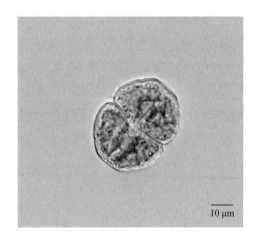

细胞长50～55 μm，宽40～44 μm；缢部宽14～15 μm，厚24～26 μm。

生境分布 密云水库偶见种类。仅在2017年9月定性监测到该种类。

短鼓藻 *Cosmarium abbreviatum* **Raciborski**

形态特征 细胞小，长约等于或略小于宽；缢缝深凹，狭线形，顶端略膨大。半细胞正面观长六角形到角状卵形，顶缘宽、平截，直或略凹入，侧缘上部逐渐向顶部辐合，侧缘下部逐渐斜向半细胞的基部辐合，中部的侧角略圆，有时略凸出；侧面观广卵形到近圆形；垂直面观狭椭圆形，厚与宽的比例约为1：2。细胞长12.5～22 μm，宽13～22 μm；缢部宽5～7 μm，厚7～9.5 μm。

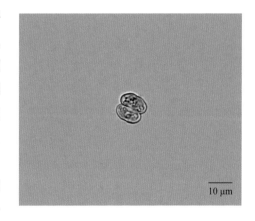

生境分布 密云水库常见种类。调水前大部分采样点位均长期监测到该种类，细胞密度通常小于6万个/L。最大细胞密度出现在2014年8月的BHB和2015年9月的BHK水域，细胞密度均为13万个/L。调水后细胞密度和出现频率均显著降低。

凹凸鼓藻 *Cosmarium impressulum* Elfving

形态特征　细胞小，长约为宽的1.5倍；缢缝深凹狭线形，顶端略扩大。半细胞正面观半椭圆形或近半圆形，边缘具8个规则的、明显的波纹（顶缘2个，侧缘3个）；侧面观广椭圆形或椭圆形到近圆形；垂直面观椭圆形，厚与宽的比例为1∶1.6。细胞壁平滑。半细胞具1个轴生的色素体，其中央具1个蛋白核。细胞长20~32.5 μm，宽14~26 μm；缢部宽3~9 μm，厚8~17 μm。

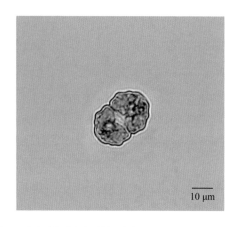

生境分布　密云水库偶见种类。仅在2019年9月定性监测到该种类。

鼓藻属未定种 *Cosmarium* sp.

形态特征　单细胞。细胞大小变化很大，侧扁；缢缝常深凹入，狭线形或张开。半细胞正面观半圆形、梯形、截顶角锥形等，顶缘圆，平直或平直圆形，半细胞缘边平滑或具波形、颗粒、齿，半细胞中部有或无膨大或拱形隆起；侧面观绝大多数呈椭圆形或卵形；垂直面观椭圆形或卵形。细胞壁平滑，或具点纹、圆孔纹、小孔、齿、瘤或具一定方式排列的颗粒、乳头状突起等。色素体轴生或周生，每个半细胞具1个、2个或4个（极少数具8个），每个色素体具1个或数个蛋白核，有的种类具周生的带状的色素体（具6~8条），每条色素体具数个蛋白核。细胞核位于两个半细胞之间的缢部。

生境分布　密云水库非常见种类。主要在2015年9月、2018年9月和2019年8月的KZX、CHB、BHK等水域定性监测到该种类。

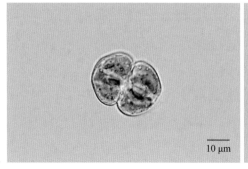
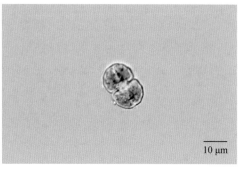

叉星鼓藻属 *Staurodesmus*

绿藻门 Chlorophyta　双星藻纲 Zygnematophyceae
鼓藻目 Desmidiales　鼓藻科 Desmidiaceae

形态特征　单细胞，一般长略大于宽（不包括刺或突起），绝大多数种类辐射对称，少数种类两侧对称及细胞侧扁；多数缢缝深凹，从内向外张开呈锐角。半细胞正面观半圆形、近圆形、椭圆形、圆柱形、近三角形、四角形、梯形、碗形、杯形、楔形等，半细胞顶角或侧角尖圆、广圆、圆形或向水平向、略向上或向下形成齿或刺；垂直面观多数三角形到五角形，少数圆形、椭圆形，角顶具齿或刺。细胞壁平滑或具穿孔纹。半细胞一般具1个轴生的色素体，1到数个蛋白核；少数种类色素体周生，具数个蛋白核。

迪基叉星鼓藻 *Staurodesmus dickiei* (Ralfs) Lillieroth

形态特征　细胞小到中等大小，长约等于宽（不包括刺）；缢缝深凹，向外张开呈锐角。半细胞正面观椭圆形，背缘和腹缘相同凸起或腹缘比背缘略凸起，侧角圆，角顶具1个略向下弯的强壮短刺；垂直面观三角形，少数四角形，侧缘略凹入，角圆，角顶具1个强壮的短刺。细胞壁平滑或具点纹。细胞长24~44 μm，宽（不包括刺）25~45 μm；缢部宽5~12 μm。

生境分布　密云水库偶见种类。仅在2017年9月定性监测到该种类。

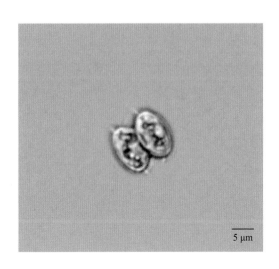

5 μm

角星鼓藻属 *Staurastrum*

绿藻门 Chlorophyta 双星藻纲 Zygnematophyceae
鼓藻目 Desmidiales 鼓藻科 Desmidiaceae

形态特征 单细胞，一般长略大于宽（不包括刺或突起），绝大多数辐射对称，少数两侧对称及侧扁；多数缢缝深凹，从内向外张开呈锐角。半细胞正面观半圆形、近圆形、椭圆形、圆柱形、近三角形、四角形、梯形、楔形等（细胞不包括突起的部分称为细胞体部，半细胞正面观的形状是指半细胞体部的形状），许多种类半细胞顶角或侧角向水平方向、略向上或向下延长形成长度不等的突起，缘边一般波形，具数轮齿，顶端平或具3～5个刺（突起基部又长出较小的突起称为副突起）；垂直面观多数三角形至五角形，少数圆形、椭圆形、六角形或多到十一角形。

珍珠角星鼓藻 *Staurastrum margaritaceum* Ralfs

形态特征 细胞小，长约等于或略大于宽（包括突起）；缢缝浅，顶部宽凹入，向外张开呈锐角。半细胞正面观形状变化较大，杯形到近纺锤形或近圆形，顶缘略凸起或平直，顶角水平方向或略向下延长形成短而钝的突起，细胞壁具数轮围绕角呈同心圆排列的颗粒，末端具4～6个颗粒，半细胞基部有时具1轮明显的颗粒；垂直面观三角形到九角形，常为四角形到六角形，侧缘凹入，顶部中央平滑，角延长成短而钝的突起。细胞长22～46 μm，包括突起宽16～48 μm；缢部宽6～14 μm。

生境分布 密云水库非常见种类。主要集中出现在2013年6月的JG等水域，最大细胞密度为2.6万个/L，其余时间在相关水域零星出现。

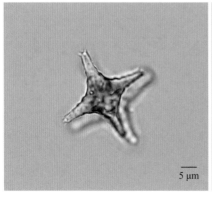

5 μm

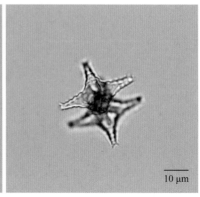

10 μm

威尔角星鼓藻 *Staurastrum willsii* Turner

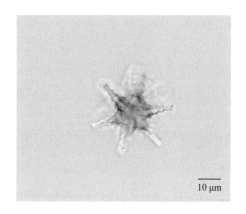

形态特征　细胞中等大小，长略小于宽；缢缝中等深度凹入，顶端尖圆，向外张开呈锐角。半细胞正面观楔形，顶缘近平直或平圆形，顶缘两侧各具1对连生的颗粒，顶角水平向延长形成中等长度的突起，具数轮小齿，顶端平，具6个刺，突起基部两侧各具1个3齿的瘤，半细胞基角近直角，缢部上端具12个尖刺等距离排成1圈；垂直面观六角形，侧缘凹入，缘内具2个3齿的瘤，与瘤内1对连生的颗粒并行排列，角延长形成中等长度的突起。细胞长40~45 μm，宽（包括突起）4~47 μm；缢部宽14~15 μm。

生境分布　密云水库非常见种类。主要集中出现在水库的CHB、BHK和BHB等水域，细胞密度普遍较小，一般小于1万个/L。

纤细角星鼓藻 *Staurastrum gracile* Ralfs

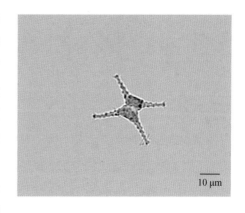

形态特征　细胞小到中等大小，细胞形状变化很大，长约为宽的1.5倍（不包括突起）；缢缝较深凹入，顶端尖或"U"形，向外张开呈锐角；半细胞正面观近杯形，顶缘宽、略凸出或平直，具1列中间凹陷的小瘤或成对的小颗粒，在缘边瘤或小颗粒下的缘内具数纵行小颗粒，顶角斜向上或水平向延长形成细长的突起，具数轮小齿，突起缘边波形，末端具3~4个刺；垂直面观三角形，少数四角形，侧缘平直，少数略凹入，缘边具1列中间凹陷的小瘤或成对的小颗粒，缘内具数列小颗粒，有时成对。细胞长27~60 μm，宽（包括突起）35~110 μm；缢部宽5.5~13 μm。

生境分布　密云水库常见种类。该种类在大部分采样点位长期监测到，细胞密度一般小于2万个/L。2019年后细胞出现频率较之前明显增加。最大细胞密度出现在2020年8月的CHK水域，细胞密度达5.3万个/L。

四角角星鼓藻 *Staurastrum tetracerum* Ralfs

形态特征 细胞小，长约等于或约为宽的1.2倍（包括突起）；缢缝"V"形深凹，向外张开呈锐角。半细胞正面观倒三角形，顶缘平直或略凹入，顶角明显地斜向上延长形成长突起，缘边具4～5个波纹，其顶端微凹入和具3～4个短而强壮的齿；垂直面观纺锤形，侧角延长形成长突起，上下2个半细胞的长突起交错排列。细胞长20～28 μm，宽17～30 μm；缢部宽3.5～6 μm。

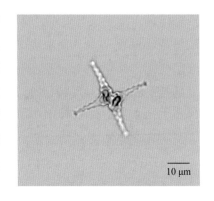

生境分布 密云水库非常见种类。主要集中出现在2013年的BHB、BHK、JG、CHK等水域，细胞密度一般小于3万个/L。

颗粒角星鼓藻 *Staurastrum punctulatum* Ralfs

形态特征 细胞小，长略大于宽；缢缝深凹，向外张开呈锐角。半细胞正面观椭圆形到近纺锤形，顶缘及腹缘略凸出，侧角略呈尖圆形；垂直面观三角形，少数四角形或五角形，侧缘中间略凹入，角略呈尖圆形。细胞壁具均匀的颗粒，围绕角呈同心圆排列，上下2个半细胞常交错排列。细胞长21～43.5 μm，宽18.5～38 μm；缢部宽6～16 μm。

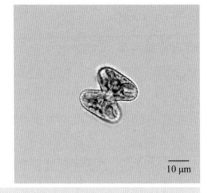

生境分布 密云水库偶见种类。仅在2020年8月定性监测到该种类。

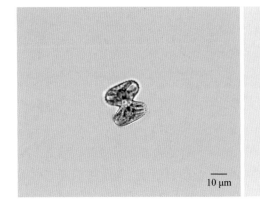

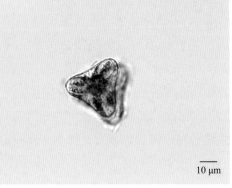

角星鼓藻属未定种　*Staurastrum* sp.

形态特征　单细胞，长略大于宽；缢缝深凹，从内向外张开呈锐角。半细胞顶角或侧角向水平方向、略向上或向下延长形成长度不等的突起，缘边波形，具数轮齿，顶端平或具3～5个刺（突起基部又长出较小的突起称为"副突起"）。

生境分布　密云水库常见种类。在大部分采样点位长期监测到该种类，细胞密度一般小于8万个/L，垂直分布明显，一般表层细胞密度小于中层和底层。通常8月、9月细胞密度较大，最大细胞密度出现在2015年8月的BHK水域，细胞密度为17万个/L。2019年后细胞密度显著减小，多以定性监测到该种类。

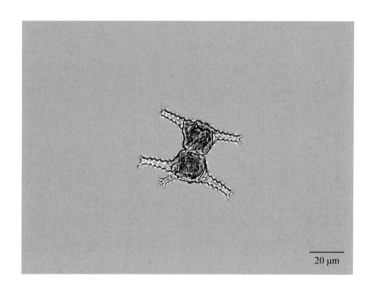

20 μm

柱形鼓藻属 *Penium*

绿藻门 Chlorophyta　双星藻纲 Zygnematophyceae
鼓藻目 Desmidiales　鼓藻科 Desmidiaceae

形态特征　单细胞，细胞圆柱形、近圆柱形、椭圆形或纺锤形，长为宽的数倍，中部略具收缢或不收缢；细胞中部两侧近平行，向顶部逐渐狭窄，顶端圆、截圆形或平截；垂直面观圆形。细胞壁平滑，或具线纹、小孔纹或颗粒，纵向或螺旋状排列；无色或黄褐色。每个半细胞具1个轴生的色素体，由数个辐射状纵长脊片组成，绝大多数种类每个色素体具1球形到杆形的蛋白核，但常可断裂成许多小球形到不规则形的蛋白核，少数种类具中轴1列蛋白核；个别种类半细胞具1个周生、带状的色素体。少数种类细胞两端各具1个液泡，内含数个石膏结晶的运动颗粒。细胞核位于两色素体之间细胞的中部。

螺纹柱形鼓藻 *Penium spirostriolatum* Barker

形态特征　细胞大，近圆柱形，长为宽的5～11倍；中部略缢缩，逐渐向顶部狭窄，顶端圆形或截圆形，有时膨大。细胞壁灰黄色或黄褐色；具纵长螺旋状缠绕线纹，在10 μm中具4～6条，有时粗，有时不连续，线纹间具细点纹，近顶部常具小的点纹，具数条中间环带。每个半细胞通常具2个色素体，约由7个纵向的脊片组成。每个色素体具1或多个轴生的蛋白核。细胞长52～280 μm，宽12～29 μm；缢部宽11～27 μm；顶部宽7.5～18 μm。

生境分布　密云水库偶见种类。仅在2020年8月定性监测到该种类。

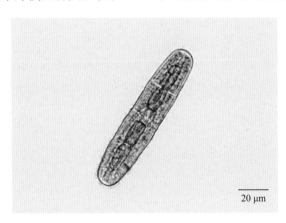

水绵属 *Spirogyra*

绿藻门 Chlorophyta　双星藻纲 Zygnematophyceae
双星藻目 Zygnematales　双星藻科 Zygnemataceae

形态特征　植物体为长而不分枝的丝状体，偶尔产生假根状分枝。营养细胞圆柱形，细胞横壁有平直型、折叠型、半折叠型、束合型4种类型。色素体1~16条，周生，带状，沿细胞壁作螺旋盘绕；每条色素体具1列蛋白核。接合生殖为梯形接合和侧面接合，具接合管。接合管通常由雌雄两配子囊的侧壁上发生的两突起交遇而形成；有的仅由雄配子囊的一侧发生达于雌配子囊。接合孢子仅位于雌配子囊内。雌配子囊有的被胀大或膨大；有的仅向一侧（内侧或外侧）膨大，或内外两侧均膨大，有的呈椭圆形膨大或柱状膨大。少数种类有性生殖时的不育细胞呈球状、圆柱状或哑铃状膨大。接合孢子形态多样。孢壁常为3层，少数为2层、4层、5层；中孢壁平滑或具一定类型花纹，成熟后为黄褐色。有些种类产生单性孢子或静孢子。

美纹水绵 *Spirogyra pulchrifigurata* Jao

形态特征　营养细胞长58~275 μm，宽38~58 μm。横壁平直。色素体2~5条，旋绕1.5~5转；梯形接合。接合管由雌雄配子囊构成。接合孢子囊膨大，宽可达73 μm，有时缩短。接合孢子椭圆形，两端略钝圆；长60~109 μm，宽40~75 μm。孢壁3层；中孢壁具不规则的粗网纹，成熟后黄褐色。

生境分布　密云水库非常见种类。主要集中出现在2016年、2017年的JG、CHK、BHK、BHB等水域，细胞密度普遍较小，多以定性监测到该种类，但2017年10月BHK水域的细胞密度达23万个/L。

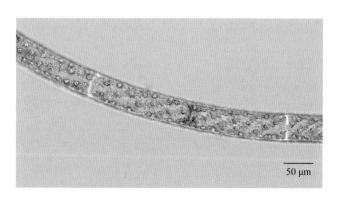

50 μm

极小水绵 *Spirogyra tenuissima* (Hassall) Kützing

形态特征 营养细胞长33～202 μm，宽9～14 μm。横壁折叠。色素体1条，旋绕2～5转；梯形接合和侧面接合。接合管由雌雄配子囊构成，接合孢子囊中部膨大，宽20～38 μm。接合孢子椭圆形，长44～74 μm，宽25～30 μm。孢壁3层；中孢壁平滑，成熟后黄色。

生境分布 密云水库非常见种类。主要集中出现在2016年和2019年的BHK、YL、DGZ、KZX等水域。细胞密度普遍较小，一般为定性监测到该种类。

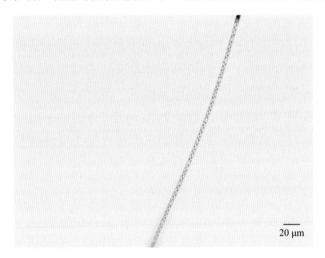

20 μm

水绵属未定种 *Spirogyra* sp.

形态特征 植物体为长而不分枝的丝状体。营养细胞圆柱形。细胞横壁有平直型、折叠型、半折叠型、束合型4种类型。色素体3条，周生，带状，沿细胞壁作螺旋盘绕；每条色素体具1列蛋白核。

生境分布 密云水库偶见种类。仅2016年9月和2018年11月在JSK、BHB等水域定性监测到该种类。

50 μm

转板藻属 *Mougeotia*

绿藻门 Chlorophyta　双星藻纲 Zygnematophyceae
双星藻目 Zygnematales　双星藻科 Zygnemataceae

形态特征　藻丝不分枝，有时产生假根。营养细胞圆柱形，其长度比宽度通常大4倍以上。细胞横壁平直。色素体轴生、板状；1个，极少数2个；具多个蛋白核，排列成1行或散生。细胞核位于色素体中间的一侧。

微细转板藻 *Mougeotia parvula* Hassall

形态特征　营养细胞长29~153 μm，宽6~13 μm。蛋白核2~9个，排成1列。梯形接合。配子囊直或略膝状弯曲。接合孢子囊不形成隔壁与孢子囊分隔，即接合孢子与2个细胞相连。接合孢子位于接合管中；球形，有时近球形；直径14~29 μm。孢壁3层；中孢壁平滑，成熟后黄褐色。

生境分布　密云水库常见种类。在大部分采样点位长期监测到该种类，细胞密度通常小于10万个/L，在2016年7月的DGZ和2017年11月的KZX水域形成优势种，细胞密度为25万~30万个/L。

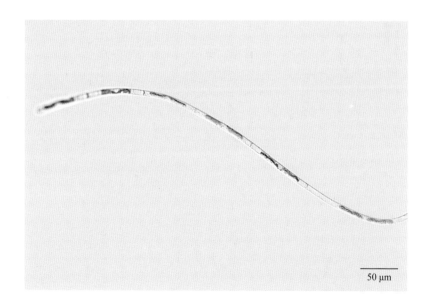

50 μm

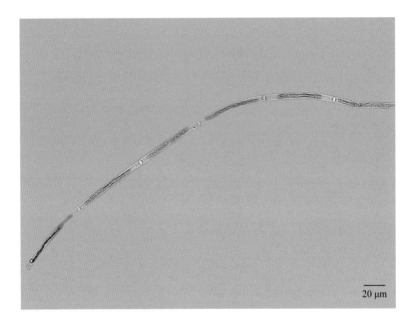

20 μm

梯接转板藻 *Mougeotia scalaris* Hassall

形态特征　营养细胞长60~197 μm，宽20~34 μm。蛋白核4~10个，排成1列。梯形接合。配子囊直或略膝曲。接合孢子囊不形成隔壁与孢子囊分隔，即接合孢子与2个细胞相连。接合孢子位于接合管中；球形，有时卵圆形；长33~41 μm，宽25~40 μm。孢壁3层；中孢壁平滑，成熟后黄褐色。

生境分布　密云水库偶见种类。仅在2017年9月定性监测到该种类。

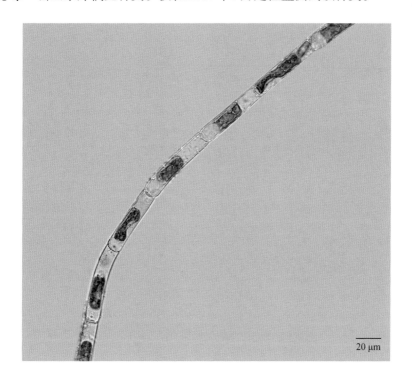

20 μm

浮游动物篇

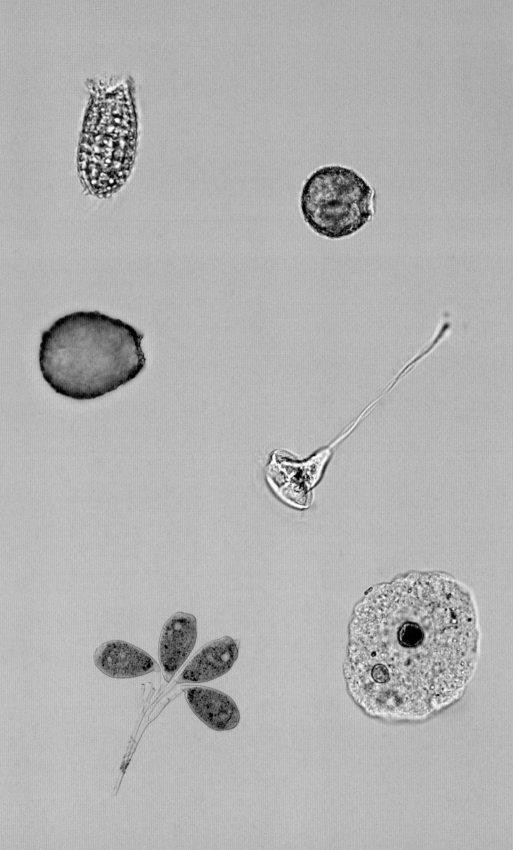

原 生 动 物

Protozoa

原生动物是动物界最原始、最低等、最简单的单细胞动物或其形成的简单群体。大多数原生动物都非常微小，大小在2～200 μm，在地球上分布极广，不仅在海水、淡水、盐水、土壤、冰雪等环境中自由生活，而且还可以寄生在各种生物体内进行寄生生活，对人类、家畜造成严重的危害。而生活在土壤和水生态系统中的原生动物是最底层的消费者，在物质和能量循环中是重要的环节，在土壤中不仅为其他动物提供食源，促进土壤中有机物质的循环，而且对腐殖质的形成、土壤微生物群落结构的构成和肥力的提高都有积极的作用。

原生动物繁殖极快，可作为其他水生动物的营养来源；作为单细胞生物，对外界环境变化十分灵敏，能利用水体中有机物质，是水质净化、污水处理和水质监测中的指示动物。

密云水库中监测到原生动物有82种，本图鉴收录28种，按《原生动物学》分类系统，隶属3纲7目18属。南水北调水开始入库调蓄后，原生动物种类数目和种群数量有一定变化，常见的绿急游虫 *Strombidium viride*，在调水后种群密度曾达到645个/L。

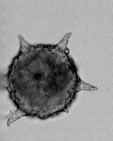

变形虫属 *Amoeba*

原生动物门 Protozoa　肉足虫纲 Sarcodina
变形目 Amoebida　变形科 Amoebidae

形态特征　虫体单细胞，裸露无壳，体柔软无定形。细胞核1～2个。伪足叶状，作为运动和摄食胞器。伪足内常见明显的脊状延伸。

变形虫属未定种 *Amoeba* sp.

形态特征　虫体裸露无壳，体外包以质膜，柔软。形态多变。叶状伪足，伪足运动时，伪足基部不融合，形状多变。细胞核通常1个，最多2个。虫体较小，一般大小20～500 μm。

生境分布　密云水库非常见种类。该种类主要集中出现在南水北调水入库前，种群密度通常较大，一般为5～30个/L，特别是2013年7月、8月、9月在大多数采样点位形成优势种，最大种群密度达到105～110个/L，出现在2013年8月的BHK水域。垂直分布明显，水体表层和中层种群密度普遍大于底层，且不同深度水层均有分布。调水后出现频率和种群密度都显著降低，仅在BHB、CHB、BHK等水域零星出现，且多以定性监测到该种类。

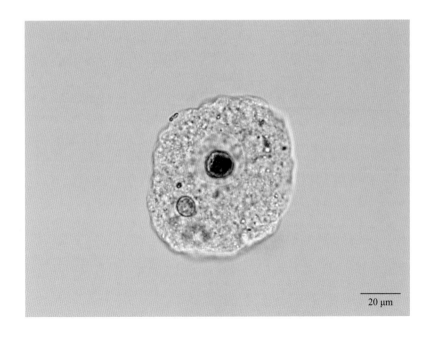

20 μm

砂壳虫属 *Difflugia*

原生动物门 Protozoa 肉足虫纲 Sarcodina
表壳目 Arcellinida 表壳科 Arcellidae

形态特征 外壳由细胞分泌的胶质与微细的沙砾或硅藻空壳黏合而成。壳孔在壳体一端的中央。远孔端浑圆或尖细。指状伪足从壳孔伸出，固定后伪足完全缩入壳中。

冠冕砂壳虫 *Difflugia corona* Wallich

形态特征 外壳由细胞分泌的胶质与微细的沙砾或硅藻空壳黏合而成。壳孔在壳体一端的中央，无颈。远孔端浑圆或尖细。指状伪足从壳孔伸出，固定后伪足完全缩入壳中。壳球形，有5～7个角。壳口边缘呈瓣片形，一般为12个瓣片，最多20个。壳表覆有细沙砾。壳直径（不含刺）160～200 μm；壳口直径48～55 μm；角长40～60 μm。

生境分布 密云水库非常见种类。该种类主要集中出现在南水北调水入库前的JG、KZX、CHK、YL等水域，种群密度一般小于5个/L。最大种群密度出现在2013年9月的YL、10月的KZX水域，种群密度为12.5个/L。调水后水库中监测到该种类的频次较少，且均为定性监测到。

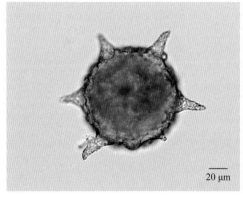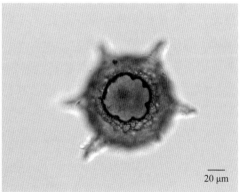

球形砂壳虫 *Difflugia globulosa* Dujardin

形态特征 壳除了表面的几丁质膜外，其外还黏附着由他生质体如矿物屑、岩屑、硅藻空壳等颗粒构成的表层，而且颗粒很多，以致壳面粗糙而不透明。壳呈球形。

口在壳体的一端，位于主轴正中。伪足为指状。虫体长27～92 μm，宽24～81 μm。

生境分布　密云水库常见种类。在所有采样点位均长期监测到该种类，种群密度一般小于5个/L，且水体表层密度一般小于中层和底层。在2015年10月的BHK、YL，11月的BHK、YL、JG、KZX等水域形成优势种，最大种群密度出现在2015年11月的BHK水域，种群密度达54个/L。调水后的种群密度逐年降低，2018年后出现频率很低，且均以定性监测到该种类。

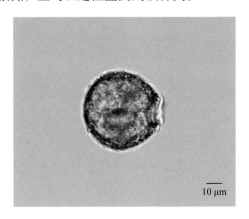

湖沼砂壳虫 *Difflugia limnetica* Levander

形态特征　壳球形或近似球形。壳口为三叶形，壳口处有一短的颈状部分。壳长80～120 μm，宽60～100 μm；壳口宽24～36 μm。

生境分布　密云水库非常见种类。主要集中出现在2017年前的JG、YL、BHK、BHB、CHK、CHB等水域，尤其以2013年和2016年分布最为广泛，种群密度一般小于5个/L，且不同深度水层均有分布。最大种群密度出现在2013年的YL水域，种群密度为20个/L。2017年后鲜有监测到该种类。

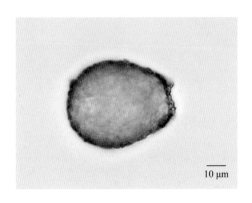

瓶砂壳虫 *Difflugia urceolata* Carter

形态特征　壳呈球形。壳口边缘外翻。壳面覆有少量砂粒。体内有时吞有硅藻。壳直径60 μm。

生境分布　密云水库非常见种类。主要集中出现在调水前的BHK、BHB、KZX、CHK、JG等水域，种群密度普遍较低，一般小于1个/L。调水后鲜有监测到该种类。

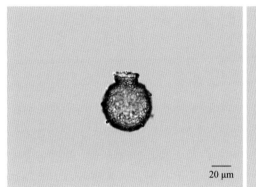
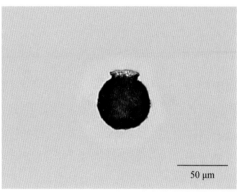

太阳虫属 *Actinophrys*

原生动物门 Protozoa　肉足虫纲 Sarcodina
太阳目 Actinophryida　太阳科 Actinophryidae

形态特征　虫体呈球形，个体小。体外面没有胶质膜，不粘外来物质。原生质外质有许多空泡，内质较少有空泡，常有共生藻类，但内、外质分界不明显。细胞核1个，位于中央。伪足呈针状，内有硬的轴丝，自细胞核附近伸出，长度为细胞直径的1～2倍，形成如太阳的光芒状。

放射太阳虫 *Actinophrys sol* Ehrenberg

形态特征　虫体呈球形。原生质外质透明，有许多大的定形的空泡；内质颗粒状，无色，有许多小的空泡。伪足很多，从细胞核附近辐射伸出，伪足细长而挺直。虫体直径25～50 μm。

生境分布　密云水库常见种类。在所有采样点位均监测到过该种类，种群密度一般小于5个/L，且调水前的种群密度普遍大于调水后。垂直分布明显，表层的种群密度大于中层和底层，最大种群密度出现在2013年10月的BHB水域，种群密度为12.5个/L。

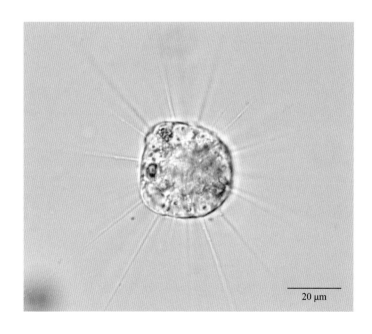

20 μm

光球虫属 *Actinosphaerium*

原生动物门 Protozoa　肉足虫纲 Sarcodina
太阳目 Actinophryida　太阳科 Actinophryidae

形态特征　虫体呈球形，直径200～300 μm。体内外两层分界明显，体外面没有胶质膜。原生质外质由两层不规则的空泡构成，透明；内质不透明，具有小液泡。伸缩泡2个，多核。轴足自内外质之间伸出。

轴丝光球虫 *Actinosphaerium eichhorni* Ehrenberg

形态特征　虫体呈球形。原生质外质为大液泡，1至数层；内质具小液泡。细胞多核。轴足发自外质内层。

生境分布　密云水库常见种类。在大部分采样点位监测到该种类，随着南水北调水入库，种群密度前后变化大，呈先降低后增大的趋势。2017～2020年部分月份的KZX、YL、CHK、CHB等水域形成优势种，最大种群密度出现在2019年10月的YL水域，种群密度为300个/L。

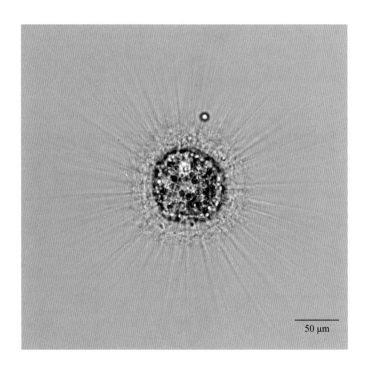

50 μm

板壳虫属 *Coleps*

原生动物门 Protozoa　纤毛纲 Ciliata
全毛目 Holotricha　板壳科 Colepidae

形态特征　虫体呈榴弹状，体长40～110 μm。细胞外有纵横排列十分整齐的膜质板片。纤毛自板片间的孔伸出体外，分布于全身。体纤毛15～18列，尾纤毛1根。

双刺板壳虫 *Coleps bicuspis* Noland

形态特征　虫体呈榴弹状；体长50 μm，体宽27 μm，长约为宽的2倍。板壳片约16纵行，每纵行分成许多小"窗格"从而又分成许多横行。围口板1行，齿状构造。最后1行围肛板之两侧长出2根刺。

生境分布　密云水库常见种类。在采样点位均监测到该种类。种群密度较小，一般小于2个/L，调水后的种群密度小于调水前，且多以定性监测到该种类，2018年后鲜有监测到。最大种群密度为12.5个/L，出现在2013年8月的CHK水域。

10 μm

板壳虫属未定种　*Coleps* sp.

形态特征　虫体呈桶形榴弹状，体长40～110 μm。细胞外有纵横排列十分整齐的膜质板片。纤毛自板片间的孔道伸出体外并均匀分布于全身。胞口在体前端并有较长的纤毛包围。围口板片有尖角状突起，后端浑圆或有2至数个棘突。有15～18列体纤毛，1根尾纤毛。大核位于体中部，小核1个附着在大核上。体后端有1个伸缩泡。

生境分布　密云水库非常见种类。南水北调水入库后密云水库新监测到的种类，主要集中出现在2020年YL、BHB、CHB、CHK等水域，种群密度一般小于15个/L，最大种群密度出现在2020年10月的BHB水域，种群密度为50个/L。其他年份出现频率较低，且多以定性监测到该种类。

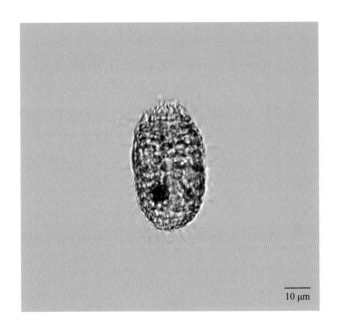

10 μm

栉毛虫属 *Didinium*

原生动物门 Protozoa　纤毛纲 Ciliata
全毛目 Holotricha　栉毛科 Didiniidae

形态特征　虫体呈圆筒形，体长60～200 μm。胞口引入带有刺杆的胞吻（鼻吻）。胞吻伸缩力强，可捕捉食物。体前部或中部具纤毛环，纤毛环上的纤毛排列整齐，呈梳状的纤毛栉，虫体其他部分无纤毛。大核1个在体中部，呈马蹄形；小核2～3个。伸缩泡位于末端。

双环栉毛虫 *Didinium nasutum* O. F. Müller

形态特征　虫体呈圆筒形；正常体长80～150 μm，固定后收缩体长120 μm。胞口位于前部圆锥形突起的顶端。胞口引入带有刺杆的胞吻（鼻吻）。胞吻伸缩力强，可捕捉食物。体的前部及中部各有1圈纤毛环，纤毛环上的纤毛排列整齐，呈梳状的纤毛栉，虫体其他部分无纤毛。大核1个在体中部，呈马蹄形；小核2～3个。伸缩泡位于末端。

生境分布　密云水库常见种类。在部分采样点位长期监测到该种类，调水后的种群密度显著高于调水前，且一般为15～40个/L，特别是在2018年、2019年、2020年的JG、CHB、YL等水域多次形成优势种。最大种群密度出现在2019年7月的YL水域，种群密度为110个/L。

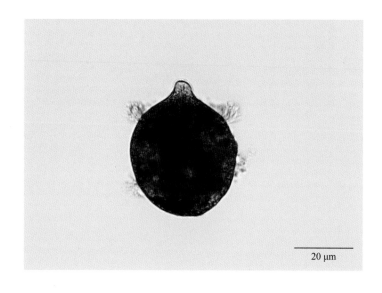

20 μm

单环栉毛虫 *Didinium balbianii* Fabre-Domergue

形态特征　虫体圆筒状，正常体长66 μm，固定后收缩的体长60 μm；前端有鼻状突。纤毛环仅1圈，环上的纤毛栉斜向排列。大核马蹄形，位于体中部；小核不易看到。

生境分布　密云水库较常见种类。主要集中出现在2011年、2012年、2020年CHB、CHK等水域，且出现频率不高。种群密度一般小于10个/L，最大种群密度出现在2020年7月的CHK水域，种群密度为45个/L。

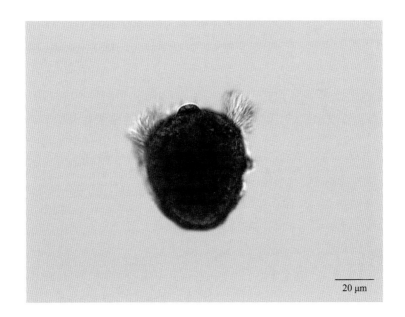

20 μm

膜袋虫属 *Cyclidium*

原生动物门 Protozoa　纤毛纲 Ciliata
全毛目 Holotricha　膜袋科 Cyclidiidae

形态特征　虫体小，呈长卵形，长约20 μm。背腹微压缩。波动膜大而显著，波动膜卷成囊袋形。

银灰膜袋虫 *Cyclidium glaucoma* Müller

形态特征　虫体小，卵圆或柠檬形；体长18～30 μm，体宽10～15 μm，长宽比为2∶1。纤毛行列稀少，口缘左面仅4行。纤毛较长与体宽长度相当，后有1根长尾毛。

生境分布　密云水库非常见种类。主要集中出现在2017年9月和2019年8月的YL、JG、BHK等浅水水域，种群密度极低，均为定性监测到该种类。

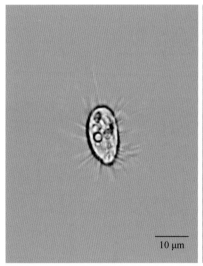

10 μm

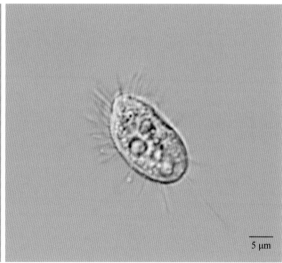

5 μm

豆形虫属 *Colpidium*

原生动物门 Protozoa　纤毛纲 Ciliata
全毛目 Holotricha　四膜科 Tetrahymenidae

形态特征　虫体呈不对称的豆形或肾形；前端向腹面弯曲，故口前缝向右弯曲。胞口位于腹面前1/3的凹陷处，卵圆形。口器是典型的"四膜"式构造；口腔纵轴与体轴平行。体纤毛密而均匀，后端有若干根稍长的尾纤毛。口后纤毛列1条。大核1个，居中。伸缩泡1个，居中或稍后。

肾形豆形虫 *Colpidium colpoda* (Ehrenberg) Stein

形态特征　体呈长卵形；正常体长100 μm，固定收缩后体长56 μm。体纤毛左右不对称；背面的纤毛列在前部明显地弯曲向右侧；体纤毛列55～60行。

生境分布　密云水库非常见种类。主要集中出现在2011年、2016年的JG等水域，出现频率较低，且均以定性监测到该种类。

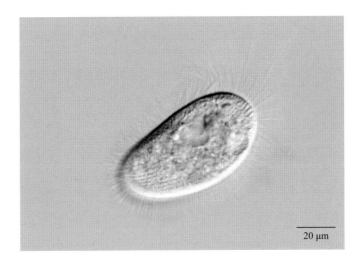

20 μm

钟虫属　*Vorticella*

原生动物门 Protozoa　纤毛纲 Ciliata
缘毛目 Peritrichida　钟形科 Vorticellidae

形态特征　单体生活。虫体呈倒钟形。小膜围口区的口缘往往向外扩张，形成围口唇。从反口面伸出的柄，内有肌丝，能伸缩。柄的下端固着在基质上。

钟形钟虫　*Vorticella campanula* Ehrenberg

形态特征　柄不分枝，单体。虫体呈宽阔的钟形；正常体长70～122 μm，固定收缩后的体长54～56 μm。口围阔，直径为体长的4/5。大核带形，稍弯。体内充满暗色储藏颗粒，以致体呈黑色。固定收缩后的柄长120～176 μm。

生境分布　密云水库较常见种类。主要集中出现在2012年、2013年、2016年、2017年部分月份的KZX、JG、YL、BHK、CHK等水域，种群密度一般小于2.5个/L，且调水后的种群密度普遍小于调水前。最大种群密度出现在2013年10月的YL水域，种群密度为10个/L。2018年后鲜有监测到该种类。

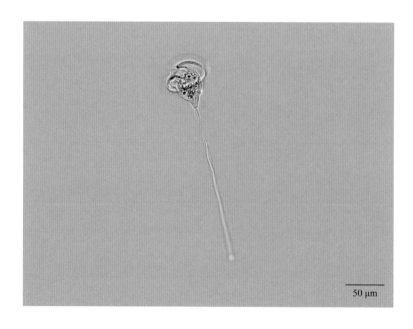

50 μm

似钟虫 *Vorticella similis* Stokes

形态特征　虫体呈宽阔的钟形；本体长45～90 μm，宽32～48 μm，长略超过宽。食泡纺锤形。大核细长带形，纵于体内。口围直径35～66 μm；柄长115～700 μm。

生境分布　密云水库偶见种类。仅在2019年8月定性监测到该种类。

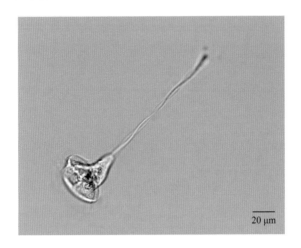

八钟虫 *Vorticella octava* Stokes

形态特征　虫体似卵圆形；体长16～38 μm，体宽仅及体长的1/2。后端与柄连接处具有1关节状的扭片。柄常呈波浪式扭曲；柄长30～230 μm。口围直径7.0～16 μm。

生境分布　密云水库偶见种类。仅在2019年9月定性监测到该种类。

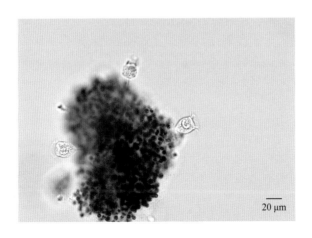

钟虫属未定种 *Vorticella* sp.

形态特征　单体生活。虫体呈倒钟形。小膜围口区的口缘往往向外扩张，形成围口唇。从反口面伸出的柄，内有肌丝，能伸缩。柄的下端固着在基质上。

生境分布　密云水库常见种类。在大部分采样点位长期监测到该种类，种群密度一般小于1个/L。2016年6月的CHK及2018年11月的JG、BHK、YL等水域形成优势种，最大种群密度出现在2018年11月的BHK水域，种群密度达105个/L。

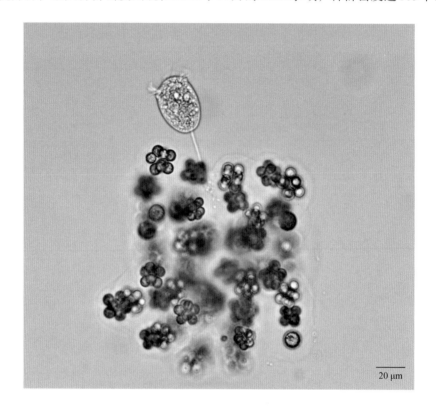

20 μm

累枝虫属 *Epistylis*

原生动物门 Protozoa　纤毛纲 Ciliata
缘毛目 Peritrichida　累枝科 Epistylidae

形态特征　群体生活，形态与钟虫相似。但柄较直而粗，柄透明无肌丝；群体柄不收缩。虫体前端有膨大的围口唇。

瓶累枝虫 *Epistylis urceolata* Stiller

形态特征　群体大小不一。本体通常较长而呈瓶形，但有一定程度变异；本体长 90~190 μm，宽48~90 μm；体宽除收缩的个体外，总是在体长的1/3~1/2。前段口围显著厚而膨大，和本体交界处约束成1环形的颈。内质往往略呈淡灰或淡绿色，内含少量食泡。柄总长200~3040 μm。

生境分布　密云水库较常见种类。主要集中出现在2011年、2012年、2016年、2017年的CHK、BHK、DGZ、YL、JG等浅水水域，种群密度极低，均以定性监测到该种类。

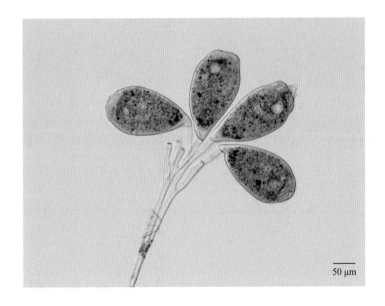

50 μm

浮游累枝虫 *Epistylis rotans* Svec

形态特征 群体可多至32～70个个体。本体呈圆筒形，较小；长度不超过70 μm，体长为体宽的2.3～2.5倍。表面横纹密而细。

生境分布 密云水库较常见种类。主要集中出现在2011年、2012年、2020年的KZX、CHB、CHK、BHB、BHK等水域，出现频率较低，种群密度一般小于3个/L，但最大种群密度可达160个/L，出现在2020年10月的CHK水域。

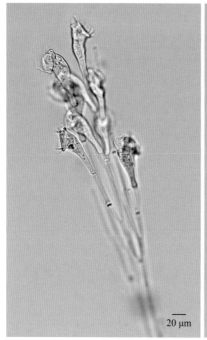
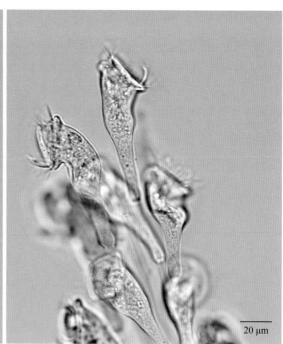

20 μm

20 μm

喇叭虫属 *Stentor*

原生动物门 Protozoa 纤毛纲 Ciliata
旋毛目 Stylonychia 喇叭科 Stentoridae

形态特征 体型大；伸缩性很强，伸展时呈喇叭状；体长200～3000 μm。游泳时体呈卵形到梨形。有的种类有管形或圆形的胶质兜甲，收缩时本体能完全藏于兜甲中。有的种类胞质中含有蓝色或红色的色素。

喇叭虫属未定种 *Stentor* sp.

形态特征 虫体伸缩性强，伸展时为喇叭状。围口区显著。体表有许多列条纹样的颗粒带，向后条带渐窄。大多自由游泳生活。

生境分布 密云水库常见种类。2018年前大部分采样点位长期监测到该种类，种群密度一般小于1个/L，主要以秋冬季的JG、YL、KZX、CHK等水域居多。最大种群密度出现在2013年9月的JG、2015年11月的BHK等水域，种群密度为2.5～3个/L。2018年后鲜有监测到该种类。

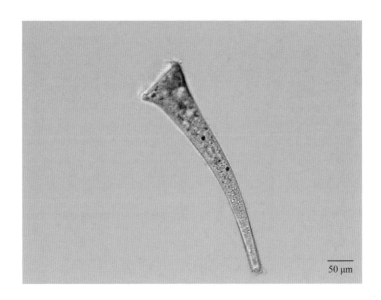

50 μm

弹跳虫属 *Halteria*

原生动物门 Protozoa　纤毛纲 Ciliata
旋毛目 Stylonychia　弹跳科 Halteriidae

形态特征　虫体呈球形至宽纺锤形。位于前端的口腔开口大。体赤道线上有几束长的触毛，用以弹跳运动，行动迅捷。

大弹跳虫 *Halteria grandinella* O. F. Müller

形态特征　虫体亚球形至纺锤形，体长27～45 μm。虫体赤道线上有1圈刚毛束。伸缩泡在赤道线前左侧。卵圆形大核位于正中。

生境分布　密云水库较常见种类。主要集中出现在2012年、2013年、2019年、2020年的8月、9月、10月的CHK、YL、JG、BHK等水域。除2019年外，其他年份种群密度一般小于2.5个/L。2019年在JG、BHK、YL等水域形成优势种，最大种群密度出现在2019年8月的JG水域，种群密度达75个/L。

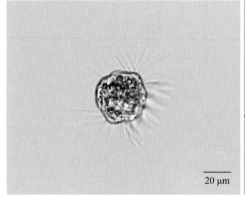
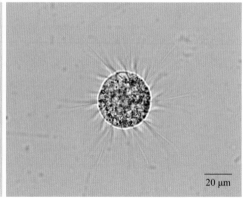

急游虫属 *Strombidium*

原生动物门 Protozoa　纤毛纲 Ciliata

旋毛目 Stylonychia　急游科 Strombidiidae

形态特征　虫体呈卵形至球形。围口前段在体顶端明显凸起形成领，领向腹面左侧弯曲形成1个窄的开口。整个口纤毛器占据体前半大部分。体赤道线上有腰带样隆起。大核卵圆形或带状。1个伸缩泡。

绿急游虫 *Strombidium viride* Stein

形态特征　虫体中部腰带为界，上下两半均呈倒锥形；体长36～57 μm。伸缩泡特殊，为粗管并有小管开口于腹面。体内共生绿藻。

生境分布　密云水库常见种类。在大部分采样点位长期监测到该种类，调水后的种群密度显著高于调水前，且普遍在50个/L以上，特别是在2019年、2020年的CHK、BHK、YL、JG、KZX等水域多次形成优势种。最大种群密度出现在2020年8月的BHK水域，种群密度达到645个/L。

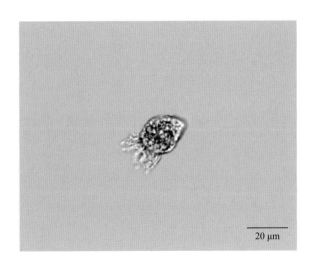

20 μm

侠盗虫属 *Strobilidium*

原生动物门 Protozoa　纤毛纲 Ciliata
旋毛目 Stylonychia　侠盗科 Strobilidiidae

形态特征　体型小，呈梨形或萝卜形；体长36～48 μm。体表有5～6行螺旋纹。围绕胞口的口区为1圈单层的长纤毛；虫体其他部分无纤毛。无胞咽。马蹄形大核位于虫体前端。后部1/3处有1个伸缩泡。

侠盗虫属未定种 *Strobilidium* sp.

形态特征　虫体型小，呈梨形或萝卜形。体纤毛排列成稀疏的螺旋形列或纵列。体前部有1个马蹄形大核。1个伸缩泡。

生境分布　密云水库常见种类。在大部分采样点位监测到该种类，调水后的种群密度显著高于调水前，且一般小于30个/L。2018年、2019年、2020年部分月份在BHK、JG、CHK、KZX等水域形成优势种。最大种群密度出现在2018年11月的YL和BHK水域，种群密度为90个/L。

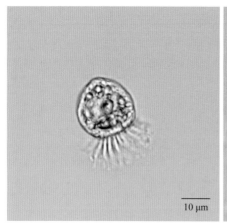
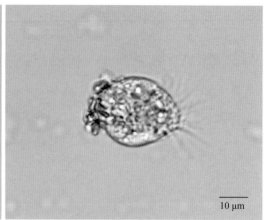

楯纤虫属 *Aspidisca*

原生动物门 Protozoa　纤毛纲 Ciliata
旋毛目 Stylonychia　楯纤科 Aspidiscidae

形态特征　体型小。腹平背凸。前、腹棘毛7～8根；肛棘毛5～12根。大核马蹄形。伸缩泡在体后端。

楯纤虫属未定种 *Aspidisca* sp.

形态特征　体型较小，近卵圆形。腹平背部隆起，背面有显著的棱脊。口缘纤毛不发达；前、腹棘毛共7根；肛棘毛5～12根。大核马蹄形，或有时分为两部分。伸缩泡在体后端。

生境分布　密云水库偶见种类。南水北调水入库后密云水库新监测到的种类，仅在2020年10月的YL水域定性监测到该种类。

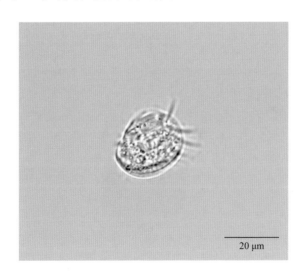

20 μm

拟铃虫属 *Tintinnopsis*

原生动物门 Protozoa　纤毛纲 Ciliata
旋毛目 Stylonychia　筒壳科 Tintinnidiidae

形态特征　虫体具壳，呈管形、杯形或筒形，壳上的砂粒较细小，排列整齐。有颈或无颈。本属与砂壳虫容易混淆，本属主要特点是壳内为纤毛虫而非肉足虫；壳口部位的砂粒常呈螺旋状排列。

王氏拟铃虫 *Tintinnopsis wangi* Nie

形态特征　虫体具壳，呈杯形或碗形，壳上的砂粒较细小，排列整齐。壳前部近1/2处往往有螺旋状的条纹。

生境分布　密云水库常见种类。在所有采样点位均长期监测到该种类，种群密度一般小于2个/L，且垂直分布明显，水体表层种群密度通常大于中层和底层。在2013年、2014年、2020年7～10月的BHK、KZX、JG、CHK水域形成优势种，最大种群密度出现在2020年9月的CHK水域，种群密度达165个/L。

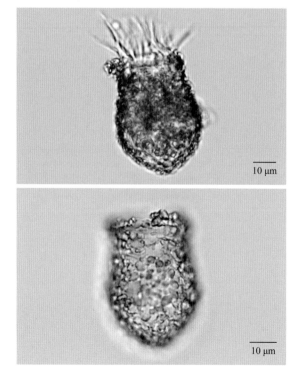

拟铃虫属未定种 *Tintinnopsis* sp.

形态特征 虫体具壳，呈杯形或碗形。壳上沙粒较细小，排列整齐。壳前部往往有螺旋纹。

生境分布 密云水库常见种类。在多数采样点位长期监测到该种类，种群密度变化较大，一般小于20个/L，且调水后的种群密度显著高于调水前。2019年和2020年的CHB、KZX、JG、BHK、YL等水域多次形成优势种，种群密度较大的水域为2019年8月的KZX，9月的CHK，10月的JG、CHK、KZX等，种群密度为500～810个/L。

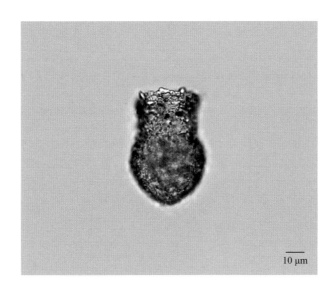

10 μm

足吸管虫属 *Podophrya*

原生动物门 Protozoa　吸管虫纲 Suctoria
吸管目 Suctorida　足吸管科 Podophryidae

形态特征　虫体呈球形或卵圆形，直径40～100 μm。有柄，较细，相当坚实。乳头状的吸管遍布全身，成簇或均匀分布。大核和伸缩泡各1个。

固着足吸管虫 *Podophrya fixa* Müller

形态特征　虫体呈圆球形或卵圆形；有柄，较细；直径25～50 μm。柄长20～40 μm。体外有或无胶质外套。乳头状吸管布满本身，成簇或均匀分布。大核和伸缩泡各1个，大核位于中部。

生境分布　密云水库偶见种类。仅在2019年8月定性监测到该种类。

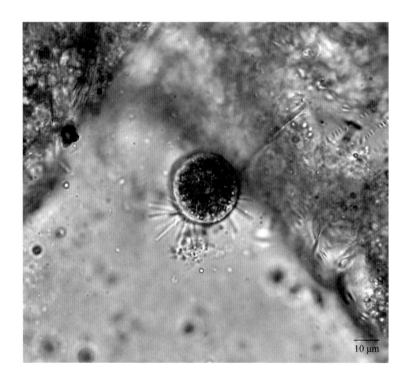

10 μm

球吸管虫属 *Sphaerophrya*

原生动物门 Protozoa   吸管虫纲 Suctoria
吸管目 Suctorida   足吸管科 Podophryidae

形态特征   虫体呈圆球形。无胞口，吸管（触手）乳头状，常利用吸管捕捉小型纤毛虫作为食物。在水体中自由漂浮或营寄生生活。仅幼体时期体表具纤毛，成体纤毛完全消失，体具吮吸功能的"吸管"构造。

球吸管虫属未定种 *Sphaerophrya* sp.

形态特征   虫体呈圆球形，体无鞘和柄。无胞口，吸管乳头状，全身分布。在水体中自由漂浮或用触手附着在其他有机体上营寄生生活。无性繁殖为外出芽和二分裂生殖。

生境分布   密云水库非常见种类。主要集中出现在2011年、2013年、2018年、2020年的JG、CHK、KZX、DGZ、YL等水域，种群密度极低，均以定性监测到该种类。

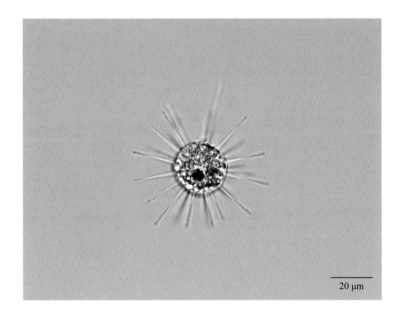

20 μm

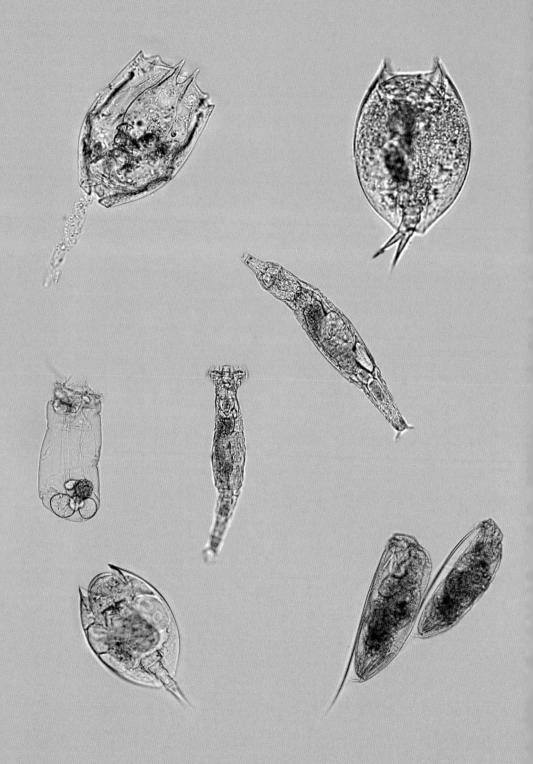

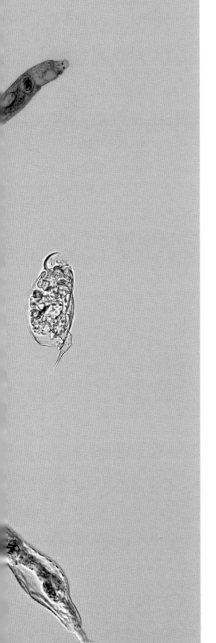

轮　　虫

Rotifera

　　轮虫是轮形动物门中一类小型多细胞动物。一般体长0.1~0.5 mm，最大的不超过1.0 mm。轮虫形体虽小，但其构造相对较为复杂，有消化、生殖、排泄、神经等系统；在头的前方具一团盘形的头冠，它的不断运动，使虫体得以运动和摄食。

　　轮虫是淡水浮游动物的主要组成部分，广泛分布于江河湖海、沟渠塘堰等各类水体中。轮虫不仅分布广，而且数量多。轮虫因其繁殖速率较高，生产量很大，在生态系统的结构、功能和生物生产力的研究中具有重要意义。在水域中，轮虫通常是鱼苗最适口的活饵料，几乎所有鱼类的幼体阶段都能吞食轮虫，也是其他经济水生动物幼体的开口饵料。轮虫也是一类指示生物，在环境监测和生态毒理学研究中被普遍采用。

　　密云水库中监测到的轮虫有93种，本图鉴收录44种，按《中国淡水轮虫志》分类系统，隶属2目11科23属。南水北调水开始入库调蓄后，水库中轮虫的种类和数量有一定变化，如常见的螺形龟甲轮虫 *Keratella cochlearis*，在调水后种群密度最高可达1020个/L。

轮虫属 *Rotaria*

轮形动物门 Rotifera　轮虫纲 Rotifera
双巢目 Digononta　旋轮科 Philodinidae

形态特征　眼点1对，位于背触手前面吻部。体细而长。吻或多或少凸出在头冠之上，足末具3趾。

橘色轮虫 *Rotaria citrina* Ehrenberg

形态特征　虫体完全伸直时呈近似纵长的纺锤形；躯干部呈橘黄色或橘绿色；自躯干的最前端一直向足的最后1节逐渐细削。眼点1对总是位于背触手前面吻的部分。吻、背触手、刺戟及趾都比较短。体长700～1050 μm；刺戟长25～30 μm。

生境分布　密云水库偶见种类。南水北调水入库后水库新监测到的种类。仅在2017年8月和2018年6月定性监测到该种类。

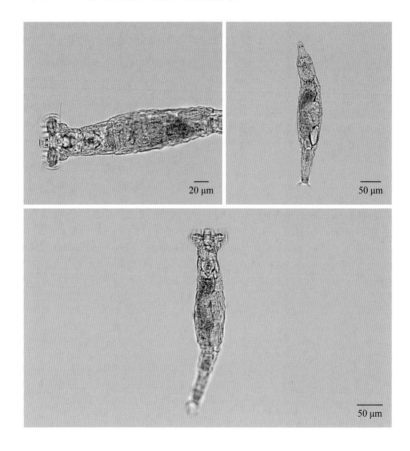

懒轮虫 *Rotaria tardigrada* Ehrenberg

形态特征　虫体伸展时宽阔而粗壮；躯干部皮层显著褶皱，附有污秽物质。左右两个向前展开的轮盘极宽阔而发达。足趾3个，2个很长而对称，1个很短，都自足最后1节的末端分叉而出。躯干部分远较同属的其他种类为宽阔。体长400～780 μm；刺长30～55 μm。

生境分布　密云水库非常见种类。主要出现在2015年、2016年和2017年的BHB、KZX、YL、CHB、CHK、JSK等水域，种群密度较低，一般为0.15～2个/L。最大种群密度出现在2016年5月的YL水域，种群密度达到15个/L。2018年后未监测到该种类。

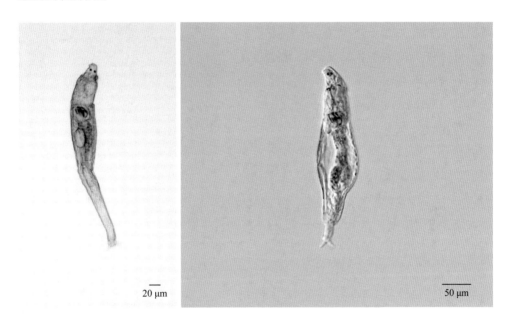

20 μm

50 μm

狭甲轮属 *Colurella*

轮虫纲 Rotifera　单巢目 Monogononta　臂尾轮科 Brachionidae

形态特征　被甲由左右2片侧甲在背面愈合而成；腹面多少裂开，有显著的裂缝。左右相当或侧扁，因此背面和腹面被甲较狭。头部前端有一掩盖头冠的钩状甲片，游动时遮盖头冠。

钩状狭甲轮虫 *Colurella uncinata* O. F. Müller

形态特征　被甲比较粗壮；被甲后端两旁尖角并不显著凸出。趾1对，长，左右两趾往往并列在一起。被甲侧面后端显著细削，呈一有尖端的锐角。从背面观或腹面观侧扁程度不突出，背面下沉浅。个体全长105～120 μm；被甲长80～98 μm；趾长18～25 μm。

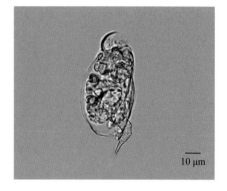

10 μm

生境分布　密云水库非常见种类。南水北调水入库后水库新监测到的种类。主要集中出现在2016年、2017年、2019年5～8月的YL、CHK、JG、CHB等水域，种群密度较小，多以定性监测到该种类。最大种群密度出现在2019年11月的JG水域，种群密度为15个/L。

爱德里亚狭甲轮虫 *Colurella adriatica* Ehrenberg

形态特征　虫体较大而长。被甲高度侧扁纵长，长度远超74 μm。被甲前端掩盖头冠的钩状小甲片在伸出时相当长。从背面或腹面观两侧高度地压缩而瘦长，背面下沉凹陷较深。全长125～152 μm；被甲长98～115 μm；趾长27～37 μm。

生境分布　密云水库非常见种类。主要出现在2016年和2017年的BHK、CHK、KZX、WY和DGZ等水域，种群密度小于2.5个/L。2017年后未监测到该种类。

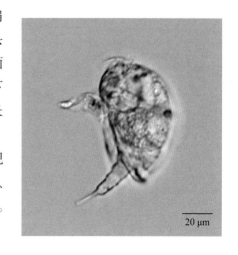

20 μm

鞍甲轮属 *Lepadella*

轮虫纲 Rotifera　单巢目 Monogononta　臂尾轮科 Brachionidae

形态特征　被甲背腹面扁平，前端的背腹面有显著的颈圈。头部前端有1钩状甲片，游动时遮盖头冠。足3节，趾1对。

盘状鞍甲轮虫 *Lepadella patella* Müller

形态特征　被甲轮廓变异相当大，从近圆形至卵圆形或长卵圆形；被甲较厚。背腹面距离较大，约为长度的1/3。足粗壮；趾1对，趾长为被甲长的1/3，后半部逐渐向尖锐的末端瘦削。虫体全长125～140 μm；被甲长98～110 μm；趾长25～30 μm。

生境分布　密云水库常见种类。在多数采样点位长期监测到该种类，主要集中出现在2015～2017年的KZX、CHK、CHB、BHK、BHB等水域，但种群密度较低，一般密度为0.1～2个/L。最大种群密度出现在2014年7月的JG水域，密度为25个/L。

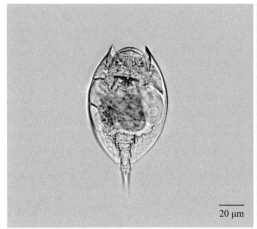
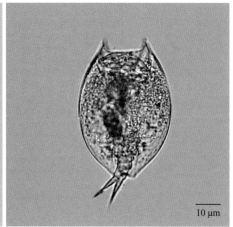

鬼轮属 *Trichotria*

轮虫纲 Rotifera 单巢目 Monogononta 臂尾轮科 Brachionidae

形态特征 除头外，躯干及足被厚的被甲包裹，颈部及躯干的背甲总是隔成或多或少的"甲片"；"甲片"呈长方形、四角形或三角形。被甲表面具粒状突起，有规则地排成纵长的行列。趾1对，相当长。

方块鬼轮虫 *Trichotria tetractis* Ehrenberg

形态特征 整个虫体呈圆筒形或锥形。除趾外，自头部至足部都为1层坚厚被甲包裹。被甲坚硬，后端尖削；背甲总能隔成一定数目凸出的甲片；最后1节足末端仅2个趾。体长192～240 μm；头和躯干长94～108 μm；足长48～60 μm；趾长50～72 μm。

生境分布 密云水库偶见种类。仅在2011年、2012年、2017年的WY和DGZ水域定性监测到该种类。

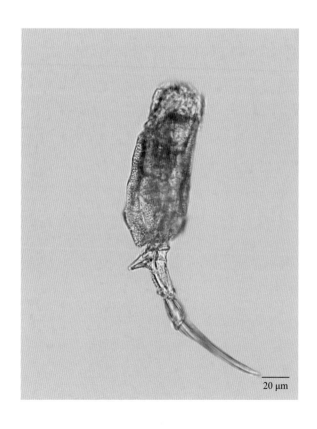

20 μm

臂尾轮属 *Brachionus*

轮虫纲 Rotifera　单巢目 Monogononta　臂尾轮科 Brachionidae

形态特征　被甲较为宽阔，其上具棘刺。前棘刺1～3对。足不分节且长，其上具环纹，能够自由伸缩摆动。趾1对。

角突臂尾轮虫 *Brachionus angularis* Gosse

形态特征　被甲自背腹面观察都呈不规则圆形。背面前端边缘具有1对微小的刺状突起。本种个体较小，两侧浑圆，下半部往往膨大一些。被甲全长110～205 μm，宽85～165 μm。

生境分布　密云水库常见种类。在所有采样点位均长期监测到该种类，调水后的种群密度普遍大于调水前。在2018年11月的JG和CHB，2019年8月和9月的YL、CHK、BHK、KZX，2020年7月的BHK等水域形成优势种，最大种群密度出现在2019年8月的CHK和2020年7月的BHK水域，种群密度均为45个/L。

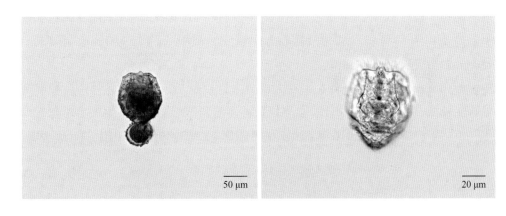

剪形臂尾轮虫 *Brachionus forficula* Wierzejski

形态特征　被甲前端2对棘刺总是侧面的2个较长，后端1对后棘刺粗壮。足可伸得很长，末端具1对铗状的趾。"小型"被甲（不含前后突起）长95 μm，宽85 μm；后端棘突起左边1个长25 μm，右边1个长32 μm；"剪形"被甲（不含前后突起）长105～120 μm，宽100～115 μm；后棘突左边1个长65～115 μm，右边1个长75～125 μm。

生境分布　密云水库非常见种类。主要集中出现在2014年、2017年、2019年的YL、CHK、CHB等水域，种群密度普遍较低，一般小于2个/L。最大种群密度出现在2019年8月的YL水域，种群密度为5个/L。

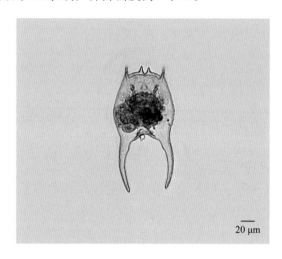

萼花臂尾轮虫 *Brachionus calyciflorus* Pallas

形态特征　被甲前端2对棘刺总是中央1对较长，也或者2对几乎同样长短。被甲后端有时有后棘刺。足孔两侧亦有短棘突。被甲长240~300 μm，宽150~180 μm；后突长20~40 μm。

生境分布　密云水库常见种类。在大部分采样点位长期监测到该种类。种群密度普遍较低，一般小于4个/L，且多以定性监测到该种类，主要集中出现在2011年、2012年、2013年、2016年、2017年的CHK、CHB、BHK、BHB、YL等水域。

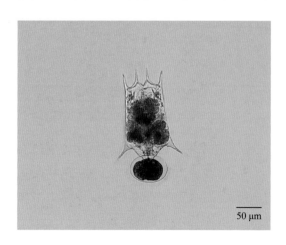

蒲达臂尾轮虫 *Brachionus budapestiensis* Daday

形态特征 被甲呈长圆形，背腹面观察宽约为长（不包括棘刺）的1/3；被甲前端具有2对凸出的棘刺；后端完全浑圆，既不具备棘刺，又没有尖角或其他任何突起。被甲（不包括棘刺）长约105 μm，宽约75 μm；前端中间1对棘刺长约35 μm。

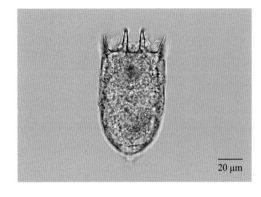

生境分布 密云水库常见种类。在部分采样点位长期监测到该种类。种群密度一般较小，多以定性监测到该种类，主要集中出现在2011年、2012年、2016年、2019年、2020年BHK、BHB、JG等水域。2019年8月的JG和2020年7月的BHK水域种群密度较大，种群密度分别为25个/L和30个/L。

花篋臂尾轮虫（方形臂尾轮虫）*Brachionus capsuliflorus* Pallas (*Brachionus quadridentatus* Hermanns)

形态特征 被甲较宽，宽度总是超过长度（不包括突起在内）。背甲前端棘状突起有3对；中央1对发达，第2对最短且不像棘状，第3对则介于二者之间。后端两侧各有1较长突起。被甲（不包括突起）长135 μm，宽150 μm；后端突起长63 μm。

生境分布 密云水库非常见种类。主要集中出现在2011年、2012年、2017年6月、9月的CHK、YL、KZX、WY等水域，种群密度很低，均为定性监测到该种类。

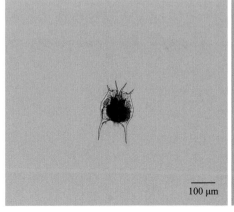

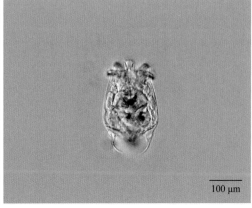

裂足臂尾轮虫 *Brachionus diversicornis* Daday

形态特征 被甲光滑透明；呈长卵圆形，被甲后端尖削；后端左右棘刺不对称，一般右侧远长于左侧。足后端约1/3处裂开呈叉形。被甲（不含前后突起）长175～210 μm，宽90～170 μm。

生境分布 密云水库常见种类。在多数采样点位长期监测到该种类。种群密度相对较低，一般为小于1.5个/L。最大种群密度出现在2020年9月的BHK水域，密度为30个/L。

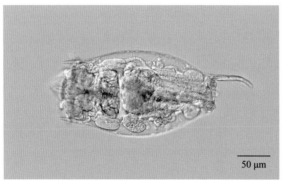 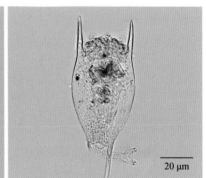

镰状臂尾轮虫 *Brachionus falcatus* Zacharias

形态特征 被甲不包括棘状突起在内呈宽卵圆形。被甲前端3对棘状突起，自背面前缘伸出；中间1对最小，侧边1对即第3对稍长，第2对特别发达且最长。后端也有1对发达的棘状突起。被甲（不包括突起）长135～150 μm；第二对前端突起长75～160 μm；后端突起长90～175 μm。

生境分布 密云水库较常见种类。主要集中出现在2011年、2012年、2016年、2017年的CHB、KZX、BHB、BHK、CHK、YL、

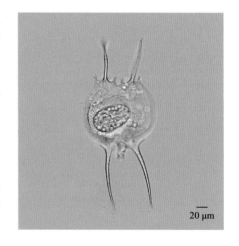

JG等水域，种群密度一般小于4个/L，且调水后的种群密度普遍大于调水前。种群密度较大的水域为BHK、BHB、YL等，种群密度为20～28个/L。

壶状臂尾轮虫 *Brachionus urceus* Linnaeus

形态特征　被甲透明光滑；前端背面边缘有3对棘状突起，中间1对较大且凸出，所有棘状突起基部宽，末端尖削。突起与突起之间，边缘下沉凹入形成缺刻，尤其中间1对形成较深的缺刻，呈"V"形。被甲长196～240 μm，宽152～202 μm。

生境分布　密云水库较常见种类。主要集中出现在2011年、2012年、2015年、2016年、2019年、2020年的KZX、BHB、BHK、CHK等水域，种群密度一般小于2个/L。种群密度较大的水域为2020年7月的CHK、CHB、BHB等水域，密度为4.5～5.5个/L。

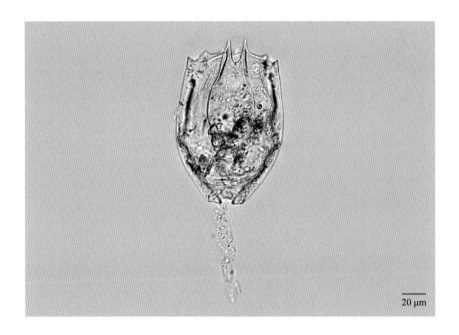

20 μm

平甲轮属 *Platyias*

轮虫纲 Rotifera　单巢目 Monogononta　臂尾轮科 Brachionidae

形态特征　被甲为整块的，表面具有条纹和微小的粒状突起，条纹把背面分隔成几个小块。前棘刺2～10根，后棘刺2～4根。足分3节，趾2个。

十指平甲轮虫 *Platyias militaris* Daday

形态特征　被甲背面凸出，腹面较平。背腹两面观察很像四方形。前端边缘共10个棘状突起；背面中央1对突起最长，或多或少弯曲。被甲后端2对突起变异较大。被甲（不包括突起）长150～235 μm，宽110～155 μm；前端最长1对突起长33～37 μm；后端两侧突起长20～115 μm；后端圆孔2突起长左20～95 μm，右26～115 μm。

生境分布　密云水库非常见种类。主要集中出现在2011年、2014年、2016年的BHB、BHK、CHB、KZX、JG等水域，种群密度小于1个/L。其他年份出现频率均很低。

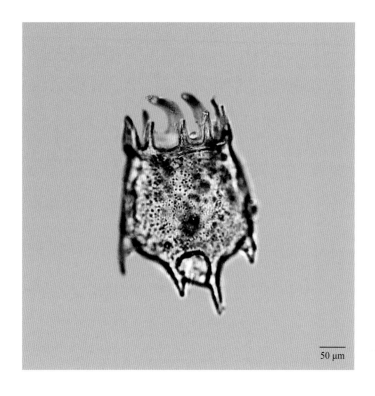

50 μm

须足轮属 *Euchlanis*

轮虫纲 Rotifera　单巢目 Monogononta　臂尾轮科 Brachionidae

形态特征　被甲由1片背甲和1片腹甲愈合而成。背甲隆起而凸出，显著大于腹甲；腹甲扁平。足2～3节，在第1节的后端或背面有1对或2对细长的刚毛；趾1对。

大肚须足轮虫 *Euchlanis dilatata* Ehrenberg

形态特征　体型较大，被甲从背面或腹面观呈卵圆形；背甲前端边缘显著下沉形成一凹陷。背甲后端中央深深凹入，形成一"V"或"U"形缺刻。足较短，分2节；趾1对，剑形或片条形。背甲长200～270 μm，宽90～189 μm；腹甲长170～250 μm；趾长60～75 μm。

生境分布　密云水库偶见种类。南水北调水入库后水库新监测到的种类。该种类在2017年11月的JG和2020年7月的CHK水域定性监测到，在2019年5月的BHB水域定量监测到，种群密度为16个/L。

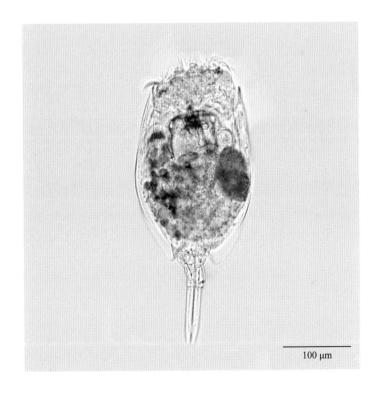

100 μm

龟甲轮属 *Keratella*

轮虫纲 Rotifera　单巢目 Monogononta　臂尾轮科 Brachionidae

形态特征　被甲隆起，腹甲扁平；被甲上有线条纹，即龟纹，把表面有规则地隔成一定数目的小块。被甲前端具前棘刺6个，直或弯；后端具1或2个棘刺，无足。

螺形龟甲轮虫 *Keratella cochlearis* Gosse

形态特征　被甲坚硬，背甲凸出，腹甲扁平。前缘3对棘刺，中央1对稍长并向外侧弯曲。后端中央1根长棘刺。此种变异很大，后棘刺有或无。被甲（不含前、后棘刺）长95 μm，宽65 μm；后棘刺长55 μm。

生境分布　密云水库常见种类。在所有采样点位均长期监测到该种类，且调水后的种群密度普遍大于调水前。2018年、2019年、2020年种群密度普遍极大，种群密度一般为200～300个/L。在BHB、CHB、YL、JG等水域多次形成绝对优势种，最大种群密度出现在2019年8月的CHK水域，密度达1020个/L。

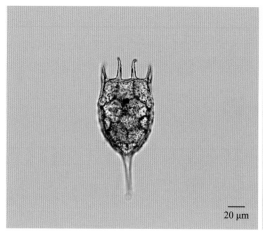
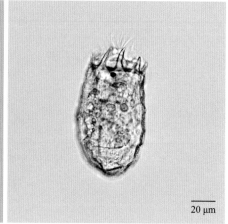

20 μm

20 μm

曲腿龟甲轮虫 *Keratella valga* Ehrenberg

形态特征　被甲若不包括棘刺在内，呈长方形，少数椭圆形。前端3对棘刺或多或少向外弯曲，背甲后端棘刺总是一长一短。被甲（不包括前后棘刺）长102～120 μm，宽74～90 μm；后端左棘刺长11～37 μm，后端右棘刺长56～74 μm。

生境分布　密云水库常见种类。所有采样点位均长期监测到该种类。2019年、2020年种群密度相对较大，一般为10～30个/L，其他年份种群密度普遍小于5个/L，且多以定性监测到该种类。最大种群密度出现在2020年9月的BHK、10月的CHK水域，种群密度均为30个/L。

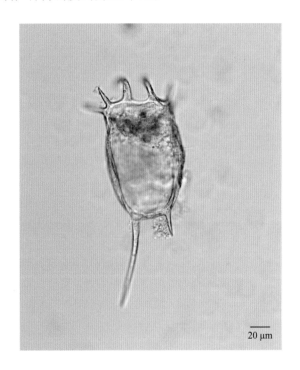

20 μm

腔轮属 *Lecane*

轮虫纲 Rotifera 单巢目 Monogononta 腔轮科 Lecanidae

形态特征 被甲呈卵圆形，背腹扁平。具2趾，少数种类2个并立的趾正处于融合成1个的过程。极少数种类没有真正的被甲。

蹄形腔轮虫 *Lecane ungulata* Gosse

形态特征 被甲呈宽阔卵圆形，前缘平直。腹甲前端边缘少许下沉，形成1很浅的凹陷，两侧的外角形成1粗壮的三角形尖头。趾较长，爪亦发达而长，基部明显有1基刺。被甲（不含趾在内）长210~270 μm；趾（连同爪）长96~112 μm。

生境分布 密云水库非常见种类。主要集中出现在2015年的KZX、CHB、YL、BHB、BHK等水域，种群密度相对较低，一般小于2个/L。最大种群密度出现在2015年9月的KZX和11月的CHB水域，种群密度均为4个/L。

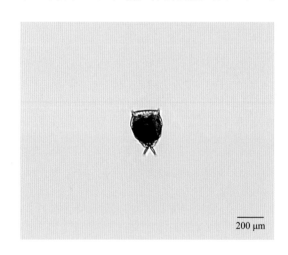

200 μm

月形腔轮虫 *Lecane luna* **Müller**

形态特征　被甲呈宽卵圆形，背甲和腹甲前端边缘都形成一月牙形下沉的凹陷；腹甲前端边缘两侧外角往往形成1很小的尖头。趾2个，较长；趾末端有1很明显的爪，爪基部有1向外转弯的基刺。虫体全长215 μm；趾（包括爪）长60 μm。

生境分布　密云水库非常见种类。主要集中出现在2014年、2017年的JG、CHK、KZX、BHK、BHB、CHB等水域，种群密度一般小于2个/L。最大种群密度出现在2014年的BHB水域，种群密度为42个/L。

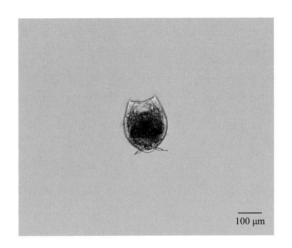

100 μm

单趾轮属 *Monostyla*

轮虫纲 Rotifera 单巢目 Monogononta 腔轮科 Lecanidae

形态特征 被甲卵圆形。趾仅1个。其他构造基本与腔轮属相同。

史氏单趾轮虫 *Monostyla stenroosi* Meissner

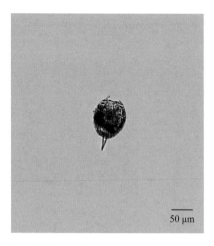

50 μm

形态特征 被甲呈宽卵圆形；腹甲前端边缘中央有1浅而浑圆的凹痕，自凹痕向两旁显著突起，形成1短而粗壮的、向内弯曲的钩状前侧刺。趾仅1个，相当长，前半部分粗壮，后半部分少许瘦削。虫体全长（包括趾爪）约156 μm，宽84 μm；趾长44 μm。

生境分布 密云水库非常见种类。主要集中出现在2017年4月和8月的CHB、2019年10月的CHB及2020年6～9月的JG、KZX、CHK、CHB、YL、BHK等水域，种群密度一般小于10个/L。最大种群密度出现在2020年8月的JG水域，种群密度为37.5个/L。

叉爪单趾轮虫 *Monostyla furcata* Murray

形态特征 被甲呈宽阔卵圆形或接近圆形；背甲和腹甲前端边缘宽而笔直。比较短而粗壮的趾和分叉的1对爪，腹甲前端显著较宽而两侧平行，连同后腹甲绝大部分都被背甲所掩盖。被甲全长（包括趾爪在内）90 μm，宽65 μm；趾长（包括爪在内）26 μm。

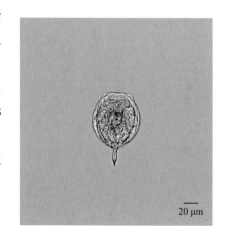

20 μm

生境分布 密云水库非常见种类。主要集中出现在2016年9月的CHK、2019年9月的BHB及2020年7～10月的BHK、BHB、YL、CHK、KZX等水域，种群密度一般小于15个/L。但2020年7月的CHK、BHK等水域形成优势种，最大种群密度达45个/L。

囊形单趾轮虫 *Monostyla bulla* Gosse

形态特征　被甲呈长卵圆形，宽度约为长度的3/5；背甲与腹甲几乎同一样式；背甲前端有1较小而浅的半圆形下凹；腹甲前端有1很大而深的"V"形缺刻。趾很长，长度至少有被甲全长的1/3，被甲（不包括趾在内）长140～195 μm，宽105～125 μm；趾（包括爪在内）长65～140 μm。

生境分布　密云水库非常见种类。该种类集中出现在2014年之前，特别是在2013年7月、8月、9月形成优势种，最大种群密度为40～50个/L，主要出现在BHB、KZX等水域。但2014年之后出现频率较低，且多以定性监测到该种类。

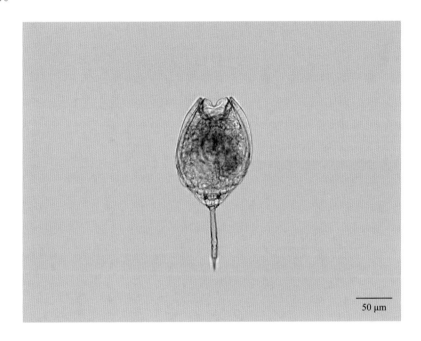

50 μm

晶囊轮属 *Asplanchna*

轮虫纲 Rotifera　单巢目 Monogononta　晶囊轮科 Asplanchnidae

形态特征　体透明，形似灯泡；后端浑圆；无足。咀嚼器砧型，能转动，可伸出口外摄取食物。无肠和肛门，胃发达，不能消化的食物残渣，经口吐出。

卜氏晶囊轮虫 *Asplanchna brightwelli* Gosse

形态特征　虫体透明囊袋状，长大于宽。无足无肛门，虫体周围无瘤状或翼状突出。咀嚼器系典型的砧型；砧枝基部角突上面有明显的翼膜，砧枝中部有1大齿。胃圆球形；卵巢和卵黄腺呈带形。雌体长700～1400 μm；雄体长250～400 μm。

生境分布　密云水库非常见种类。主要集中出现在2015年、2017年的CHK、KZX、YL、JG、BHK等水域，种群密度相对较低，一般小于1个/L。最大种群密度出现在2017年7月的CHK水域，种群密度为9个/L。

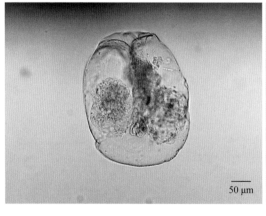

50 μm

咀嚼器

前节晶囊轮虫 *Asplanchna priodonta* Gosse

形态特征　虫体十分透明，呈囊袋状，虫体长大于宽；前后两端宽度相差不大，无足无肛门；虫体周围无翼状突出。卵巢和卵黄腺呈圆球形。砧型咀嚼器；砧枝内侧边缘总是有4～16个参差不齐的锯齿。雌体长670～1200 μm；雄体长300～500 μm。

生境分布　密云水库非常见种类。主要集中出现在2011年、2012年、2015年、2016年、2017年的CHB、JG、CHK、BHB、YL、KZX等水域，种群密度较低，一般小于0.5个/L，且多以定性监测到该种类。最大种群密度仅1.5个/L，出现在2015年9月的BHB水域。2018年后鲜有监测到该种类。

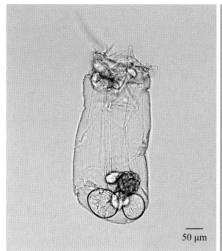

50 μm

咀嚼器

高跷轮属 *Scaridium*

轮虫纲 Rotifera　单巢目 Monogononta　椎轮科 Notommatidae

形态特征　体纵长。趾1对；细而长；长度相同，每个趾的长度或超过或不及足的长度，变异较大。

高跷轮虫 *Scaridium longicaudum* O. F. Müller

形态特征　虫体纵长，呈近似圆筒形或纺锤形，躯干背面和腹面皮层硬化形成2片很薄的被甲。被甲两侧自前向后逐渐瘦削。头部总是伸在被甲外，呈梯形。足细而长，分3节；趾1对细而长，2个趾长度相等；趾末端少许向腹面弯曲。虫体全长356～428 μm；头和躯干长128～130 μm；足长120～126 μm；趾长108～172 μm。

生境分布　密云水库偶见种类。南水北调水入库后水库新监测到的种类。仅在2019年的11月CHB水域定性监测到该种类。

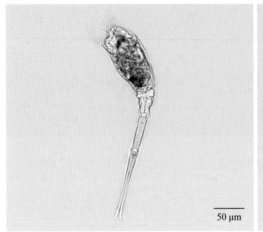
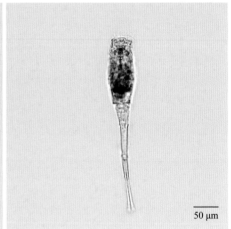

彩胃轮属　*Chromogaster*

轮虫纲 Rotifera　单巢目 Monogononta　腹尾轮科 Gastropodidae

形态特征　被甲由1片背甲和1片腹甲愈合而成；背腹面扁平。无足。头冠有1对或2对具备乳头状突起基部的感觉触毛和1个指头状凸出的盘顶触手。

卵形彩胃轮虫　*Chromogaster ovalis* Bergendal

形态特征　被甲由1片较小的背甲和1片较大的腹甲在背面两侧彼此愈合而成。甲片上具有细致的横纹；头冠两旁的感觉触毛共2对；胃内含有"污秽胞"。体长150～185 μm。

生境分布　密云水库常见种类。在大部分采样点位长期监测到该种类。调水后的种群密度普遍大于调水前，主要集中出现在2016年各月份及2019年7月、2020年的9月和10月，种群密度一般小于3个/L。最大种群密度为73个/L，出现在2019年7月的CHB水域。

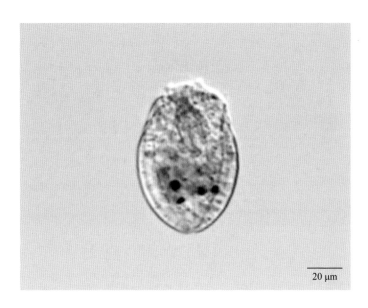

20 μm

无柄轮属 *Ascomorpha*

轮虫纲 Rotifera　单巢目 Monogononta　腹尾轮科 Gastropodidae

形态特征　虫体呈囊袋形、卵圆形或桶形。无足。有的种类没有真正的被甲。有无盘顶触手视不同种类而异。胃内有"污秽胞"，较大而发达。

舞跃无柄轮虫 *Ascomorpha saltans* Bartsch

形态特征　皮层硬化形成1很薄的被甲；被甲上有4条纵长的肋纹，2条在背面，2条分别位于左右两侧。具备头冠上感觉毛和盘顶触手。胃内含1～3个"污秽胞"，为不能消化的废物。体长132～150 μm。

生境分布　密云水库常见种类。在绝大多数采样点位均监测到该种类，主要集中出现在2011年、2016年、2017年、2020年的CHK、CHB、KZX、BHB、BHK、YL等水域，种群密度一般小于2个/L，且调水后的种群密度普遍大于调水前。最大种群密度出现在2020年9月的BHK水域，种群密度为105个/L。

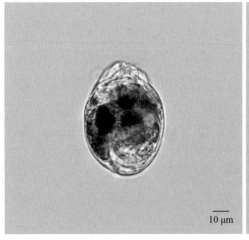
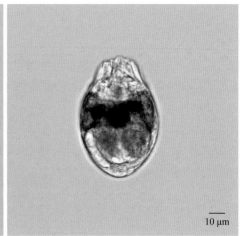

同尾轮属 *Diurella*

轮虫纲 Rotifera　单巢目 Monogononta　鼠轮科 Trichocercidae

形态特征　体呈圆锥形、纺锤形或圆筒形。多少弯曲而扭转，左右不对称。趾2个，长度不超过体长一半。

同尾轮属未定种 *Diurella* sp.

形态特征　被甲为纵长的整个一片，呈倒圆锥形，稍弯曲。趾2个；同样长短或一长一短，但1个短趾的长度总是超过长趾的1/3，2趾长度均不超过体长的一半。

生境分布　密云水库常见种类。在绝大多数采样点位监测到该种类，种群密度一般小于10个/L，且调水后的种群密度普遍大于调水前。2019年、2020年的KZX、BHK、BHB、CHB、CHK、JG、YL等水域种群密度较大，一般为10～25个/L。最大种群密度出现在2020年7月的BHK水域，种群密度达90个/L。

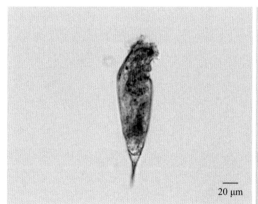
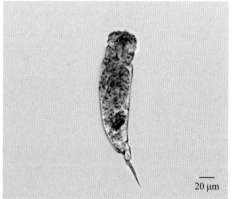

异尾轮属 *Trichocerca*

轮虫纲 Rotifera　单巢目 Monogononta　鼠轮科 Trichocercidae

形态特征　体呈圆锥形、纺锤形或圆筒形。被甲为纵长的整个一片，稍弯曲。趾2个；长趾非常长，总是超过体长的一半，短趾退化或极短，其长度小于长趾的1/3。

圆筒异尾轮虫 *Trichocerca cylindrica* Imhof

形态特征　被甲轮廓接近圆桶形；腹面相当平直。被甲头部背面有1细长的钩状突出，倒挂在前端孔口上。左趾很长，与本体长度不相上下。体全长542 μm；本体长296 μm；左趾长256 μm。

生境分布　密云水库常见种类。在大部分采样点位长期监测到该种类。特别是在2011年、2012年、2016年、2017年、2019年出现频率较高。2019年9月在JG、CHK、CHB、BHK、BHB等水域形成优势种，最大种群密度出现在CHK水域，种群密度达到105个/L。

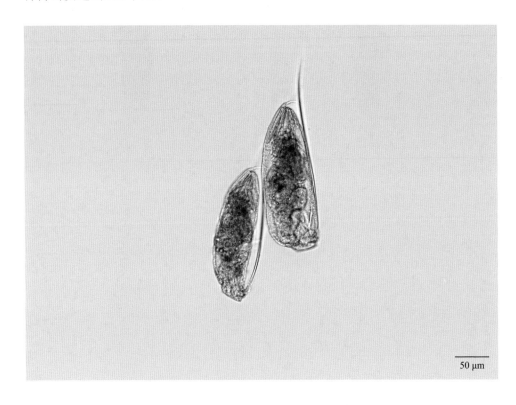

50 μm

纵长异尾轮虫 *Trichocerca elongata* Gosse

形态特征　被甲细而很长，宽度最多为长度的1/4；背面1/3的前端有1具备横纹的区域，向下陷落而成一较宽的沟床。被甲头部和躯干没有紧缩交界的痕迹；退化的右趾虽远较左趾为短，但与其他种类的右趾比较，显著要长。体全长525 μm；本体长275 μm；左趾长250 μm。

生境分布　密云水库非常见种类。主要集中出现在2013～2016年的YL、BHB、BHK、KZX、JG、WY等水域，种群密度一般小于2个/L，且垂直分布明显，表层种群密度普遍大于中层和底层。

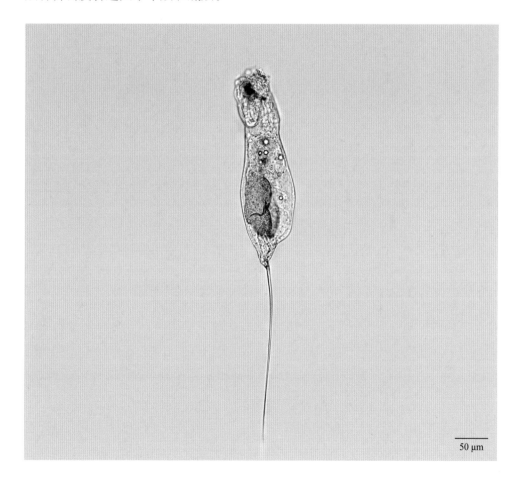

50 μm

异尾轮虫属未定种 *Trichocerca* sp.

形态特征　被甲同异尾轮属。趾2个；1个正常的很长，长度总是超过体长的一半；一个退化的已经缩得非常之短，长度绝不会超过长趾的1/3。

生境分布　密云水库常见种类。在大部分采样点位长期监测到该种类。种群密度一般较低，多以定性监测到，但在2018年9月和2020年10月的CHB、YL、KZX、JG、CHK、BHB等水域形成优势种。最大种群密度出现在2020年10月的CHK水域，种群密度达150个/L。

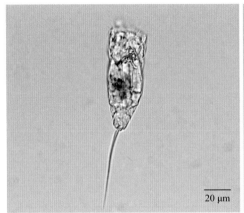
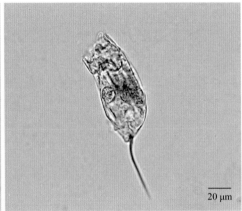

多肢轮属 *Polyarthra*

轮虫纲 Rotifera　单巢目 Monogononta　疣毛轮科 Synchaetidae

形态特征　体较小，呈圆筒形或长方形；无足。体两旁有许多片状或针状的附属肢，一般为12个羽状刚毛，分4束，每束3条，背腹各2束。专为跳跃或浮游之用，也有无肢的。

针簇多肢轮虫 *Polyarthra trigla* Ehrenberg

形态特征　虫体透明，呈长方块形或长圆形。本体和肢的形态有季节性的变异：一般在夏季本体纵长呈长方形，12条肢短而宽；在冬季本体较短而宽，12条肢则长而细。12条肢均呈较细长的剑形。本体长120～165 μm，宽85～114 μm；肢长100～170 μm。

生境分布　密云水库常见种类。在绝大多数采样点位监测到该种类，且调水后的种群密度普遍大于调水前，尤其在2020年10月，该种类在YL、JG、CHK、CHB、BHK、KZX等水域形成绝对优势种。最大种群密度出现在2020年10月的CHK水域，种群密度达到780个/L。

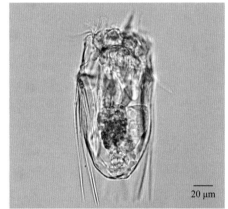

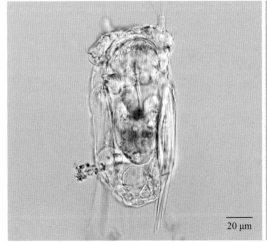

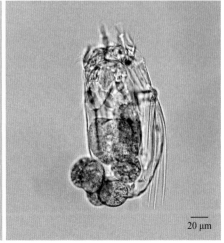

真翅多肢轮虫 *Polyarthra euryptera* Wierzejski

形态特征 虫体很透明，无色或略带淡黄色。两旁背腹面的12条附肢呈比较宽阔的叶状。附肢的宽度在30～60 μm，附肢的长度小于体长，附肢的宽度大于附肢长度的0.2倍。无腹鳍。本体长148～195 μm，宽125～160 μm。

生境分布 密云水库偶见种类。仅在2016年10月和2017年11月的JG、KZX、YL、BHK、WY等水域定性监测到该种类。

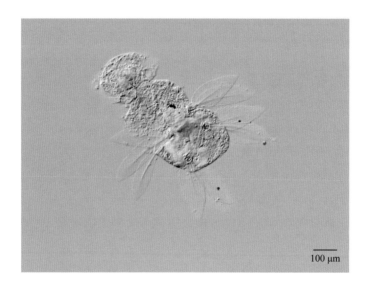

100 μm

多肢轮属未定种 *Polyarthra* sp.

形态特征 体较小，虫体呈圆筒形或长方形；背腹面或多或少扁平。身体后端无足；身体两侧背腹面肩部着生不少很发达而能动的附肢，一般为12个羽状刚毛，分4束，每束3条，背腹各2束，也有无肢的。

生境分布 密云水库常见种类。在绝大多数采样点位监测到该种类，且调水后的种群密度普遍大于调水前，尤其在BHB、CHB、KZX、JG和YL等水域形成绝对优势种，种群密度可达1000～1250个/L。

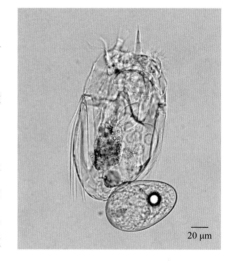

20 μm

疣毛轮属 *Synchaeta*

轮虫纲 Rotifera　单巢目 Monogononta　疣毛轮科 Synchaetidae

形态特征　虫体呈圆锥形或钟形。头冠宽，有4根长且粗的刚毛。头冠左右两侧各具1凸出的"耳"。"耳"上纤毛发达。足不分节。趾1对，小而短。

细长疣毛轮虫 *Synchaeta grandis* Zach.

形态特征　体呈细锥形。头冠宽阔，有4根粗壮的刚毛。头冠两旁各具1对"耳"状突起。"耳"上有发达的纤毛。侧触手1对。足不分节，粗短。趾短小，1对。体中部略收缢。

生境分布　密云水库偶见种类。仅在2016年的CHK水域定性监测到该种类。

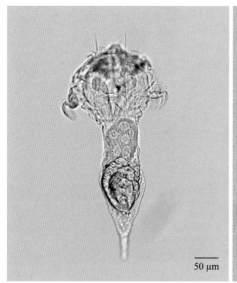
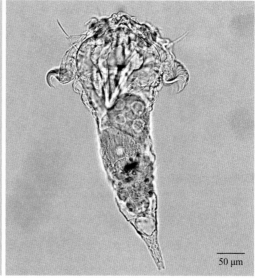

梳状疣毛轮虫 *Synchaeta pectinata* Ehrenberg

形态特征 虫体很透明，呈钟形。躯干大部分几乎同样宽，两侧平行，1/3的后端显著地向后细削，直到足的基部为止。头冠两侧疣状的"耳"很粗大，显著向后倒。足较粗壮且短。雌体长360～590 µm；雄体长160 µm左右。

生境分布 密云水库较常见种类。主要集中出现在2011年、2013年、2014年的CHB、BHB、KZX、JG、CHK、BHK等水域，种群密度一般小于3个/L，且调水前的种群密度普遍大于调水后，垂直分布明显，通常表层种群密度大于中层和底层。

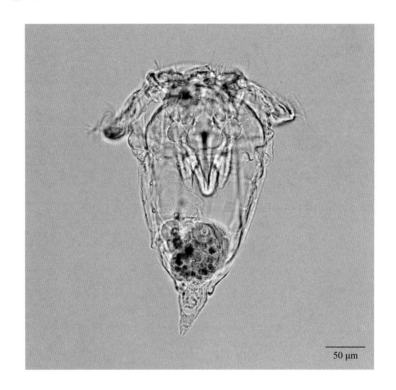

50 µm

皱甲轮属 *Ploesoma*

轮虫纲 Rotifera　单巢目 Monogononta　疣毛轮科 Synchaetidae

形态特征　被甲呈倒圆锥形、卵圆形或椭圆形。甲上具网状刻纹，或纵横交错的肋条。部分种类被甲腹面具1纵长裂缝。足很长，从躯干腹面射出。趾1对，发达，呈钳形或矛头状。

截头皱甲轮虫 *Ploesoma truncatum* Levander

形态特征　被甲呈宽阔的卵圆形；前端宽阔，背面观前端或多或少呈四方形。背面前端接近平直，最多只呈平稳的波浪式起伏，不会形成尖头突出。趾1对，钳形。被甲长165～280 μm，宽90～120 μm。

生境分布　密云水库非常见种类。主要集中出现在2011年、2020年的JG、BHB、CHB、KZX等水域，种群密度一般小于6个/L。最大种群密度出现在2020年8月的JG水域，种群密度为12.5个/L。

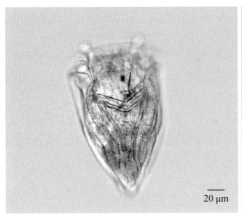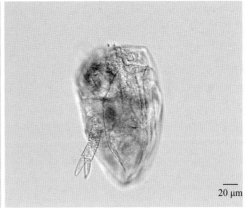

郝氏皱甲轮虫 *Ploesoma hudsoni* Imhof

形态特征　被甲具有网状刻纹；背面前半部有1圆丘形隆起之盾饰，盾饰中央还有1"V"形的肋纹。足很长，2/3的前端有明显的横环纹。趾1对，呈发达的矛状。被甲腹面周围具有很清楚的网状刻纹。体长320～450 μm；足和趾长195～280 μm；趾单独长60 μm。

生境分布　密云水库常见种类。在多数采样点位长期监测到该种类。主要集中出现在2017年、2019年的YL、JG、BHB、BHK、KZX等水域，2019年种群密度显著大于其他年份。最大种群密度出现在2019年9月的JG水域，种群密度为75个/L。

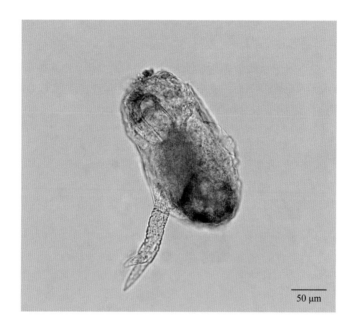

50 μm

巨腕轮属 *Pedalia*

轮虫纲 Rotifera　单巢目 Monogononta　镜轮科 Testudinellidae

形态特征　无被甲。虫体前半部周围具6个粗壮的腕状附肢，肌肉极其发达，能够使其在水中自由跳跃。无足。

奇异巨腕轮虫 *Pedalia mira* Hudson

形态特征　虫体呈倒圆锥形，较短而粗壮，尖削的后端钝圆。虫体前半部具有6个能动的腕状凸出，每个腕状凸出的后端，着生了7～9根发达的羽状刚毛。虫体后半部背面靠近末端有一堆具备纤毛的拇指状的附属器。头冠围顶带腹面有1下垂的下唇。虫体（不包括腕状凸出）长145～180 μm，宽100～120 μm。

生境分布　密云水库常见种类。在多数采样点位长期监测到该种类。调水后的种群密度普遍大于调水前，主要集中出现在2017年、2019年的7月、8月、9月，尤其在2019年8月的BHB、YL、JG、CHB、CHK、BHK、KZX等水域形成优势种。最大种群密度出现在JG水域，种群密度为187个/L。

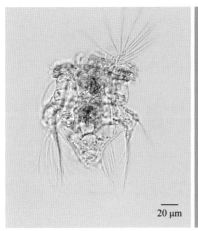
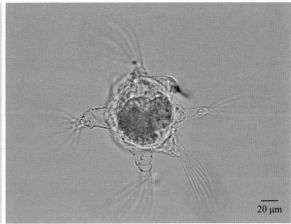

三肢轮属 *Filinia*

轮虫纲 Rotifera 单巢目 Monogononta 镜轮科 Testudinellidae

形态特征 无被甲。体呈卵圆形，其上着生3根细而长的附肢。前端2根可自由划动，使其在水中跳跃；后端1根不能自由运动。

迈式三肢轮虫 *Filinia maior* Colditz

形态特征 虫体相当透明，呈卵圆形；但没有像长三肢轮虫那样的粗壮。体分成头和躯干部两部分。具有3根鞭状或粗刚毛状很长的肢，1根不能动的后肢自躯干最后段射出；2根能动的前肢，每一根长度为体长的2～4倍。3根肢的周围都具有很微小的短刺。本体长105～180 μm；前肢长330～475 μm；后肢长235～440 μm。

生境分布 密云水库非常见种类。主要集中出现在2011年、2012年、2015年、2017年的CHB、YL、CHK、KZX、BHB、WY、JSK等水域，种群密度相对较低，一般小于1个/L，最大种群密度仅4.8个/L，出现在2017年4月的KZX水域。

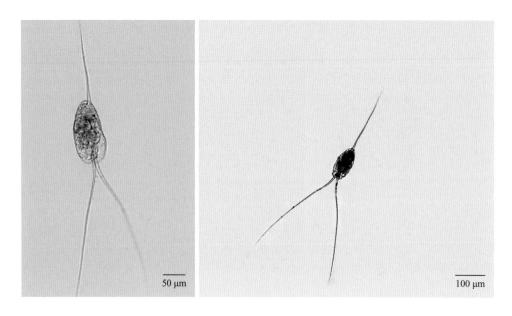

50 μm

100 μm

长三肢轮虫 *Filinia longiseta* Ehrenberg

形态特征 虫体相当透明，呈卵圆的囊袋形。体分成头和躯干部两部分。2根前肢，自躯干最前端和头部相连处的左右两侧生出，长度2～4倍于体长；1根不能动的后肢自躯干腹面射出。本体长125～235 µm；前肢长285～650 µm；后肢长150～410 µm。

生境分布　密云水库常见种类。在绝大多数采样点位长期监测到该种类，种群密度一般较低，多以定性监测到，且调水后的种群密度普遍高于调水前，主要集中出现在2019年、2020年的CHB、BHB、KZX和BHK水域。最大种群密度出现在2019年的BHB水域，种群密度为35个/L。

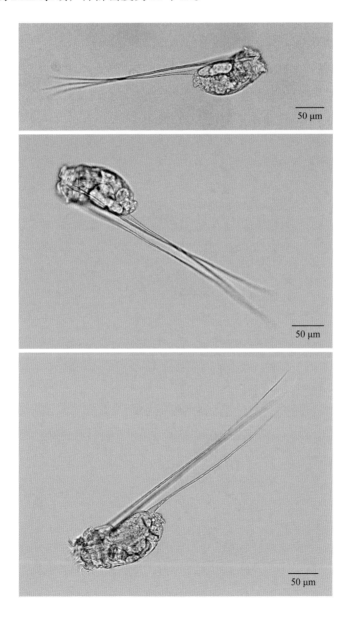

聚花轮属 *Conochilus*

轮虫纲 Rotifera 单巢目 Monogononta 聚花轮科 Conochilidae

形态特征 群体自由运动，呈圆球形或长圆形。头冠上面向前方的围顶带呈显著的马蹄形。腹触手位于头冠的盘顶上。眼点1对，较大。肛门位置接近咀嚼囊的高度。

独角聚花轮虫 *Conochilus unicornis* Rousselet

形态特征 群体自由游动，呈不规则的圆球形；每个群体至少由2～7个个体组成。个体2个腹触手已经融合而变为1个单独的触手；个体粗壮，长卵圆形。群体直径500～1000 μm；个体长280～375 μm。

生境分布 密云水库偶见种类。仅在2011年、2017年的BHK、BHB等水域监测到该种类，种群密度小于1个/L。

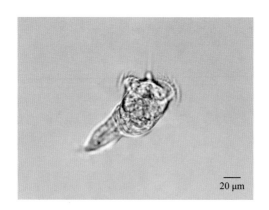

20 μm

胶鞘轮属 *Collotheca*

轮虫纲 Rotifera　单巢目 Monogononta　胶鞘轮科 Collothecidae

形态特征　体呈长圆桶形或喇叭状；固着或能够自由运动。有头冠存在，具胶鞘。漏斗状的头冠边缘具1～7个凸出裂片。

无常胶鞘轮虫 *Collotheca mutabilis* Hudson

形态特征　体为透明胶质被包裹。胶囊常很透明且很大。本体呈喇叭状。头部呈漏斗状，中间为口。足的末端似有1黏液腺一直连接到胶质被的后端。身体和胶质被全长240～385 μm；本体长175～336 μm。

生境分布　密云水库常见种类。在多数采样点位长期监测到该种类。2018年前种群密度较低，多以定性监测到；2019年、2020年的种群密度普遍较高，主要集中出现在7月、8月、9月的CHB、CHK、JG、YL等水域。最大种群密度出现在2020年7月的YL水域，种群密度为105个/L。

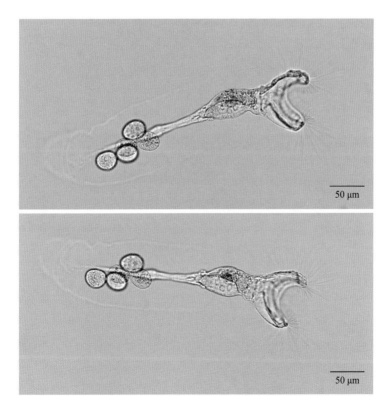

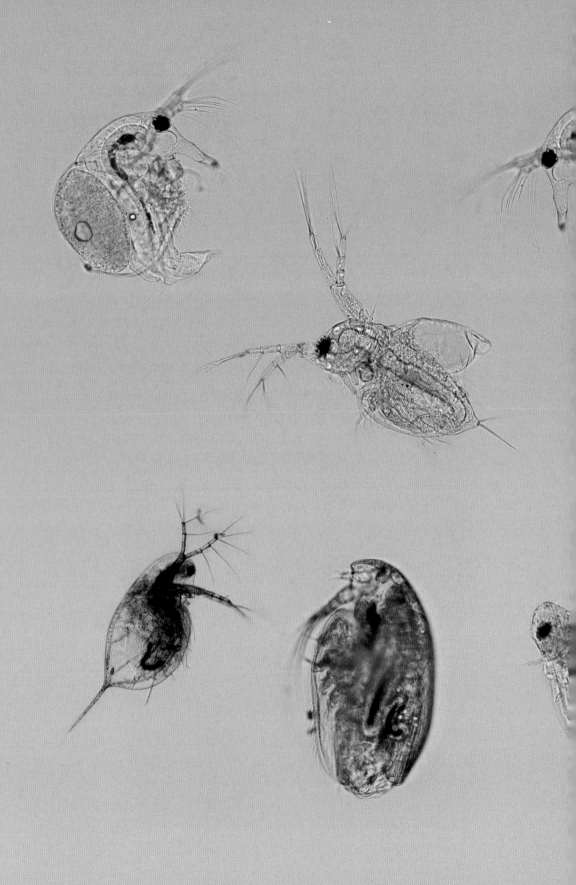

枝 角 类

Cladocera

　　枝角类是节肢动物门甲壳纲鳃足亚纲双甲目枝角亚目的一类动物。通称水蚤或溞，俗称红虫或鱼虫。它与其他甲壳动物不同的特征是：躯体包被于两壳瓣中，除薄皮溞外，其他种类身体不分节，头部具1个复眼；第一触角小，第二触角发达双肢型，为主要的游泳器官；胸肢4～6对兼具滤食、呼吸功能，后腹部结构和功能复杂，常作为分类的重要依据。

　　枝角类大多生活于淡水中，仅少数产于海洋中。一般营浮游生活，是水体浮游动物的主要组成部分。枝角类个体不大，通常体长0.2～10 mm、一般大小1～3 mm，运动速度缓慢。枝角类营养丰富，生长迅速，是水产经济动物幼鱼和鲢、鳙鱼的重要天然饵料，也是环境监测的重要指示生物。

　　密云水库中监测到的枝角类有27种，本图鉴收录23种，按《中国动物志　节肢动物门　甲壳纲　淡水枝角类》分类系统，隶属1目6科14属。南水北调水开始入库调蓄后种类和数量有一定增加，常见的长额象鼻溞 *Bosmina longirostris*，2017年5月的水库中心水域种群密度最高，47个/L。

薄皮溞属 *Leptodora*

节肢动物门 Arthropoda　甲壳纲 Crustacea
双甲目 Diplostraca　薄皮溞科 Leptodoridae

形态特征　体长，分节；近圆柱形。壳瓣短小，不包被躯干部和游泳肢。复眼发达。第一触角细小；第二触角很大，内肢和外肢各4节。游泳肢6对，圆柱形，其外肢完全退化；缺鳃囊。后腹部有1对大的尾爪。肠管直，无盲囊。雄性体小，无壳瓣，第一触角很长，第一游泳肢有钩。冬卵间接发育，先孵出后期无节幼体，然后变态而成幼溞。本属仅1种。

透明薄皮溞 *Leptodora kindti* Focke

雌性特征　雌性体长3.0~7.5 mm；分为头与躯干部，后者又分为胸与腹部。头背部有1马鞍形结构。复眼大约有300个小眼。第一触角能动；第二触角粗大，基节长，外肢具刚毛26~30根，内肢具刚毛30~34根。游泳刚毛式：0-10（12）-6（7）-10（11）/6（7）-11（13）-5（6）-8。游泳肢全部着生于胸部前端的腹侧。第一游泳肢特长，第二游泳肢为第一游泳肢的1/2，其余各肢长度逐渐减小。

生境分布　密云水库较常见种类。在多数采样点位监测到过该种类，且调水后出现频率高于调水前。种群密度普遍较低，一般小于0.1个/L，最大种群密度仅为0.75个/L。

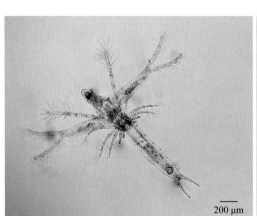
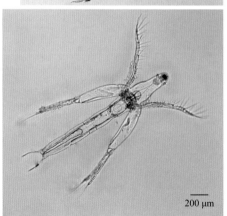

仙达溞属 *Sida*

节肢动物门 Arthropoda　甲壳纲 Crustacea
双甲目 Diplostraca　仙达溞科 Sididae

形态特征　头部宽阔，与躯干部分开。吻尖。第一触角棍棒状，嗅毛约9根；第二触角外肢3节，内肢2节。后腹部背缘有肛刺。尾刚毛位于锥形突起上。爪刺强大。雄性第一触角末端部呈鞭状，第一胸肢有钩，无交媾器。本属仅1种。

晶莹仙达溞 *Sida crystallina* O. F. Müller

雌性特征　雌性体长2.2～3.5 mm。壳瓣近长方形。后背角与后腹角明显。后腹角上有1小刺。头部大，额顶浑圆，头长为体长的1/4～1/3。头背侧有1吸附器。颈沟明显。复眼较大，单眼很小。有长吻，无壳弧。第一触角位于吻的基部两侧；第二触角游泳刚毛式：0-3-7/1-4。胸肢6对。后腹部背方无腹突。尾刚毛分为2节，端节有羽状毛。肛刺位于侧面，各侧13～14个刺。尾爪粗大，基端有发达的爪刺4个，爪刺外侧为1列细刺。

生境分布　密云水库常见种类。在所有采样点位长期监测到该种类，种群密度一般小于3个/L。最大种群密度出现在2016年8月的BHB水域，种群密度为9.5个/L。

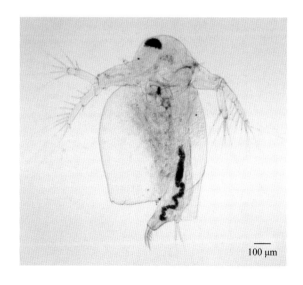

100 μm

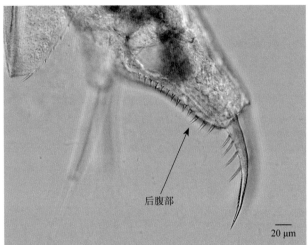

后腹部

20 μm

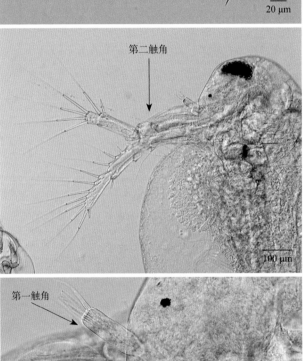

第二触角

100 μm

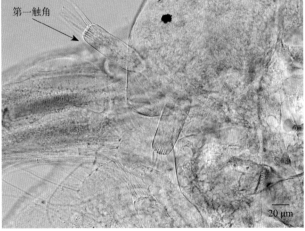

第一触角

20 μm

秀体溞属 *Diaphanosoma*

节肢动物门 Arthropoda　甲壳纲 Crustacea
双甲目 Diplostraca　仙达溞科 Sididae

形态特征　壳瓣薄而透明。头部长大，额顶浑圆。无吻，也无单眼和壳弧。有颈沟。第一触角较短，前端有1根长的触毛和1簇嗅毛；第二触角强大，外肢2节，内肢3节，游泳刚毛式：4-8/0-1-4。后腹部小，锥形，无肛刺。爪刺3个。雄性的第一触角较长，靠近基部外侧生长1簇嗅毛，末端内侧列生1行刚毛或细刺。有1对交媾器。

短尾秀体溞 *Diaphanosoma brachyurum* Liéven

雌性特征　体长0.85～1.20 mm。后背角显著，后腹角浑圆。腹缘无褶片。额顶较平。具颈沟。复眼很大，顶位而略偏于腹侧。第一触角能活动，不分节；第二触角向后伸展时，外肢的末端达不到壳瓣的后缘。后腹部背缘无肛刺。尾刚毛着生于圆锥形突起上，其长超过体长的一半，分为2节。尾爪大，除爪刺外，还有1列栉毛。

生境分布　密云水库常见种类。在大部分采样点位监测到该种类，最大种群密度出现在2020年8月的BHK水域，种群密度为9.75个/L。

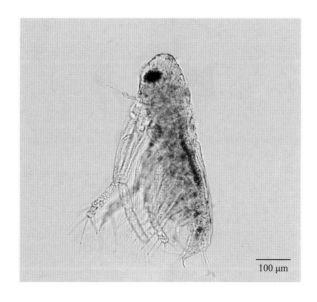

100 μm

长肢秀体溞 *Diaphanosoma leuchtenbergianum* Fischer

雌性特征 体长0.84～1.23 mm，体形与短尾秀体溞非常相像。体色透明。两者最主要的区别在于本种的第二触角特别长，其外肢的末端至少可以达到或者甚至超过壳瓣的后缘。此外，本种的额顶凸出呈锥形。复眼略小，离头顶较远且贴近腹面。

生境分布 密云水库常见种类。在绝大多数采样点位长期监测到该种类，且在调水后出现频率高于调水前。种群密度普遍较低，一般小于0.3个/L。最大种群密度出现在2016年4月的BHB水域、2017年7月的CHK、BHK水域，种群密度均为1.5个/L。

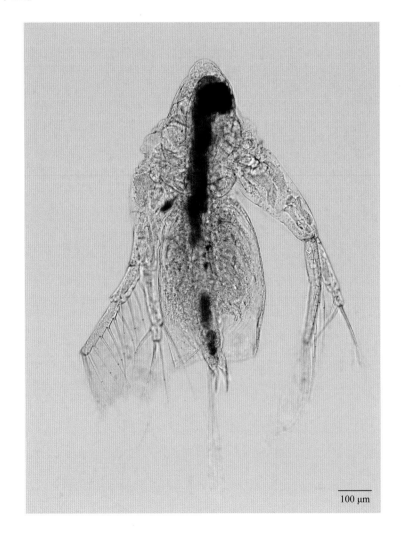

100 μm

溞属 *Daphnia*

节肢动物门 Arthropoda　甲壳纲 Crustacea
双甲目 Diplostraca　溞科 Daphniidae

形态特征　体呈卵圆形或椭圆形，比较侧扁。壳瓣背面具有脊棱。后端延伸而成长的壳刺。后端部分及壳刺的沿缘均被有小棘。壳面有菱形和多角形网纹。通常无颈沟。吻明显，大多尖。一般都有单眼。第一触角短小，部分或几乎全被吻部掩盖，不能活动。腹部背侧有3～4个发达的腹突。靠近前部的腹突特别长，呈舌状，伸向前方。后腹部细长，由前向后逐渐收削。雄性较小，壳瓣背缘平直，前腹角凸出，列生较长的刚毛，吻无或十分短钝，第一触角长大，能活动，通常具有粗长的鞭毛，第一胸肢有钩与鞭毛，腹突常退化。

透明溞 *Daphnia hyalina* Leydig

雌性特征　体长1.30～3.04 mm，体呈长卵形。头部背侧近平直，腹侧微凹，头顶多少有点凸起。夏季有尖或圆的头盔。吻通常尖而长。复眼较小，靠近头腹侧，晶粒大而显著。单眼很小。第一触角短小，嗅毛末端不超过吻尖。角丘平坦。后腹部细长。尾爪无栉刺。腹突4个，都不甚发达，无细毛。

生境分布　密云水库常见种类。在多数采样点位监测到该种类，种群密度较小，一般小于0.2个/L。

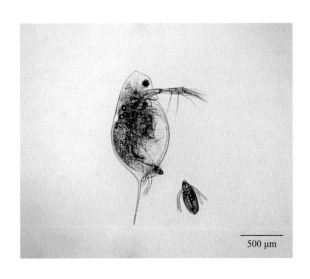

500 μm

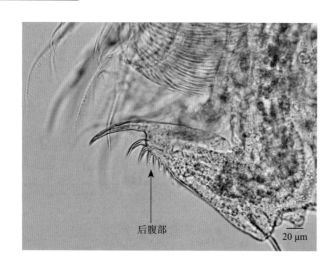

后腹部

20 μm

长刺溞 *Daphnia longispina* O. F. Müller

雌性特征 体长1.20～3.11 mm，体呈长卵形。壳瓣背侧的脊棱不伸展到头部，背腹两缘弧曲度大致匀称。壳刺大多较长。头部形状变化很大。无头盔。壳弧发达，后端弯曲成1钝角。吻长而颇尖。复眼靠近头顶，单眼很小。第一触角短，嗅毛末端不超过吻尖；第二触角较短。后腹部向后逐渐变窄。肛刺通常为9～15个，偶尔多达20个。尾爪细长，有时外方有2个缺刻，仅列生1长行细小的刚毛。腹突4个。

生境分布 密云水库常见种类。在多数采样点位长期监测到该种类，但种群密度普遍较低，多数时间仅通过定性监测到。最大种群密度出现在2017年5月的JG水域，种群密度为0.85个/L。

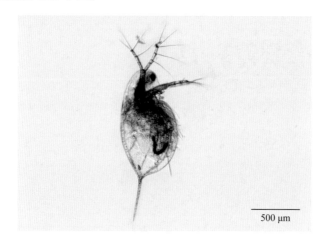

500 μm

蚤状溞 *Daphnia* (*Daphnia*) *pulex* Leydig

雌性特征 体长 1.40～3.36 mm，体呈宽卵形或长卵形。壳瓣背侧有脊棱。背缘与腹缘弧曲度大致相等。头部大多低，无盔。头腹侧在复眼之后内凹。壳弧发达，后端不弯曲呈锐角状。复眼大；单眼虽小，但颇明显。吻尚尖。第一触角短小；第二触角向后伸展时，游泳刚毛末端达不到壳刺的基部。后腹部长，背缘微凸。有肛刺 10～14 个。尾爪弯曲。

生境分布 密云水库非常见种类。主要集中出现在 2013 年、2016 年、2017 年不同月份的 BHB、CHB、YL、KZX 等水域，密度小于 0.3 个/L，多以定性监测到该种类。

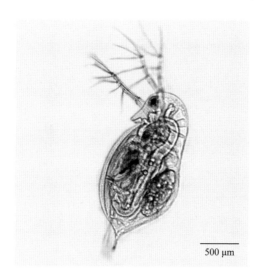

500 μm

低额溞属 *Simocephalus*

节肢动物门 Arthropoda　甲壳纲 Crustacea
双甲目 Diplostraca　溞科 Daphniidae

形态特征　体大，呈卵圆形，前狭后宽。壳瓣背缘后半部大多带锯状小棘；腹缘内侧列生刚毛。无壳刺。头部小而低垂。有颈沟。壳弧很宽。吻短小。复眼中等大小。单眼点状或纺锤形。后腹部宽阔，背侧在肛门处向内凹入，肛门前形成1突起。肛刺位于后腹部的后部，偏近尾爪。腹突通常2个，较发达。尾爪直。雄性第一触角的大小与雌性相等，但背侧有2根触毛；第一胸肢只有小钩而无长鞭；无腹突。

老年低额溞 *Simocephalus vetulus* O. F. Müller

雌性特征　体长1.23～1.87 mm，体呈宽卵形。壳瓣背缘弓起，后半部及后背角上被有小棘；后缘平直或稍凹；腹缘微凸，内侧列生刚毛。后背角稍许凸出，后腹角浑圆，两者均不延伸而形成壳刺。头部小，腹侧平直。额顶圆，无锯齿。具颈沟。壳弧发达。吻小而尖。复眼不大，单眼细长。第一触角颇小；第二触角不长，基肢的基部有2根刚毛。有肛刺8～10个。腹突2个。尾爪细长，稍弯曲，无栉刺，仅有篦毛列延伸到爪尖。

生境分布　密云水库非常见种类。主要集中出现在2016年4月的 YL，5月的CHK、JG、KZX 和 BHK，11月的 BHB，2017年4月的 YL 等水域，种群密度普遍较低，最大种群密度为0.5个/L。

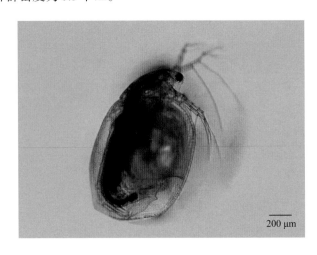

200 μm

拟老年低额溞 *Simocephalus vetuloides* Sars

雌性特征 体长1.73~2.13 mm；体呈广卵形，前窄后宽。壳瓣背缘的后端部分向外凸出较甚，随后又微凹，形成比较凸出的后背角。壳纹斜行。头部甚小。额顶钝圆，较向前凸出。复眼尚大。颈沟较浅。壳弧尚发达。吻小而尖。第一、第二触角的形状与老年低额溞相似。后腹部短而宽，前肛角显著，有肛刺8~9个，内缘列生细毛。尾爪细长，无栉刺而只有1列篦毛。

生境分布 密云水库偶见种类。南水北调水入库后水库新监测到的种类。仅在2019年7月定性监测到该种类。

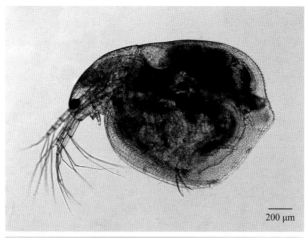

200 μm

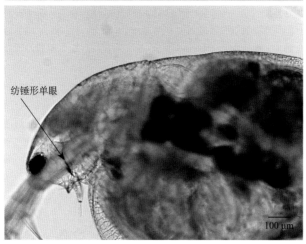

纺锤形单眼

100 μm

锯顶低额溞 *Simocephalus serrulatus* Koch

雌性特征 体长1.32～1.99 mm，体近卵形。壳瓣后背角非常凸出；背缘在凸出前内凹颇深；腹缘弧凸，但往往在中部稍凹。后缘及背、腹两缘的后端部分列生小棘。壳纹显著，呈网状。头部小。额顶尖凸，共有锯齿6个左右。具颈沟。吻细小，复眼不大，靠近额顶。单眼呈细长的菱形或近三角形。后腹部尚宽，背侧在前肛角之前内凹较深。肛刺8～10个。尾爪无栉刺而只有篦毛列。腹突2个，无刚毛或仅有极稀的刚毛。

生境分布 密云水库偶见种类。南水北调水入库后水库新监测到的种类。仅在2016年9月的JSK水域定性监测到该种类。

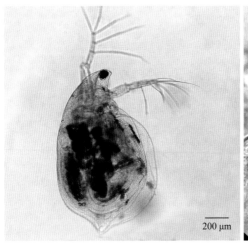
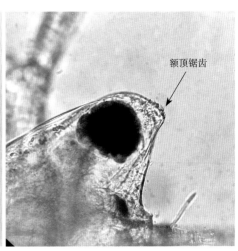

额顶锯齿

船卵溞属 *Scapholeberis*

节肢动物门 Arthropoda　甲壳纲 Crustacea
双甲目 Diplostraca　溞科 Daphniidae

形态特征　体几呈长方形，不很侧扁。色较灰暗。壳瓣腹缘平直或稍弧曲。后腹角具有向后延伸的壳刺。头部大而低垂。颈沟虽浅，但很明显。复眼颇大，单眼很小。第一触角短小，在形状上两性几乎没有差异。后腹部短而宽。尾爪粗短，无栉刺或只有篦毛列。腹突不发达，通常只有1个。雄体较小，壳瓣背缘较平，第一胸肢有钩，与溞属相似，无腹突。

壳纹船卵溞 *Scapholeberis kingi* Sars

雌性特征　雌性体长0.67～1.10 mm，壳瓣前缘呈圆弧状。腹缘前端的棱角突起显著，刚毛颇长。壳纹粗，呈网状。头部大而短，头长与头宽几乎相等。额顶宽而圆。吻比平突船卵溞的略长，稍弯曲。具颈沟。壳弧颇发达，向前延伸。复眼尚大，靠近额顶。单眼呈圆点状或呈椭圆形，离吻端较远。在复眼后方，另有1条横纹，称为吻线，这为本种所特有。后腹部短而宽，背侧不弯曲，有3～4个肛刺和许多簇刚毛。尾爪短，具篦毛列。只有1个发达的腹突。

生境分布　密云水库偶见种类。南水北调水入库后水库新监测到的种类。仅在2016年和2017年的5月、6月的CHB、BHK和BHB水域定性监测到该种类。

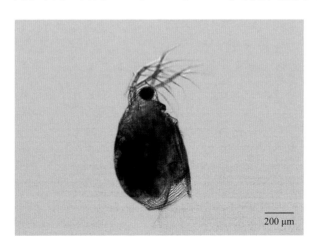

200 μm

平突船卵溞 *Scapholeberis mucronata* O. F. Müller

雌性特征 体长0.60～1.13 mm；体近长方形。壳瓣背缘弧状拱起；腹缘与后缘均平直。后腹角几乎呈直角，并有1根短而粗壮的壳刺，直向后方延伸。壳纹网状较不明显。头部大，占体长的1/3。额顶钝。头腹面内凹。颈沟尚深。壳弧发达。复眼很大，靠近头顶。单眼小，呈圆点状。第一触角非常短小，稍微凸出于吻的下方。后腹部短而宽，末端圆，背缘中部略弯曲，其后具肛刺5～6个。只有1个腹突，不很长，向前伸。尾爪短，具不很明显的箆毛列。

生境分布 密云水库偶见种类。南水北调水入库后水库新监测到的种类。仅出现在2019年8月的CHB水域。

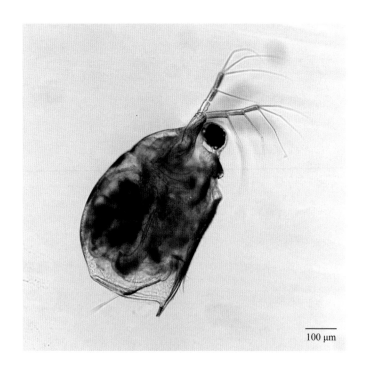

100 μm

裸腹溞属 *Moina*

节肢动物门 Arthropoda 甲壳纲 Crustacea
双甲目 Diplostraca 裸腹溞科 Moinidae

形态特征 身体不很侧扁。颈沟深。壳瓣圆形或宽卵形。后背角稍外凸，无壳刺。后腹角浑圆。头部大，无吻。壳弧尚发达。复眼大，无单眼（除网纹裸腹溞外）。在复眼上方的壳瓣往往下陷而形成眼上凹。第一触角细长；第二触角细毛也较多。后腹部露出于壳瓣之外。腹突不明显。尾爪短，尾爪基部的腹侧有1根或多根刺状刚毛。雄性较小；壳瓣狭长，背缘较平直；复眼通常比雌性的大；第一触角非常长大，前侧有2根触毛，末端有3～6根钩状刚毛和1束嗅毛；第一胸肢有钩。

微型裸腹溞 *Moina micrura* Kurz

雌性特征 体长0.65～0.83 mm，为本属中个体最小的种类。体呈宽卵形。壳瓣薄，背缘非常凸起；腹缘近平直，刚毛只有11～25根。后腹部羽状肛刺3～6个，叉状肛刺1个。尾爪大，基部有10～12根细刺。

生境分布 密云水库非常见种类。主要集中出现在2016年的BHK、DGZ、KZX、CHB等水域。种群密度普遍较低，一般为定性监测到该种类。

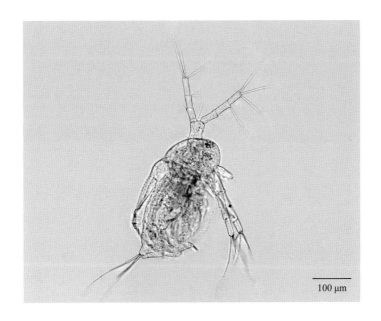

100 μm

裸腹溞属未定种 *Moina* sp.

形态特征 体卵圆形，不很侧扁。头部较大，不呈三角形。颈沟深。无吻。壳弧发达。复眼大，通常无单眼。壳瓣近圆形，没有完全覆盖躯体部，无壳刺。后腹部露出壳瓣之外，末端呈圆锥状。第一触角长。

生境分布 密云水库常见种类。多数采样点位监测到该种类，主要集中出现在2016年6月的CHB、YL和KZX，2020年8月的BHB等水域。最大种群密度出现在2016年5月的CHB水域，密度为1个/L。

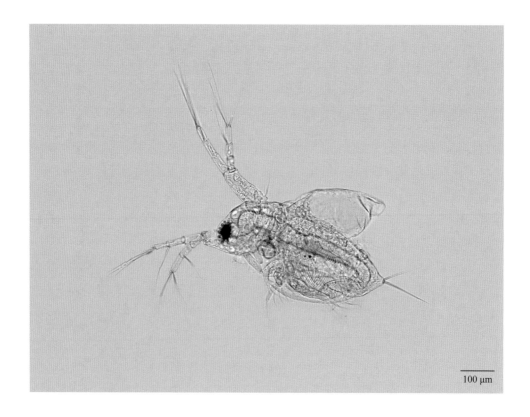

100 μm

象鼻溞属 *Bosmina*

节肢动物门 Arthropoda　甲壳纲 Crustacea
双甲目 Diplostraca　象鼻溞科 Bosminidae

形态特征　体形变化甚大。头部与躯干部之间无颈沟。壳瓣后腹角向后延伸成1壳刺，其前方有1根刺毛，称为库尔茨毛。第一触角与吻愈合。背侧有许多细齿列，基端部与末端部之间有1个三棘齿和1束嗅毛。在复眼与吻端中间的前侧生出1根触毛称为额毛。第二触角短小，外肢4节，内肢3节。胸肢6对，前2对变为执握肢，最后1对十分退化。后腹部侧扁，末端呈横截状。末腹角延伸成1圆柱形突起，突起上着生尾爪；末背角有细小的肛刺。尾刚毛短。尾爪有细刺。雄体小而长；壳瓣背缘平直；第一触角不与吻愈合，能动，基部通常有2根触毛；第一胸肢有钩和长鞭。

长额象鼻溞 *Bosmina longirostris* O. F. Müller

雌性特征　体长0.40～0.60 mm，体形变化大。壳瓣颇高。后腹角延伸成1壳刺。壳刺末端钝，上缘光滑，下缘有时带锯齿。壳瓣腹缘的前端有10～14根羽状刚毛。额毛着生于复眼与吻部末端之间的中央。壳弧为1条隆线。复眼通常较大。第一触角短或中等长，末端部有时弯曲或呈钩状。嗅毛束着生的部位到吻端间的距离一般为触角全长的1/3左右。后腹部末端内凹。末背角突起较低。尾爪弯曲不均匀，在尾爪的基部与中部各有1行栉刺。基部1列共计4～10个刺。

生境分布　密云水库常见种类。在绝大多数采样点位长期监测到该种类，种群密度一般小于2个/L，且调水后的种群密度普遍大于调水前。2017年5～9月的CHK、CHB、YL、JG、KZX等水域形成优势种，种群密度较大值为44～47个/L，出现在2017年5月的CHB和KZX水域，垂直分布上，11月水温降低后底层种群密度高于表层和中层。

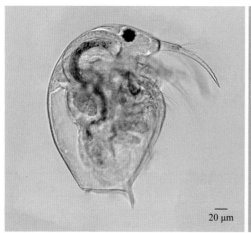

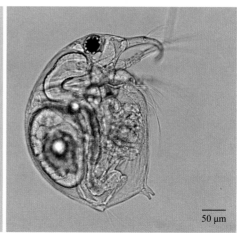

简弧象鼻溞 *Bosmina coregoni* Baird

雌性特征 体长0.34～1.20 mm，体形有很大变异。壳瓣背缘隆起，往往比长额象鼻溞高。后腹角的壳刺通常很长，但有时退化或完全消失。壳瓣腹缘前端有10～16根羽状刚毛；额毛特别靠近吻部末端。壳弧为1条隆线，不分叉。复眼较小。后腹部末端内凹。末背角比长额象鼻溞更加凸出。有4～8个细小的肛刺，侧面有很多簇刚毛。尾爪均匀弯曲，只有基部有1列栉刺，计5～10个。其后有1列刚毛，25～40根。

生境分布 密云水库常见种类。在大部分采样点位长期监测到该种类，种群密度一般小于1.5个/L，且调水后的种群密度普遍大于调水前，最大种群密度出现在2017年5月的CHB和KZX水域，种群密度均为14个/L，垂直分布明显，一般水体表层种群密度显著高于中层和底层。

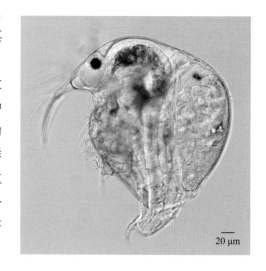

基合溞属 *Bosminopsis*

节肢动物门 Arthropoda 甲壳纲 Crustacea
双甲目 Diplostraca 象鼻溞科 Bosminidae

形态特征 有颈沟。身体清楚地分为头与躯干两部分。壳瓣后腹角不延伸成壳刺。腹缘后端部分列生棘刺，棘刺可随个体的成长而逐渐变短，甚至完全消失。雌性第一触角基端左右愈合，共有2根触毛；末端部弯曲。嗅毛着生于触角的末端。第二触角内、外肢均分3节。胸肢6对。后腹部向后削细。肛刺细小。尾爪着生在1个大的突起上，有1个发达的爪刺。雄体第一触角稍微弯曲，左右完全分离，且不与吻愈合；第一胸肢有钩和较长的鞭毛。

颈沟基合溞 *Bosminopsis deitersi* Richard

雌性特征 体长0.28~0.58 mm，体呈宽卵圆形。颈沟颇深，远离身体前端。壳瓣短，背缘弓起，后背角凸出。后腹角浑圆，且不延伸成壳刺。头部很大，约占体长的1/3。壳弧不发达。复眼很大。靠近复眼的头部前侧显著地向外凸出。吻很短，与第一触角基端部完全愈合，两者之间已无明显的界限。第一触角基端部左右愈合，左右两侧共有2根触毛。末端有相当长的嗅毛7~11根。后腹部背侧陡削，末端变细。在肛门之前的背侧稍内陷，各侧前后列生微细的肛刺。尾爪粗大，基部有1个强壮的爪刺。

生境分布 密云水库常见种类。在大部分采样点位长期监测到该种类，且调水后出现频率一般高于调水前。种群密度普遍较低，多数时间仅通过定性监测到，最大种群密度出现在2017年7月的YL水域，种群密度为5.1个/L。

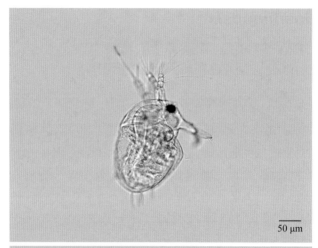

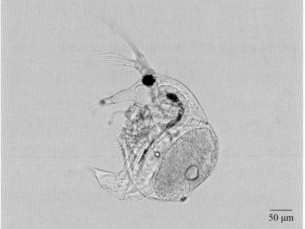

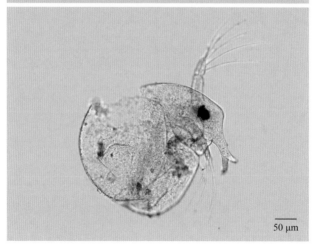

弯尾溞属 *Camptocercus*

节肢动物门 Arthropoda　甲壳纲 Crustacea
双甲目 Diplostraca　盘肠溞科 Chydoridae

形态特征　体很侧扁，长卵形。头部与背部都有隆脊。壳瓣后背角与后腹角均较圆钝。壳面有明显的纵纹。吻部尖。第二触角内、外肢各分3节；共有7根游泳刚毛，刚毛式：0-0-3/0-1-3。胸肢5对。后腹部非常细长，有1个爪刺。尾爪基部背面还有1列棘刺。雄体近长方形；第一触角前后两侧都有触毛；第一胸肢有钩；后腹部有肛刺。

直额弯尾溞 *Camptocercus rectirostris* Schoedler

雌性特征　体长0.50～0.80 mm；体呈长卵形，非常侧扁。壳瓣的前端显然比后端宽；背缘拱起；腹缘前部略外凸。后背角明显，但不成为突起。后腹角浑圆，有时具1～3个细小的刻齿。头部不大。吻的基部宽而末端尖。复眼小；单眼发达。第一触角除顶端有嗅毛束外，还有2根触毛；第二触角形状一般。后腹部很长，越近后端越细。肛前和肛后角都很显著，具肛刺15～17个。

生境分布　密云水库非常见种类。主要集中出现在2011年、2012年、2017年的YL、JG、BHK等水域，种群密度普遍很低，均是通过定性监测到该种类。

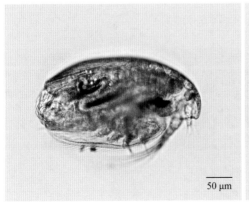

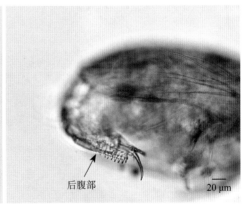

尖额溞属 *Alona*

节肢动物门 Arthropoda 甲壳纲 Crustacea
双甲目 Diplostraca 盘肠溞科 Chydoridae

形态特征 体呈长卵形或近矩形，侧扁。无隆脊。壳瓣后缘较高。后腹角一般浑圆。壳面大多有纵纹。壳弧宽阔。吻部短钝。第二触角外肢有3根游泳刚毛，内肢有4~5根游泳刚毛。肠管盘曲，末部大多有1个盲囊。胸肢一般为5~6对。后腹部短而宽，非常侧扁。只有1个爪刺。雄性壳瓣的背腹两缘均较平坦；体色比雌性深，常呈黄褐色或金黄色；吻部更短；第一胸肢有壮钩；有些种类的雄体无爪刺。

矩形尖额溞 *Alona rectangula* Sars

雌性特征 体长0.38~0.48 mm，体近长方形。壳瓣背缘弧形，中部最高；后缘高度稍低于壳的最高部分；腹缘较平直，全部列生刚毛。后背角与后腹角均圆钝。头部向前伸。吻部钝。单眼略小于复眼，位于复眼与吻尖的中间。第一触角前侧有1根触毛；第二触角共有8根游泳刚毛。胸肢5对。后腹部短而宽，肛刺8~10个。各侧有栉毛簇。尾爪基部有1个爪刺。

生境分布 密云水库非常见种类。主要集中出现在2016年和2017年的CHK、CHB、YL、WY、BHK、JG等水域，种群密度普遍小于0.3个/L。最大种群密度出现在2016年9月的BHK水域，种群密度为1.5个/L。

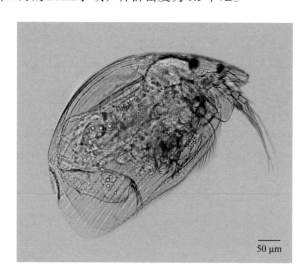

50 μm

尖额溞属未定种 *Alona* sp.

形态特征 体长卵圆形，侧扁，近矩形。无隆脊。壳瓣后缘高度大于体高的一半。后腹角一般浑圆，少数种类具齿或棘刺。壳面大多有纵纹，胸肢通常5对。后腹部短而宽，极侧扁。爪刺1个。

生境分布 密云水库非常见种类。主要集中出现在2011年、2012年、2020年的BHB、YL、JSK等水域。种群密度普遍很低，均为定性监测到该种类。

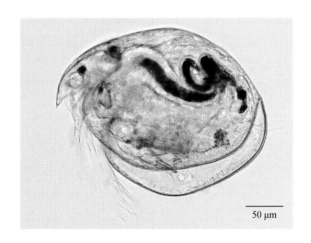

50 μm

平直溞属 *Pleuroxus*

节肢动物门 Arthropoda　甲壳纲 Crustacea
双甲目 Diplostraca　盘肠溞科 Chydoridae

形态特征　体侧扁，呈长卵形或椭圆形。壳瓣后缘很低，最高也不会超过壳高的一半。后腹角大多具有短小的刺，极个别种类无刺。壳面大多有明显的纵纹。头部低。吻尖长，向内弯曲。单眼总比复眼小得多。第一触角短小；第二触角内外肢各3节，共有8根游泳刚毛，但外肢第一节的刚毛短，往往不分节。后腹部狭长，仅背缘有肛刺。尾爪基部有2个爪刺。雄性体小；壳瓣背缘后半部直向后缘倾斜；第一触角大多为2根触毛；第一胸肢有壮钩；后腹部随种类不同而异。

钩足平直溞 *Pleuroxus hamulatus* Birge

雌性特征　体长0.45～0.55 mm；体近长方形；黄褐色。壳瓣背缘呈弓形；腹缘近平直，中部稍凹，全缘列生刚毛。后背角不向外凸出。后腹角浑圆，无刻齿。壳面有斜行纵纹，头部中等大小。吻长而尖。单眼小，复眼比单眼略大。第二触角内外肢各分3节，游泳刚毛式：0-0-3/1-1-3。胸肢5对，后腹部肛刺12～14个，尾爪基部有2个爪刺。

生境分布　密云水库非常见种类。主要集中出现在2011年、2013年、2019年部分月份的YL、JG、CHK、DGZ等水域，种群密度极低，均为定性监测到该种类。

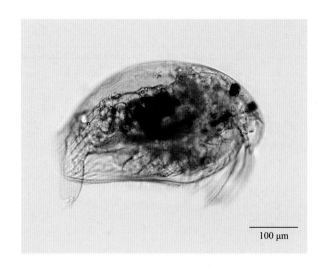

100 μm

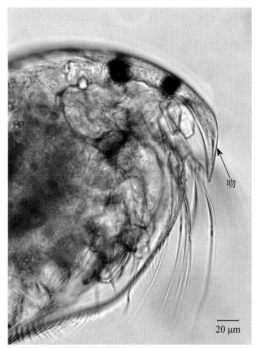

吻

20 μm

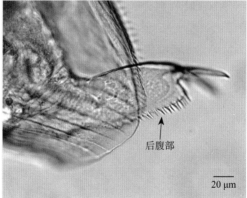

后腹部

20 μm

盘肠溞属 *Chydorus*

节肢动物门 Arthropoda　甲壳纲 Crustacea
双甲目 Diplostraca　盘肠溞科 Chydoridae

形态特征　体几呈圆形或卵圆形，稍微侧扁，但比本科其余各属都宽厚。壳瓣短，长度与高度略等；腹缘浑圆，其后半部大多内褶。头部低。吻长而尖。第一触角短小；第二触角也不长，内肢和外肢各分3节，内肢有4～5根游泳刚毛，外肢仅在末节有3根游泳刚毛。后腹部通常短而宽，背缘仅有肛刺，或带有细的侧栉毛。爪刺2个。雄体小；吻较短；第一触角稍粗壮；第一胸肢有钩；后腹部较细，肛刺微弱。

圆形盘肠溞 *Chydorus sphaericus* O. F. Müller

雌性特征　雌性体长0.25～0.45 mm。体呈圆形或宽椭圆形；淡黄色或黄褐色。壳瓣短而高；背缘弓起；后缘很低；腹缘向外凸出，中部尤甚。后背角不明显。后腹角浑圆。头部低。吻长且甚尖。单眼小于复眼。第一触角末端仅有1根触毛；第二触角短小，内外肢均分3节，总共只有7根游泳刚毛。胸肢5对。肠管盘曲一圈半。后腹部短，前肛角凸出显著，两侧平滑。背缘有肛刺8～10个。尾爪基部有爪刺2个，前面的1个细小。尾刚毛细而不长。

生境分布　密云水库常见种类。在绝大多数采样点位长期监测到该种类，但种群密度均较低，多以定性监测到该种类。

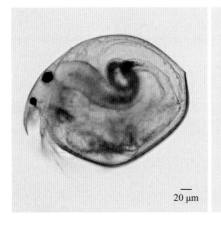

20 μm

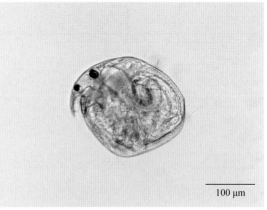

100 μm

锐额溞属 *Alonella*

节肢动物门 Arthropoda　甲壳纲 Crustacea
双甲目 Diplostraca　盘肠溞科 Chydoridae

形态特征　外形与尖额溞相似，但壳瓣的背缘高、后缘低。后缘显著低于壳的最高部分，其高度通常还不到壳高的一半。后腹角常具锯齿。头部小。吻较短。单眼和复眼都不大。第一触角一般不超过吻尖；第二触角内外肢均分3节。后腹部形状随种类不同而各异。尾爪基部有2个或1个爪刺。雄体小；背缘平直，腹缘更加凸出；第一触角有2根或1根触毛；后腹部无肛刺。

球形锐额溞 *Alonella globulosa* Daday

雌性特征　体长0.30～0.44 mm；体呈圆球形；外形与盘肠溞相似；棕黄色。壳瓣背缘弓起；后缘向外凸出；腹缘稍呈弧形弯曲，沿缘列生刚毛。后背角明显。后腹角浑圆。壳面具有纵纹。头部很小。吻短。单眼和复眼均小。第一触角细长，嗅毛末端超过吻尖；第二触角短，游泳刚毛式：0-0-3/0-1-3。胸肢5对，肛刺12个左右。尾爪基部具1个不大的爪刺。

生境分布　密云水库偶见种类。南水北调水入库后水库新监测到的种类。仅在2017年5月定性监测到该种类。

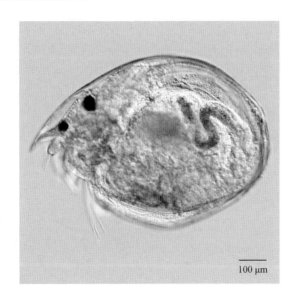

100 μm

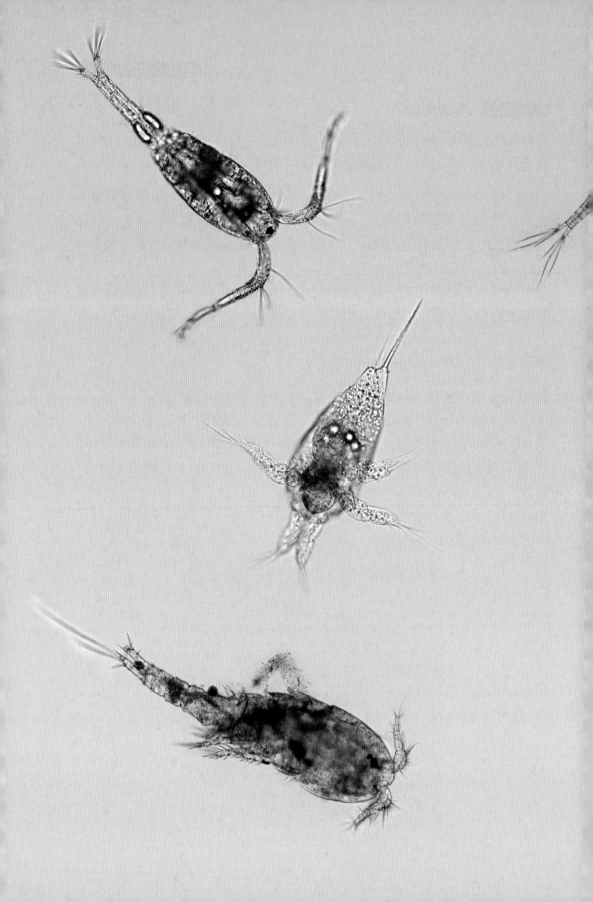

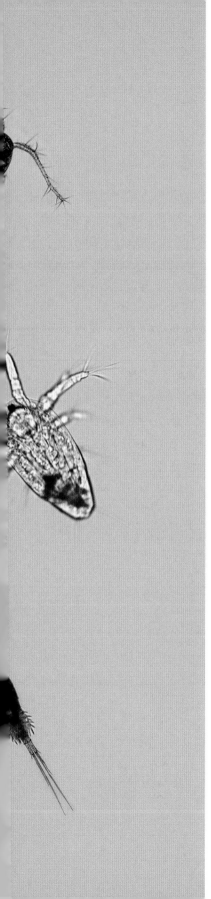

桡 足 类

Cepepoda

  桡足类在分类地位上隶属于节肢动物门甲壳纲桡足亚纲，是一类小型、低等的甲壳动物。身体狭长，体长为1~4 mm，最大可达13 mm，分节明显。由16~17个体节组成，但由于愈合原因，一般不超过11节。体分为前体部和后体部，在两者之间具1活动关节。第一触角比较发达，为运动和执握器官。躯干肢6对，第一对为颚足；后5对为步足，又称为游泳足，其中前4对构造相同，双肢型，第五对常退化，两性有异，是桡足类的重要分类依据。腹部无附肢，末端具1对尾叉。发育经过变态，有无节幼体期和桡足幼体期。

  桡足类一般营浮游生活，广泛分布于海洋、淡水或半咸水中，是水域浮游动物中的重要组成部分，同时也是水域食物网中的一个重要环节。植食性哲水蚤目等种类摄食浮游植物，肉食性剑水蚤目种类等则以小型浮游动物为食，桡足类本身是鱼类和其他经济动物良好的天然饵料。但也有很多种类如锚头蚤、中华鱼蚤、鲺等营寄生生活，易寄生于鱼类的鳃、皮肤或肌肉中，引起鱼类的疾病。

  密云水库中监测到桡足类有23种，本图鉴收录10种，按《中国动物志 节肢动物门 甲壳纲 淡水桡足类》分类系统，隶属3目4科8属。密云水库的无节幼体和桡足幼体数量相对较高，密度最高可达50个/L。

真剑水蚤属 *Eucyclops*

节肢动物门 Arthropoda　甲壳纲 Crustacea
剑水蚤目 Cyclopoida　剑水蚤科 Cyclopidae

形态特征　体形较为瘦小。第五胸节的外末角具细刚毛。生殖节的前部
较宽，向后侧骤然窄小，纳精囊分前后两个部分，均呈半圆形，一般后
半部较前半部为宽。尾叉较长，大部分种类尾叉的外缘均具1列小刺，
侧尾毛短小。第一触角分11～12节，本属均为体形较小的剑水蚤，体长
约1 mm。

锯缘真剑水蚤 *Eucyclops serrulatus serrulatus* Fischer

雌性特征　雌性体长0.80～1.12 mm。第四胸节内肢第3节末端内刺为外刺的
1.4～1.5倍。尾叉的长度为宽度的3.5～5倍，外缘的锯齿明显。第一触角12节，
末3节细长，有宽的透明膜。雄性体长0.6～0.8 mm，第六胸节内缘具1壮刺。

生境分布　密云水库非常见种类。南水北调水入库后水库新监测到的种类。主要
集中出现在2017年的YL、BHB、WY、JG等水域，种群密度一般小于0.3个/L，
多以定性监测到该种类。

200 μm

小剑水蚤属 *Microcyclops*

节肢动物门 Arthropoda　甲壳纲 Crustacea
剑水蚤目 Cyclopoida　剑水蚤科 Cyclopidae

形态特征　第一触角短小，分9～12节，大多11～12节，末节无透明膜、无小齿。第一至四胸足内、外肢均分2节；第五胸足基节已完全与第五胸节愈合，仅存刚毛1根，与仅有的1节呈直角，此节呈圆柱形，内缘中部具1小刺或齿痕，末端具1长刚毛。纳精囊前半部呈横长条形，后半部呈囊形，或前、后两部均呈横长条形。

跨立小剑水蚤 *Microcyclops (Microcyclops) varicans* Sars

雌性特征　体长0.69～0.92 mm。头胸部呈卵圆形。第四胸节的外末角钝圆；第五胸节短而宽，向两侧凸出呈三角形，角顶附1刚毛。生殖节的长度稍大于宽度；尾叉平行，长度约为宽度的3倍；侧尾毛位于外缘末部1/3处，第一尾毛较第四尾毛稍短，第二尾毛长度约为第三尾毛的3/4。

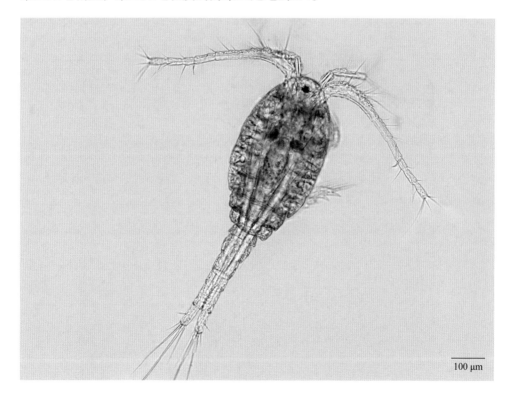

100 μm

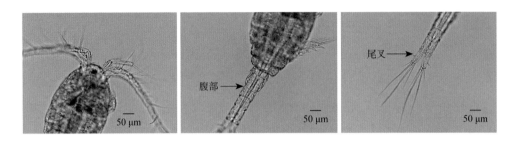

雄性特征　体长 0.38～0.56 mm。体型较雌性瘦小。第二至三胸节的后侧角凸出。生殖节的宽度大于其长度。尾叉较雌性的为短，其长约为宽的2倍。第一触角分16节，第14～15节可弯曲，末2节呈爪状。

生境分布　密云水库常见种类。在所有采样年份均监测到该种类，主要集中出现在 BHK、BHB、KZX、CHK 和 JG 等水域。

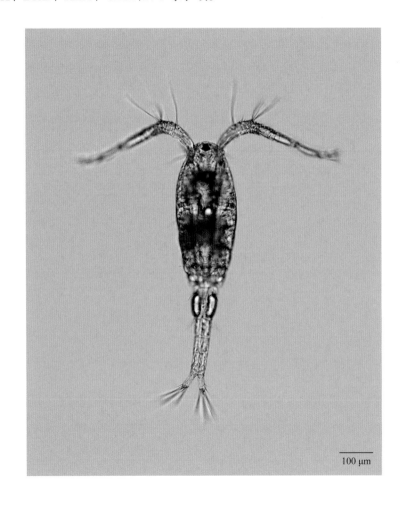

拟剑水蚤属 *Paracyclops*

节肢动物门 Arthropoda　甲壳纲 Crustacea
剑水蚤目 Cyclopoida　剑水蚤科 Cyclopidae

形态特征　体形扁平。腹部粗壮，头胸部与腹部的区分不像真剑水蚤属 *Eucyclops* 那样明显。第五胸节的后侧角具细刚毛1束。生殖节较宽。尾叉长为宽的2～6倍，背面有1斜列小刺。第一触角短小，一般分6～11节，个别12节。各对胸足外肢的外缘具小刺。第五胸足仅1节，具1刺2刚毛。

近亲拟剑水蚤 *Paracyclops affinis* Sars

雌性特征　体长0.57～0.80 mm，体形宽扁。第三胸节的后侧角尖锐；第四胸节的后侧角钝圆；第五胸节较生殖节的前半部稍宽，后侧角钝圆。生殖节前端的宽度略大于长度。尾节的末缘具短刺1列。尾叉的长度约为宽度的2.5倍。背面末部处有1横列的小刺。第一尾毛呈刺状，较第4尾毛为长大；第二、第三尾毛亦呈刺状，第三尾毛的长度为第二尾毛的2倍余；背尾毛稍长于第一尾毛。第一触角短小，末端仅达头节的1/2处，共分11节，第1～第7节都较短，第8～第11节依次渐长。

生境分布　密云水库非常见种类。南水北调水入库后水库新监测到的种类。集中出现在2017年7～11月，且多数采样点位能监测到该种类，但种群密度很低。

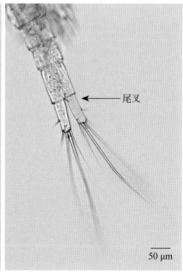

尾叉

100 μm

50 μm

拟剑水蚤属未定种 *Paracyclops* sp.

形态特征 体形扁平。腹部粗壮。第五胸节的后侧角具细刚毛1束。生殖节较宽。尾叉的长度为宽度的2～6倍。背面有1斜列小刺。第一触角短小，一般分6～11节，只有个别的种类为12节。雌性体长一般不超过1.2 mm，多在1.0 mm左右。

生境分布 密云水库非常见种类。南水北调水入库后水库新监测到的种类。主要集中出现在2017年7～11月的BHB、CHB、YL、JG、WY和KZX等水域。种群密度较低，一般为0.03～0.3个/L。

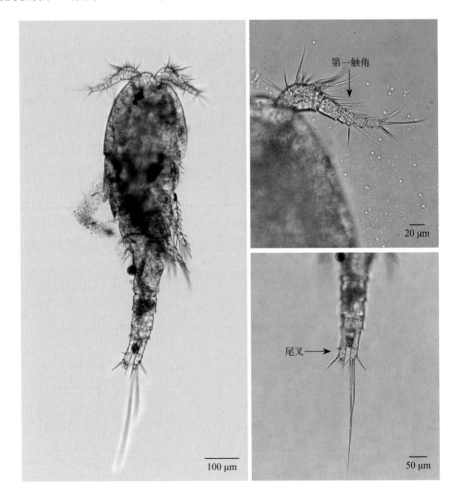

中剑水蚤属 *Mesocyclops*

节肢动物门 Arthropoda　甲壳纲 Crustacea
剑水蚤目 Cyclopoida　剑水蚤科 Cyclopidae

形态特征　头胸部较粗壮，腹部瘦削。生殖节瘦长，前宽后窄。纳精囊一般呈"T"形。尾叉较短，尾叉内缘光滑。少数种类具短刚毛，末端尾刚毛发达。第一触角共分17节，末2节的内缘有较窄的透明膜，具锯齿。第一至四胸足内外肢均分3节，第一胸足第2基节的内末角无羽状刚毛。第五胸足分2节；第1节较宽，外末角凸出附羽状刚毛1根；末节窄长，内缘中部及末端各附羽状刚毛1根。

广布中剑水蚤 *Mesocyclops leuckarti* Claus

雌性特征　体长0.85~1.20 mm。头胸部呈卵圆形，头节中部最宽。生殖节瘦长，尾节后缘外侧具细刺。尾叉的长度约为宽度的3倍。尾叉内缘光滑无刚毛，侧尾毛位于尾叉侧缘近末部的1/3处。第一尾毛的长度稍短于尾叉；第二尾毛约为第三尾毛长度的3/4；第四尾毛长度约为第一尾毛的3倍；背尾毛的长度约与第一尾毛相等。第一触角末端约抵第二胸节的末缘，共分17节，第16~第17节具透明膜，第16节的边缘具锯齿，第17节接近末端1/3处具1钩状缺刻。

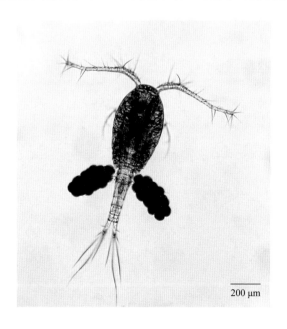

200 μm

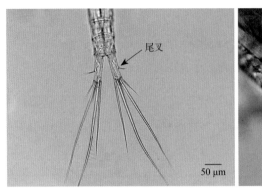

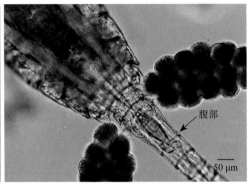

雄性特征 体长0.64～0.83 mm。体型较雌性瘦小。生殖节的长度稍大于宽度，内含长豆形精荚1对。尾叉平行，较短，长度约为宽度的3.11倍。侧尾毛较雌性为长。第一触角分15节；第13～第14节可弯曲；末节呈爪状。

生境分布 密云水库非常见种类。主要出现在JG和KZX等水域，且调水后出现频率低于调水前，种群密度普遍较低，通常小于0.1个/L。

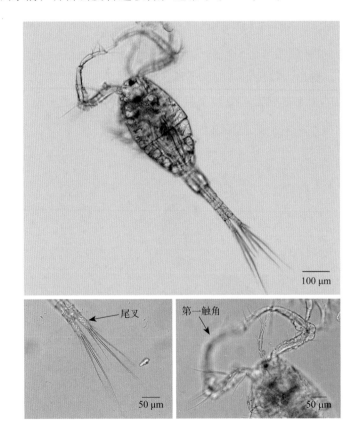

剑水蚤属 *Cyclops*

节肢动物门 Arthropoda　甲壳纲 Crustacea
剑水蚤目 Cyclopoida　剑水蚤科 Cyclopidae

形态特征　尾叉的背面有纵行隆线，内缘有1列刚毛。第一触角共分14～17节（很少为18节），末3节侧缘有1列小刺。第一至四胸足内、外肢均分3节。第五胸足分2节；基节与第五胸节明显地分离，外末角附长羽状刚毛1根；末节较为长大，内缘中部或近末部具1壮刺，末缘附长而大的羽状刚毛1根，末节本部的表面大多均有小刺。

近邻剑水蚤 *Cyclops vicinus vicinus* Uljanin

雌性特征　体长1.45～2.63 mm。体形粗壮。头节的末部最宽。第四胸节的后侧角呈锐三角形；第五胸节的后侧角甚锐。生殖节的长大于宽。尾叉窄长，其长度为宽度的6～8倍；外缘近基部1/4处具1缺刻，内缘具短刚毛。第一尾毛短于第四尾毛的1/2；第二尾毛略短于第三尾毛；背尾毛细小，短于第一尾毛。第一触角末端约抵第二胸节的中部，共分17节。

生境分布　密云水库常见种类。在绝大多数采样点位长期监测到该种类，在调水前出现频率高于调水后。种群密度普遍较低，许多采样点位多数时间仅以定性监测到该种类。

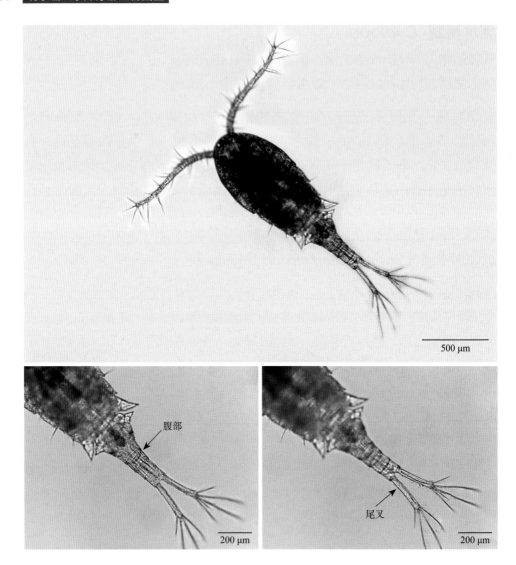

500 μm

腹部

200 μm

尾叉

200 μm

华哲水蚤属 *Sinocalanus*

节肢动物门 Arthropoda　甲壳纲 Crustacea
哲水蚤目 Calanoida　胸刺水蚤科 Centropagidae

形态特征　头胸部窄长。第五胸节左右对称，其顶端多数有细刺。雌性腹部两侧对称，分4节，有的种类后2腹节的分界不完全。尾叉细长，内缘有细毛。雌性第一触角分25节。雄性执握肢分21节。第二触角分7节。内肢长于外肢。雌性第五胸足的外肢分3节。雄性第五右胸足第1基节的内缘无突起，而第2基节的内缘通常有突出物。左、右足的外肢均分2节，右足第2节的基部膨大。末部呈钩状；左足第2节的末端有1直刺。

汤匙华哲水蚤 *Sinocalanus dorrii* Brehm

雌性特征　体长1.44~1.73 mm。体形窄长。头节与第一胸节界线分明。腹部明显可见的仅3节。生殖节近圆形。尾叉窄长，长度约为宽度的6倍余，内、外缘都有细刚毛。第一触角分25节。第二触角的内肢显著长于外肢；内肢分2节，外肢分7节。

生境分布　密云水库常见种类。在绝大多数采样点位长期监测到该种类，且在调水后出现频率显著高于调水前。种群密度普遍较低，多以定性采集到该种类，在CHB、YL、JG和KZX等水域出现频率较高。

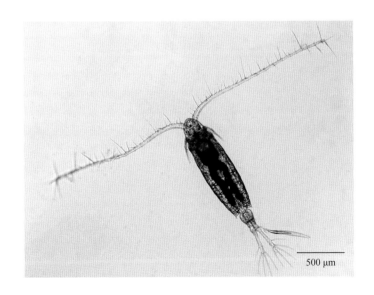

500 μm

许水蚤属 *Schmackeria*

节肢动物门 Arthropoda　甲壳纲 Crustacea
哲水蚤目 Calanoida　伪镖水蚤科 Pseudodiaptomidae

形态特征　额部前端钝圆或狭尖。头节与第一胸节，第四与第五胸节愈合。胸部后侧角常钝圆，多数附有刺状毛。第一触角较短小。第一至四对胸足的内、外肢都分3节。雌性第五对胸足为单肢，左右对称，最末端的棘刺长而锐。雄性第五对胸足也是单肢型，但左右不对称，左胸足第2基节的内缘向内后方伸出1个长而弯的镰刀状突起或较短粗的腿状突起。

球状许水蚤 *Schmackeria forbesi* Poppe et Richard

雌性特征　体长1.15~1.40 mm。头胸部的后侧角有4或5根刺状刚毛；节的背面在接近生殖节的两侧有1个小突起。腹部分4节；生殖节长而大，其外侧面有许多细小的刺状毛；除肛节外，各腹节的后缘都有细锯齿。尾叉的长度约为宽度的3倍，内缘有细刚毛。第一触角较短，向后转时仅抵达第2腹节。第五对胸足为单肢型，左右对称。

200 μm

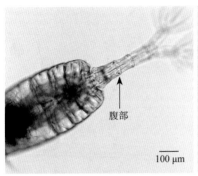
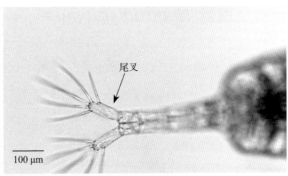

雄性特征 体长1.06~1.20 mm。体形似雌体，最后一胸节的背部和后缘无刺及新月形突起。腹部分5节。尾叉的长度约为宽度的3倍。内缘具细毛。第五对胸足单肢型，左右不对称。

生境分布 密云水库偶见种类。南水北调水入库后水库新监测到的种类。仅在2016年9月的KZX和DGZ水域定性监测到该种类。

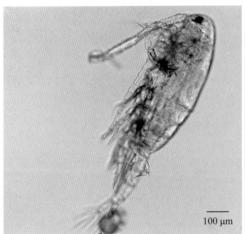
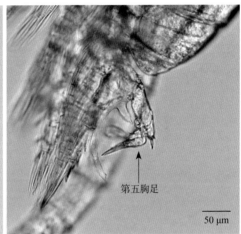

荡镖水蚤属 *Neutrodiaptomus*

节肢动物门 Arthropoda　甲壳纲 Crustacea
哲水蚤目 Calanoida　镖水蚤科 Diaptomidae

形态特征　雌性头胸部2后侧角通常向两侧扩展。生殖节前半部的两侧隆起或凸出成乳状，顶端有1小刺。第五对胸足内肢的末端尖锐，通常有1或2根较长的刺状刚毛。雄性执握肢倒数第3节的外缘通常有1条窄的透明膜。第五右胸足外肢第1节的外末角一般是钝圆的，第2节一般窄长，侧刺位于外缘的中部或近基部；内肢窄条状或近舌片状，长约等于或稍长于外肢第1节的长。第五左胸足外肢末端的钳板和钳刺均短小；内肢分2节或仅为1节。

荡镖水蚤属未定种 *Neutrodiaptomus* sp.

雌性特征　头胸部2后侧角通常向两侧扩展。生殖节前半部的两侧隆起或凸出成乳状，顶端有1小刺。第五对胸足内肢的末端尖锐。

生境分布　密云水库非常见种类。在调水前后的不同年份主要在BHB、BHK和KZX等水域监测到该种类，且种群密度普遍较低。

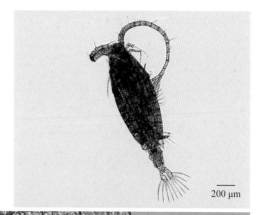

200 μm

100 μm　腹部

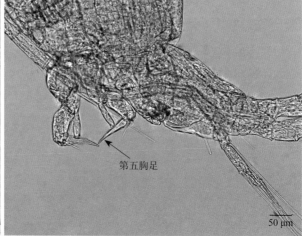

第五胸足

50 μm

猛水蚤目未定种 Harpacticoida sp.

节肢动物门 Arthropoda　甲壳纲 Crustacea　猛水蚤目 Harpacticoida

形态特征　小型桡足类。前、后体部的宽度相差不很明显。头部与第一胸节愈合，后3个胸节具"侧甲"。尾叉一般短小，末端有2根发达的刚毛。卵囊1~2个，附着于雌性生殖节腹面。第一触角短，一般不超过9~10节。雄性第一触角左右都改变为执握触角。第二触角双肢型。大多数营底栖生活，营浮游生活的种类较少。

生境分布　密云水库非常见种类。该种类集中出现在2017年7月、8月、9月的BHB、CHB、JG、YL、KZX和BHK等水域，种群密度普遍较低，一般小于0.1个/L。

100 μm

无节幼体 Copepod nauplius

形态特征 桡足类卵孵出的幼体。体不分节，呈卵圆形，具3对附肢和1个单眼。一般分为6期，各期区别在于个体大小、附肢刚毛数和尾刺数的差异。通常前3期依卵黄为生；第4期后，肛门开口，开始摄食。但不同种类开始摄食的时期不同，有的可在第2期甚至第1期摄食。

生境分布 密云水库常年可见。在绝大多数采样点位长期监测到。无节幼体密度一般为2～10个/L，密度较大的水域为2020年9月、10月的CHK和BHK水域，密度达20～26个/L。

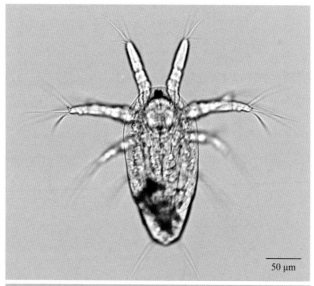

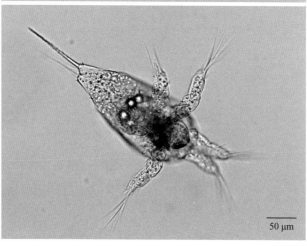

桡足幼体 Copepodite

形态特征 最后一期无节幼体蜕皮，即进入桡足幼体。身体分前、后体部，基本具备了成体的外形特征，所不同的是，身体较小，体节和胸足数较少。一般分为5期。体节和胸足数随发育期增加而增多。第5期桡足幼体，已出现雌雄区别，但尚未性成熟。

生境分布 密云水库常年可见。在绝大多数采样点位长期监测到。桡足幼体密度一般为0.02～4个/L，最大密度出现在2020年10月的CHK水域，密度达50个/L。

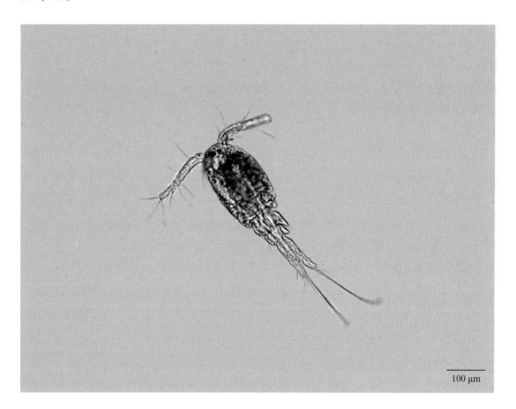

100 μm

参 考 文 献

北京市水利规划设计研究院. 2013. 北京市南水北调配套工程南水北调来水调入密云水库调蓄工程初步设计报告. 北京：北京市水利规划设计研究院：121-126.

毕列爵, 胡征宇. 2004. 中国淡水藻志　第八卷　绿藻门　绿球藻目（上）. 北京：科学出版社.

段泽华. 2016. 密云水库热氧分布特征及南水北调工程来水影响的数值分析. 清华大学硕士学位论文.

福迪 B. 1980. 藻类学. 罗迪安译. 上海：上海科学技术出版社.

韩茂森, 束蕴芳. 1995. 中国淡水生物图谱. 北京：海洋出版社.

胡鸿钧, 魏印心. 2006. 中国淡水藻类——系统、分类及生态. 北京：科学出版社.

胡鸿钧. 2015. 中国淡水藻志　第二十卷　绿藻门　绿藻纲　团藻目（Ⅱ）　衣藻属. 北京：科学出版社.

蒋燮治, 堵南山. 1979a. 中国动物志　节肢动物门　甲壳纲　淡水枝角类. 北京：科学出版社.

蒋燮治, 堵南山. 1979b. 中国动物志　节肢动物门　甲壳纲　淡水桡足类. 北京：科学出版社.

克拉默（Krammer K）, 兰格 - 贝尔塔洛（Lange-Bertalot H）. 2012. 欧洲硅藻鉴定系统. 刘威, 朱远生, 黄迎艳译. 广州：中山大学出版社.

黎尚豪, 毕列爵. 1998. 中国淡水藻志　第五卷　绿藻门　丝藻目　石莼目　胶毛藻目　橘色藻目　环藻目. 北京：科学出版社.

李家英, 齐雨藻. 2004. 中国淡水藻志　第十卷　硅藻门　羽纹纲. 北京：科学出版社.

李家英, 齐雨藻. 2010. 中国淡水藻志　第十四卷　硅藻门　舟形藻科（Ⅰ）. 北京：科学出版社.

李家英, 齐雨藻. 2018. 中国淡水藻志　第二十三卷　硅藻门　舟形藻科（Ⅲ）. 北京：科学出版社.

李万智, 李启升, 王雷, 等. 2013. 南水北调来水后北京市调蓄系统布局新思路. 水利规划与设计, 3：10-13.

辽宁省环境监测实验中心. 2018. 辽河流域藻类监测图鉴. 北京：中国环境出版集团.

辽宁省水利厅, 辽宁省大伙房水库管理局. 2012. 大伙房水库水生动植物图鉴. 沈阳：辽宁科学技术出版社.

刘国祥, 胡征宇. 2012. 中国淡水藻志　第十五卷　绿藻门　绿球藻目（下）　四胞藻目　叉管藻目　刚毛藻目. 北京：科学出版社.

欧洋. 2011. 密云水库上游流域多尺度景观与水质响应关系研究. 首都师范大学博士学位论文.

齐雨藻. 1995. 中国淡水藻志 第四卷 硅藻门 中心纲. 北京：科学出版社.

饶钦止. 1988. 中国淡水藻志 第一卷 双星藻科. 北京：科学出版社.

沈韫芬. 1999. 原生动物学. 北京：科学出版社.

施之新. 1999. 中国淡水藻志 第六卷 裸藻门. 北京：科学出版社.

施之新. 2004. 中国淡水藻志 第十二卷 硅藻门 异极藻科. 北京：科学出版社.

施之新. 2013. 中国淡水藻志 第十六卷 硅藻门 桥弯藻科. 北京：科学出版社.

王道波, 张广录, 周晓果. 2005. 华北水资源利用现状及其宏观调控对策研究. 干旱区资源
    与环境, 19（2）：46-51.

王家楫. 1961. 中国淡水轮虫志. 北京：科学出版社.

王建平, 苏保林, 贾海峰, 等. 2006. 密云水库及其流域营养物集成模拟的模型体系研究. 环
    境科学, 27（7）：1286-1291.

王全喜. 2007. 中国淡水藻志 第十一卷 黄藻门. 北京：科学出版社.

王全喜. 2018. 中国淡水藻志 第二十二卷 硅藻门 管壳缝目. 北京：科学出版社.

王全喜, 邓贵平. 2017. 九寨沟自然保护区常见藻类图集. 北京：科学出版社.

王燕华. 2014. 北京市人口变动及产业结构调整对水资源利用的影响. 中国水土保持科学, 12
    （3）：48-52.

魏印心. 2003. 中国淡水藻志 第七卷 绿藻门 双星藻目 中带鼓藻科 鼓藻目 鼓藻科
    第1册. 北京：科学出版社.

魏印心. 2013. 中国淡水藻志 第十七卷 绿藻门 鼓藻目 第2册 鼓藻科. 北京：科学出
    版社.

魏印心. 2014. 中国淡水藻志 第十八卷 绿藻门 鼓藻目 第3册 鼓藻科. 北京：科学出
    版社.

无锡市环境监测中心站. 2017. 太湖常见藻类图集. 北京：中国环境出版社.

徐宗学. 2017. 济南市水域常见水生生物图谱. 北京：中国水利水电出版社.

杨苏文. 2015. 滇池、洱海浮游动植物环境图谱. 北京：科学出版社.

虞功亮, 李仁辉. 2007. 中国淡水微囊藻三个新记录种. 植物分类学报, 45（3）：353-358.

虞功亮, 宋立荣, 李仁辉. 2007. 中国淡水微囊藻属常见种类的分类学讨论：以滇池为例. 植
    物分类学报, 45（5）：727-741.

张觉民, 何志辉. 1991. 内陆水域渔业自然资源调查手册. 北京：农业出版社.

张琪, 宋立荣. 2018. 巢湖浮游植物图谱. 北京：中国环境出版集团.

张玮, 尚光霞, 张军毅, 等. 2018. 卵孢金孢藻（*Chrysosporum ovalisporum*）：中国水华蓝藻
    新记录. 植物科学学报, 36（2）：185-190.

张雨航, 孙长虹, 范清, 等. 2021. 基于MIKE21的密云水库总氮预测研究. 干旱区资源与环
    境, 35（8）：122-131.

赵文. 2005. 水生生物学. 北京：中国农业出版社.

中国科学院动物研究所甲壳动物研究组. 1979. 中国动物志 节肢动物门 甲壳纲 淡水桡

足类. 北京：科学出版社.

周凤霞，陈剑虹. 2011. 淡水微型生物与底栖动物图谱. 北京：化学工业出版社.

朱浩然. 1991. 中国淡水藻志　第二卷　色球藻纲. 北京：科学出版社.

朱浩然. 2007. 中国淡水藻志　第九卷　蓝藻门　藻殖段纲. 北京：科学出版社.

Patrick R，Reimer C W. 1966. The Diatoms of the United States，Exclusive of Alaska and Hawaii，Vol. 1，No. 13. Academy of Natural Sciences of Philadelphia：1-688，64 pls.

中文名索引

拉丁名索引